高校转型发展系列教材

系统工程基础与应用

梁 迪 单麟婷 编著

清华大学出版社
北京

内 容 简 介

本书介绍系统工程的理论和常用方法,理论部分主要包括系统工程的思想、基本概念、理论基础及应用方法,常用方法部分包括系统描述方法、优化方法、预测技术、系统评价方法、决策分析方法及企业战略管理等内容。在力求满足高等学校工业工程类学生需要的同时,还加入许多系统工程应用案例的解析等内容。本书可供工程类、管理类专业师生使用,也可供管理人员、技术人员参考。

图书在版编目(CIP)数据

系统工程基础与应用/梁迪,单麟婷编著.—北京:清华大学出版社,2018
(高校转型发展系列教材)
ISBN 978-7-302-51110-6

Ⅰ.①系… Ⅱ.①梁… ②单… Ⅲ.①系统工程—高等学校—教材 Ⅳ.①N945

中国版本图书馆 CIP 数据核字(2018)第 197863 号

责任编辑:冯 昕 赵从棉
封面设计:常雪影
责任校对:刘玉霞
责任印制:李红英

出版发行:清华大学出版社
　　　　网　　　址:http://www.tup.com.cn,http://www.wqbook.com
　　　　地　　　址:北京清华大学学研大厦 A 座　　　　　　邮　　编:100084
　　　　社 总 机:010-62770175　　　　　　　　　　　　邮　　购:010-62786544
　　　　投稿与读者服务:010-62776969,c-service@tup.tsinghua.edu.cn
　　　　质量反馈:010-62772015,zhiliang@tup.tsinghua.edu.cn
印 装 者:清华大学印刷厂
经　　销:全国新华书店
开　　本:185mm×260mm　　　　印　张:17.75　　　字　数:432 千字
版　　次:2018 年 8 月第 1 版　　　　　　　　　　　印　次:2018 年 8 月第 1 次印刷
定　　价:48.00 元

产品编号:074586-01

前言

Preface

本书是为高等学校工业工程专业编写的系统工程教材,旨在使学生通过本书的学习,对系统工程学科有一个较为全面的了解,培养学生的分析、评价、创新思维能力,用定量和定性相结合的系统思想和方法处理复杂系统的问题,包括系统的设计或组织建立,以及系统的经营管理。

系统工程是 20 世纪中期开始兴起的一门新兴交叉学科,学习系统工程需要有较广泛的理论基础,如控制论、信息论和耗散理论等;还要有较深厚的数学基础,如运筹学、数理统计等;并且随着计算机的广泛应用,学习系统工程还要求具备较深的计算机知识和较高的应用能力。

在科学管理和决策中,在科学的工程设计中,系统工程的思想和方法在管理人员和工程设计者中得到普遍应用。在高度现代化、科学化的今天,不会运用系统工程的思想和方法去解决复杂问题,就将被淘汰,这正是高等学校普遍开设系统工程课程的主要原因。

本书共分 9 章。第 1 章简要介绍系统思想的起源,系统及系统工程的定义、发展历史、性质与特点及其基础理论等;第 2 章介绍系统工程方法论的框架;第 3 章介绍系统分析的概念和步骤等;第 4 章介绍系统模型概念及一些建模方法;第 5 章介绍在工程决策和系统评价中经常用到的预测技术;第 6 章介绍系统评价的概念、理论、步骤及各种评价方法;第 7 章介绍工程决策分析的类型及相关方法;第 8 章介绍企业战略管理的目的及意义;第 9 章介绍一些新的系统概念,如遗传算法、人工智能等。

参加本书编写的有:梁迪(第 1 章、第 6 章),单麟婷(第 2 章、第 5 章),王丽莉(第 3 章、第 8 章),张凤荣(第 4 章、附录、系统工程专业术语单词英汉对照),张天瑞(第 7 章、第 9 章)等。

本书适用于高等学校工业工程专业学生,若能对其他专业的学生有所裨益,编者将不胜欣慰。书中吸取和参考了许多知名专家和学者的研究成果,有些文献并未直接引用,为方便读者寻源,也将其列入,谨致感谢。由于编者水平有限,加之时间仓促,书中错误及不当之处在所难免,敬请广大读者批评指正。

编者
2018 年 6 月

目录
Contents

第1章

系统工程概述

尽管经历了半个多世纪的发展,系统工程(systems engineering,SE)仍然是一门年轻的科学,并不断地在发展中。它的普遍适用性吸引了不同学科的学者来对其进行研究,他们也作出了各自的贡献。系统工程的主要任务是根据总体协调的需要,把自然科学和社会科学中的基础思想、理论、策略和方法等从横向联系起来,应用现代数学和电子计算机等工具,对系统的构成要素、组织结构、信息交换和自动控制等功能进行分析研究,借以达到最优化设计、最优控制和最优管理的目标。

1.1 系 统 概 述

系统工程的研究对象是系统(system)。系统概念是系统工程的核心和基本概念。"系统"一词在汉语中通常是作为名词来使用的,例如人们常常提到的公交系统、供电系统、生态系统等;有时也作为形容词和副词使用;作为系统工程的科学术语,则需要在日常用语的基础上加以提炼和界定。系统就像人类生存的宇宙一样围绕在我们周围,它像宇宙一样巨大,又像原子一样无限微小。系统首先是以自然状态呈现,随着人类的出现,各种各样的人造系统也纷纷出现,但只是在近些年,我们才用科学的方法渐渐地了解了自然和人造系统的根本结构和特点。

1.1.1 系统的概念

"系统"是整个系统科学中最基本的概念。"系统"一词最早出现于古希腊德谟克利特

（Δημόκριτος）写的《宇宙大系统》一书中，Synhistanai 一词原意是指事物中共性部分和每一事物应占据的位置，也就是部分组成整体的意思。从中文字面上看，"系"指关系、联系，"统"指有机统一，"系统"则指有机联系和统一。近代一些科学家和哲学家常用系统一词来表示复杂的具有一定结构的研究对象。

作为一般系统论的创始人，20 世纪初美籍奥地利生物学家路德维希·冯·贝塔朗菲（Ludwig von Bertalanffy，1901—1972）针对当时机械论的观点与方法，于 1937 年第一次将系统作为一个重要的科学概念给予研究，指出"不能只是孤立地研究部分和过程，还必须研究各部分的相互作用，应把生物作为一个整体或系统来考虑"，他把"系统"称为"相互作用的多要素的复合体"。如果一个对象集合中存在两个或两个以上的不同要素，所有要素按照其特定方式相互联系在一起，就称该集合为一个系统。其中，要素是指组成系统的不同的最小的（即不需要再细分的）部分。

在自然界和人类社会中普遍存在着各种各样的系统。可以说系统无时不在，无处不有，大至无穷，小至微粒。系统的定义依照学科的不同、待解决问题的不同及使用方法的不同而有所区别，目前国内外学者对系统的定义还没有统一的说法，下面列举其中几个有代表性的定义。

（1）在《韦氏大辞典》中，系统一词被解释为：有组织的和被组织化了的整体；结合着的整体所形成的各种概念和原理的综合；由有规则、相互作用、相互依赖的诸要素形成的集合。

（2）美籍奥地利生物学家、一般系统论的创始人贝塔朗菲将系统定义为：相互作用的诸要素的综合体。

（3）日本工业标准《运筹学术语》中对系统的定义是：许多组成要素保持有机的秩序向同一目标行动的体系。

（4）我国著名科学家、系统工程的倡导者钱学森认为：系统是由相互作用、相互依赖的若干组成部分结合成的具有特定功能的有机体，而且这个系统本身又是它所从属的一个更大系统的组成部分。

上述对系统定义的说法尽管不同，但其含义都是接近或一致的。概括起来，我们可以把系统定义为：系统是由两个以上有机联系、相互作用的要素所组成，具有特定功能、结构和环境的整体。

1.1.2　系统思想与系统现象

人类在和各式各样的系统接触的过程中，需要对其进行认识和研究。因此，在实践和思考过程中，人们逐渐形成了运用系统性视角去分析和处理问题的思想方法，这就是系统思想（system thought），就其最基本的含义来说，是关于事物的整体性观念、相互联系的观念、演化发展的观念。系统概念和系统思想是劳动人民在长期社会实践中形成和发展起来的。自从人类有了生产活动以后，由于不断地和自然界打交道，客观世界的系统性便逐渐反映到人的认识中来，从而自发地产生了朴素的系统思想。

中华民族的祖先在了解和改造自然的辛勤实践和大量的社会活动中，也早有许多朴素的系统概念和应用实例。我国古代《周易》《洪范》所述的八卦、阴阳五行就包含着丰富的整体观,是我国最早用来描述宇宙和生命构成与发展的系统模型。著名思想家老子曾阐明自然界的统一性,他用古代朴素的唯物主义哲学思想,描述了对自然界的整体性和统一性的认识。

在军事方面,早在公元前 500 年的春秋时期,著名的军事家孙武就写出了《孙子兵法》十三篇,指出战争中的战略和策略问题,如进攻与防御、速决和持久、分散和集中等之间的相互依存和相互制约的关系,并依此筹划战争的对策,以取得战争的胜利。其著名论点"知己知彼,百战不殆""以我之长,攻敌之短"等,不仅在古代,而且在当代的战争中都有指导意义,在当今激烈的国际市场竞争和社会经济各个领域的发展中,这些论断也有现实意义。战国时期,著名军事家孙膑继承和发展了孙武的学说,著有《孙膑兵法》,在齐王与田忌赛马中,孙膑提出的以下、上、中对上、中、下对策,使处于劣势的田忌战胜齐王,这是从总体出发制定对抗策略的一个著名事例。

在水利建设方面,战国时期,秦国蜀郡太守李冰父子主持修建了四川都江堰工程。这一伟大的水利工程巧妙地将分洪(鱼嘴)、引水(宝瓶口)和排沙(飞沙堰)结合起来,使各部分组成一个整体,实现了防洪、灌溉、行舟、漂木等多种功能,至今,该工程仍在发挥着重大的作用,它是我国古代水利建设的一大杰出成就。

在建设施工方面,北宋真宗年间,皇城失火,宫殿被烧毁,大臣丁谓主持了皇宫修复工程。他采用了一套综合施工方案,先在需要重建的通衢大道上就近取土烧砖,在取土后的通衢深沟中引入汴水,形成人工河,再由此水路运入建筑材料,从而加快了工程进度。皇宫修复后,又将碎砖废土填入沟中,重修通衢大道。他将烧砖、运输建筑材料和处理废墟三项繁重工程任务协调起来,从而在总体上使问题得到了最佳解决,一举三得,节省了大量劳力、费用和时间。

在医学、农业等方面,我国古代也有许多著名学者用朴素的系统思想和方法取得了伟大成就。周秦至西汉初年古代医学总集《黄帝内经》强调人体各器官的有机联系,生理现象与心理现象的联系,以及身体健康与自然环境的联系。北魏时期,著名学者贾思勰在其名著《齐民要术》一书中叙述了气候因素与农业发展的关系,对农业与种子、地形、耕种、土壤、水分、肥料、季节、气候诸因素的相互关系都有辩证的叙述,并提出了如何根据天时、地利和生产条件合理地安排农业活动。所有这些都为我们今天研究和发展系统工程的理论体系提供了宝贵的借鉴和重要的启示。

人类生活和工作在各种各样的系统之中,人类始终被各种系统所包围的说法并不过分。人类居住的地球是太阳系(统)的一部分;人体自身就是由多种系统构成的,如消化系统、血液循环系统、视觉系统、听觉系统、生殖系统等。因此可以说,人的一生离不开系统。除了自然系统以外,人们还创建了许多系统,如产销系统、管理系统、教育系统、冶金系统、运输系统、纺织系统、计算机系统,等等。为了了解系统间的相似性特征和系统的含义,我们先考察几个系统。

在天文学中,把太阳及围绕太阳旋转的天体集合称为太阳系。太阳系中主要有水星、金星、地球、火星、木星、土星、天王星和海王星等八大行星,此外,还包括至少 165 颗已知卫星和为数众多的小行星、彗星和流星体。由于这些天体离地球较近,因此被人们了解得较多。然而,太阳系仅仅是银河系的一个恒星系。银河系中拥有众多类似的恒星系。无数的银河系又构成了更大的天体系统,这些系统也仅是广阔无垠的宇宙中的一部分。

研究表明,星体之间存在作用力。确切地说,两个质量分别为 m_1 和 m_2 的星体,距离为 r,则两者之间相互的引力为

$$F = G\frac{m_1 m_2}{r^2}$$

式中 G 为万有引力恒量。

虽然太阳系中各星体间都具有引力,但由于太阳的质量远远大于其周围的行星,因此太阳系中的引力主要表现为太阳对各行星的吸引力。众所周知,"运动"作为星体变化的表征早被人们所发现,而星体的运动规律却是人类经过了几千年才逐渐发现的。从"地心说"到"日心说",从开普勒定律到牛顿的万有引力定律,人们已通过星体运动的表象揭示了星体间的相互制约关系。正是在太阳引力场和行星间引力的作用下,太阳系中八大行星一直在自己的轨道上运动,形成了相对的动态平衡,表现出行星的"逃离"和太阳的"牵拉"。可以想象,一旦太阳的引力突然减少(比如太阳的质量减少到一定程度),太阳系中的一部分行星将真正逃离到其他星系中,造成太阳系和其他星系瞬间的混乱,但由于万有引力的作用,每个行星最终仍然会进入新的轨道,又将形成以质量占绝对优势的行星为主的新星系,形成新的动态平衡。

由此,可以得知:太阳系是由若干个星体构成的集合,而这个集合又作为银河系的一部分;太阳系中各星体间具有一定的秩序和相互作用关系;太阳系中存在起主要作用或决定作用的因素,如星体质量,如果这个(或这些)因素发生较大的变化,可能引起太阳系本质的变化。外星体的加入也可引发类似的现象;太阳系的运动受银河系中其他星系的影响。

太阳系是自然的产物,我们可称它为一种自然系统。在人类的生产与生活中,还存在许多人造系统和社会系统。生产-销售系统是人们比较熟悉的。顾名思义,生产-销售系统是由生产系统和销售系统构成的,是生产企业的主要组成部分。在一般生产系统中,至少包括生产者和生产设备,生产活动是生产者通过使用设备进行产品生产,因此必须明确或设计产品,制订生产计划,采购原材料,准备必要的能源(包括生产者与生产设备所需的)。企业的生产至少有两种目的:第一是创造利润以维持生产系统的运行,甚至扩大再生产;第二是给企业的成员带来满意,并为客户提供良好服务。这些就要求企业必须通过销售而实现利润,通过售后服务来保证质量,使客户满意,并由此获得生产需求和质量上的信息,以便修正和调整生产计划。因此,销售系统的活动既包括实际销售,也包括售后服务、意见咨询和信息采集,还包括与生产系统的联系或沟通。

由于人的能力有限、生命有限,在产销系统中,所有的活动都靠一个人是不可能的。而且由于社会对产品品种多样化和质量高标准的不断要求,产销系统的活动中不使用生产设备也是不可思议的,甚至一台设备是难以满足的。因此,产销系统至少是人和设备的人-机集合体系。人与人相互影响着,人与设备之间相互影响着,设备和设备间也存在相应的关联。比如,技术水平和知识水平较低的人可能影响设备的有效利用;同样,采用落后的设备必然影响人的工作情绪。这是人与设备间可能存在的相互作用。设备和设备之间也存在一定的影响,比如,在相同的生产任务面前,两台相同设备中的一台出现故障,另一台的工作时间就要增加。此外,产销系统作为社会系统的一部分,必然受到社会的影响,诸如社会对此产销系统的产品的认同与欢迎程度,此产销系统的运行过程被社会的接受程度(如污染方

面、社会公德方面等),社会系统甚至可以决定此产销系统是否能够继续生存。维系产销系统的生存还有其他因素,比如产销系统对其成员的凝聚力、产销系统运行中的能源是否得到保障等。一旦出现生存方面的问题,此产销系统的组成部分(包括成员和设备)必然出现"脱离"该系统的趋势,如果问题不能解决或未及时解决,这些组成部分将进入吸引力更大的其他系统,甚至可能导致此产销系统的解体。

1.1.3　系统的特性

系统有许多特性,概括起来主要有以下几个方面。

1. 整体性

系统是由相互依赖的若干部分组成,各部分之间存在着有机的联系,构成一个综合的整体,以实现一定的功能。这表现为系统具有集合性,即构成系统的各个部分可以具有不同的功能,但要实现系统的整体功能。因此,系统不是各部分的简单组合,而要有统一性和整体性,要充分注意各组成部分或各层次的协调和连接,提高系统的有序性和整体的运行效果。整体性思想和原则也是系统思想的重要组成部分。

系统的整体性还可以表述为,系统整体不等于各组成元素之和,即非加和原则,$1+1\neq2$。它表现为两种情况。

(1) 整体小于各组成元素之和,即 $1+1<2$。如"一个和尚挑水吃,两个和尚抬水吃,三个和尚没水吃"。

(2) 整体大于各组成元素之和,即 $1+1>2$。如"一个臭皮匠,没张好鞋样;两个臭皮匠,彼此有商量;三个臭皮匠,顶个诸葛亮"。

之所以出现上述两种情况,是由于系统的整体功能取决于一定结构的系统中的各组成元素间的协调关系。在第一种情况中,虽然每个元素的功能是良好的,但元素步调不一,协同不好,作为整体就不可能有良好的功能,这种系统不能称为完善的系统。在第二种情况中,虽然每个元素的功能并不很完善,但它们协同一致、结构良好,作为整体具有良好的功能。

2. 层次性

系统的层次性是指系统各要素之间在地位与作用、结构与功能上表现出来的等级秩序性。层次结构有助于我们认识和处理系统,即使是最简单的系统也有两个层次,即系统层次和要素层次,而一般说到系统有层次,都是指具有两个以上的层次而言。系统是由较低级的子系统组成的,而该系统自己又是更大系统的一个子系统,所谓子系统就存在于中间的层次之上。

系统的层次性揭示了系统与系统之间存在着包含、隶属、支配、权威、服从的关系,统称为传递关系。换句话说,系统并不孤立出现,而是按有序性原则存在于某一层次结构中,如任何生物都可以按照生物分类的门、纲、目、科、属、种的层次确定自己的位置。再如,物质系统的微观层次结构有原子、分子、大分子；宏观层次有卫星系统、行星系统、恒星系统；生命系统有分子、细胞、组织、器官、个体、种群、生态系统。又如社会是一个大系统，它包含政治、经济、军事、文教等子系统，而经济系统又包含农业、工业、商业、交通运输业等子系统，其中的工业系统又可以按照不同的分类方法分为不同的子系统，例如按所有制性质可以将工业系统分为全民所有制、集体所有制和私营工业，依次类推，可以按有序性将一个系统划分到最小的单元。

系统的层次性原则启发人们在研究解决问题时绝不能离开系统的有序层次结构，并要注意上下左右的协调关系，只有这样，才能取得成功。如对企业系统，其有序的层次结构如图 1-1 所示。

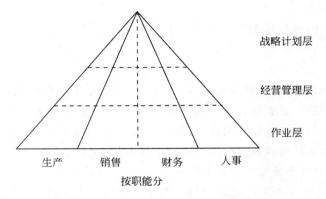

图 1-1   企业系统层次结构

作为企业系统，其内部的生产、销售、财务、人事四个子系统必须相互协调，为共同的利益目标服务。如果生产部门不能生产足够的产品，必然影响销售部门的销售；而销售部门如果不能向生产部门提供准确的市场信息，生产部门就不可能生产出适销对路的产品，进而又影响销售。除此之外，企业经营目标的实现还依赖于财务、人事部门的支持。系统结构特征不止一种，层次性结构是经常遇到的一种，人们常采用这个思路进行系统分解与分析。

3. 相关性

系统的相关性是指系统内部各要素之间的某种相互作用、相互依赖的特定关系。这些联系可能是直接的，也可能是间接的，但无论是怎样的联系形式，系统要素间的相互影响和作用总是存在的。例如，在商品市场系统中价格与商品供给、商品需求紧密地联系在一起。有些情况下，从表面上看要素与要素之间似乎没有什么关系，但是它们可以通过某些中间要素间接地联系起来。中国有句成语叫作"城门失火，殃及池鱼"，粗看起来鱼和火没有什么关系，一个在水里游，一个在岸上烧，但是它们却通过中间要素水联系在一起。

在生产系统的运行过程中，"生产计划"无疑要影响"原材料的选购""加工生产"，也影响"产品检查"这一要素，因为生产计划中必然要规划出产品的品种、质量以及与其相关的用什么材料、用什么加工技术、加工的结果怎样等问题。反过来，此三方面要素也将影响生产计划。因为，若没有全部采购到计划中的材料，或加工的技术水平不够，都可能引起生产计划的改变；生产所需的原材料的缺乏直接影响生产计划的实施；加工技术水平的低下是通过产品的检查活动而间接地影响生产计划的改变,但影响确实是存在的。

4. 目的性

系统的目的性是指系统具有明确的目标。人们利用自然的或人造的物品设计和建造一个系统,或由一些人的群体组建一个系统从事某些活动,都是有一定目的的,系统的行为是为实现这些目的而进行的。例如,导弹系统能够自动寻找并跟踪其要攻击的目标。又如在正常情况下,企业管理系统的目的不止一个,它在为企业的利润、企业成员,为精神、物质及社会活动的满足和为社会提供优质的服务而运行。

而自然系统不存在目的,但有功能。目的性只是人工系统和复合系统所具有,而功能则是所有系统都具有。所以非自然系统的目的性,促使系统的诸项活动均紧紧地围绕目的的实现而进行,因此,必然引起人们对这些活动(包括系统设计)的有效性的关注,从而导致有关系统有效性分析与系统优化的理论、方法及应用的研究与实现活动。

5. 环境适应性

任何系统都要和系统之外的各种事物发生联系,这些系统之外的和系统发生相互联系、相互影响的事物总和就是系统的环境。例如,一个计算机局域网系统本身包括计算机、网络通信设备等,安放计算机和网络设施的办公室、向它供电的电力系统等就是系统的环境。系统与环境是孪生的,是相对的,没有系统就没有相对于系统的环境,反之亦然。严格地说,某种属性一旦明确,则整个世界被系统的属性分为系统与环境两大部分。环境中尚存在其他系统,这些其他系统通常是集合中的一部分,这些系统常常不会随着某具体系统的消亡而一起消亡,特别是具有竞争关系的系统。因此,从这个意义上而言,个别系统的存在是相对的,而环境是永恒的。具体系统只有适应环境的变化,才能生存得更好,才有可能进一步发展。所以,系统与环境间也存在交互作用:系统从环境中获得生存的能量,即系统的输入;而系统的行为表现反馈给环境,接受环境的检查。系统就是通过这种过程不断调整自己,谋求不断的发展和壮大。

研究表明,系统环境中必然存在其他系统。各种系统间存在相互的作用力,这些作用力有大小、强弱和显隐等区别,并且有三种原型力,即排斥力、吸引力和摧毁力。在一定条件下,三种类型的力之间可以相互转化。最初阶段,不同属性的系统之间的活动没有很强的联系,这时常常表现为系统间相排斥。但由于不同属性系统活动效果的差异,以及系统寻求发展的行为,逐渐使得系统间的属性产生一定的趋同性(比如系统活动范围的扩大等),系统的活动领域可能出现一定的交叉,甚至相同,从而出现同类系统。由于环境资源的有限性,同类系统间的活动必然相互影响、相互关注,无形中出现了相互竞争的态势。在竞争中,"适者生存"的规律是非常有效的。哪个系统更适应环境,哪个系统就会变得更有力,也就愈加引起其他同类系统的注意和向往。竞争的结果表明:适应性强的系统逐渐扩大活动范围,并且进一步增加自己的竞争力,而适应性弱的系统逐渐让出其原来的部分"领域",如果整个过程继续下去,适应性弱的系统将被适应性强的系统完全吸引,并成为其一部分。企业间的兼并就是这种现象的明证。

系统总是存在于环境之中的,环境也总在关注和检查各种系统的行为。当系统的行为适应环境要求时,给予奖励;而当系统的行为违背环境时,给予处罚;当系统破坏环境时,给予毁灭。环境对某系统实施毁灭打击时,常常授权于另外一些系统。比如第二次世界大战中"第三帝国"的毁灭就是很好的例子,司法部门对个别罪犯实施死刑,也是摧毁力的表现。

当然,遭受摧毁的系统不一定都曾破坏了环境,这种现象常常是偶然的。但破坏环境而得到毁灭几乎是必然的。

无论系统愿意也好,不愿意也好,系统与环境(其他系统是环境的一部分)的作用力总是存在的。因此,系统与环境的交互活动是系统生长的需要,也是系统生存所必需。这就是说,只有系统是开放的,才可能谋求不断的生存与发展。在中国的历史上,几次"闭关锁国"的结果都使中国变得落后,变得衰弱。

一个系统是能够形成一个复杂或单个的整体的多个要素的集合,比如说一个河流系统或者运输系统;有相互联系的各成员的集合,如货币系统;在知识或思想的某个特殊领域的事实、理论或学说的有序集合,如哲学系统;一个程序的复杂计划的统一协调,如管理系统。但并不是说每一个项目、事实、方法或程序都是一个系统。在一个房间里的几件物品的随机组合构成了带有确定关系的集合,但这并不是一个系统,因为它缺少整体性、关联性和目的性。

1.1.4　系统的分类

世界上的系统千差万别,其形体也是多种多样的。为了更好地研究系统,揭示不同系统之间的联系,可以按各种不同的原则和标准对系统进行划分和分类。常见的几种系统分类如下。

1. 自然系统和人造系统

系统按自然属性可分为自然系统和人造系统。自然系统就是它的组成部分是自然物(动物、植物、矿物、水资源)所形成的系统,如天体、海洋、矿藏、生态系统等。人造系统自形成时就被包容在自然系统之中,如人造卫星、海运船只、机械设备等。这两个系统之间存在明确的分界线,但也在某些方面相互影响,近年来,系统工程越来越重视从自然系统的关系中探讨和研究人造系统。

随着科技的发展,出现了越来越多的人造系统,人造系统既造福了人类,也带来危害,甚至灾难,所以这些影响受到了有关人士的极大关注。例如,埃及阿斯旺水坝是一个典型的人造系统,水坝解决了埃及尼罗河洪水泛滥问题,但也带来一些不良影响,如东部的食物链受到破坏,渔业减产;尼罗河流域土质盐碱化加快,发生周期性干旱,影响了农业生产;由于河水污染使居民的健康也受到影响等。但如能运用系统工程的方法全面考虑、统筹安排,就有可能得到一个既解决洪水问题又尽量减少损失的更好方案。

实际上,大多数系统是自然系统与人造系统的复合系统。如在人造系统中,有许多是人们运用科学力量改造了自然系统。

2. 实体系统与概念系统

系统按其物质属性可分为实体系统和概念系统。实体系统是指由矿物、生物、机械和人群等实体为基本要素所组成的系统,如机械、计算机系统等;概念系统则是由概念、原理、假设、理念等概念性的非物质要素所构成的系统,如管理、教育、国民经济系统等。

概念系统可以是实体系统在未形成之前的一系列规划与说明;实体系统可以是由数学或其他的概念模型来进行仿真模拟。实际上,概念系统在实体系统的运转中起到了重要的作用。所以,实体系统和概念系统在多数情况下是结合的,实体系统是概念系统的物质基础,而概念系统是实体系统的中枢神经,指导实体系统的行动或为之服务。如军事系统中既包括通信设备系统、计算机系统等实体系统,也包括军事指挥员的思想、原则和信息等概念系统。

3. 物理系统和非物理系统

物理系统是指由物理对象及其过程所组成的系统,如一条生产流水线、一辆拖拉机等。非物理系统是指由非物理对象及其过程所组成的系统,如社会系统、经济系统等。物理系统和非物理系统在一定的条件下可以交织在一起,你中有我,我中有你,共同构建一个内涵更丰富的大系统。

4. 静态系统与动态系统

系统按其运动属性可分为动态系统和静态系统。动态系统就是系统的状态变量是随时间而变化的,是时间的函数。而静态系统则是表征系统运行规律的数学模型中不含有时间因素,即模型中的变量不随时间变化,它只是动态系统的一种极限状态,即处于稳定的系统。

然而,系统是属于动态系统还是静态系统常常取决于人对系统状态的描述方式。如一个投资规划系统拥有一定的资金,有 n 个项目可以选择,若问如何使用其资金,使收益最大时,我们可以使用一般线性规划来解决。若用一个与时间有关的变量来描述系统在投资了一个项目以后尚有的资金额,这个问题就成为动态系统问题,需要用动态规划的方法求解。

由于动态系统中各种参数之间的相互关系非常复杂,要找出其中的规律性有时是非常困难的,这时为了简化起见而假设系统是静态的,或使系统中的各种参数随时间变化的幅度很小,而视为稳态。可以说,系统工程研究的是在一定时间、一定范围内和一定条件下具有某种程度稳定性的动态系统。

5. 封闭系统与开放系统

根据系统与环境的关系,系统可分为封闭系统和开放系统。封闭系统是指该系统与环境之间没有物质、能量和信息的交换,因而呈现一种封闭状态的系统。封闭系统不受外界因素的影响,显示它固有的来自于内部的平衡态。如在封闭试管内的混合反应物,它最终会达到一种化学平衡。开放系统是指系统与环境之间有物质、能量和信息的交换的系统,如生态系统、商务机构等。它呈现出系统元素随环境进行调整的稳态特征,由于要保持稳态并谋求发展,系统一般应具有自适应和自调节功能。

开放系统是具有生命力的系统,一个国家、一个地区、一个企业都需要开放,通过和外界环境不断地进行物质、能量、信息交换,而求得不断发展。

研究开放系统,不仅要研究系统本身的结构与状态,而且要研究系统所处的外部环境,剖析环境对系统的影响方式及程度,以及环境随机变化的因素。由于环境是动态变化着的,

具有较大的不确定性,甚至出现突变的环境,所以当一个开放系统存在于某一特定的环境之中时,该系统必须具有某些特定的功能,才能具备其继续生存和发展的条件。

6. 确定性系统和不确定性系统

确定性系统是指不包含不确定因素的系统。在确定性系统中,实时输入和实时状态能够明确地、唯一地确定系统下一个时刻的状态和输出,如牛顿方程等。不确定性系统是指系统中含有不确定因素的系统。在不确定性系统中,实时输入和实时状态不能明确地、唯一地确定系统下一时刻的状态和实时输出,被决定的只是一些可能状态的集合或一些可能输出的集合,如天气预报等。不确定性系统又可进一步划分成随机系统和模糊系统等。随机系统又称概率系统。在随机系统中,根据实时输入和实时状态能够确定系统下一时刻状态或实时输出的概率分布。而在模糊系统中,系统的状态变量、输入和输出都是模糊子集。系统在模糊输入的作用下,由一个模糊状态转移到另一个模糊状态,并产生出模糊输出。

7. 简单系统和复杂系统

我国著名的科学家钱学森院士提出,按系统结构的复杂程度可分为简单系统和复杂系统。简单系统是指组成系统的子系统或要素的数量比较少,而且子系统或要素之间的关系也比较简单,如一台设备、一个商店等。复杂系统是指组成系统的子系统或要素不仅数量巨大、种类繁多,而且它们之间的关系极其复杂,具有多种层次结构,如生物系统、人体系统、社会系统和经济系统。复杂系统又可分为大系统和巨系统,其中,根据系统规模、开放性和复杂性,巨系统又可分为一般复杂巨系统和特殊复杂巨系统。

1.2　系 统 工 程

20世纪,由于生产力的巨大发展,出现了许多大型、复杂的工程技术和社会经济问题,它们都以系统的面貌出现,对其都要从整体上加以优化解决。由于这种社会需求的巨大推动,以系统为研究对象,出现了"学科群",簇拥着科学形态的系统思想涌现出地平线,横跨自然科学、社会科学和工程技术,从系统的结构和功能(包括协调、控制、演化)角度研究客观世界的系统科学应运而生。

1.2.1　系统工程的概念及特点

作为一门交叉学科,系统工程在系统科学结构体系中属于工程技术类,它是一门新兴的学科,尚处于发展阶段。国内外一些学者对系统工程的含义有过不少阐述,但至今仍无统一的定义。以下列出一些国内外知名学者对系统工程所作的解释。

1967年美国著名学者切斯纳(H. Chestnut)指出:"系统工程认为虽然每个系统都由许多不同的特殊功能部分所组成,而这些功能部分之间又存在着相互关系,但是每一个系统都是完整的整体,每一个系统都要有一个或若干个目标。系统工程则是按照各个目标进行权衡,全面求得最优解(或满意解)的方法,并使各组成部分能够最大限度地相互适应。"

1967年,日本工业标准JIS定义:"系统工程是为了更好地达到系统目标,而对系统的构成要素、组织机构、信息流动和控制机构等进行分析与设计的技术。"

1974年出版的《大英百科全书》中指出:"系统工程是一门把已有学科分支中的知识有效地组合起来用以解决综合性的工程问题的技术。"

1975年出版的《美国科学技术辞典》的论述为:"系统工程是研究复杂系统设计的科学,该系统由许多密切联系的元素所组成。设计该复杂系统时,应有明确的预定功能及目标,并协调各个元素之间及元素和整体之间的有机联系,以使系统能从总体上达到最优目标。在设计系统时,要同时考虑到参与系统活动的人的因素及其作用。"

1977年日本学者三浦武雄指出:"系统工程与其他工程学的不同之点在于它是跨越许多学科的科学,而且是填补这些学科边界空白的一种边缘学科。因为系统工程的目的是研制一个系统,而系统不仅涉及工程学领域,还涉及社会、经济和政治等领域,所以为了适当地解决这些领域的问题,除了需要某些纵向技术以外,还要有一种技术从横的方向把它们组织起来,这种横向技术就是系统工程。"

1978年我国著名学者钱学森指出:"系统工程是组织管理系统的规划、研究、设计、制造、试验和使用的科学方法,是一种对所有系统都具有普遍意义的方法。"

1993年出版的《中国大百科全书·自动控制与系统工程》指出:"系统工程是从整体出发合理开发、设计、实施和运用系统的工程技术。它是系统科学中直接改造世界的工程技术。"

从以上各种论点可以看出,系统工程是以大型复杂系统为研究对象,按一定目的进行设计、开发、管理与控制,以期达到总体效果最优的理论与方法。

系统工程是一门工程技术,用以改造客观世界并取得实际成果,这与一般工程技术问题有共同之处。但是,系统工程又是一类包括了许多类工程技术的一大工程技术门类,与一般工程比较,系统工程有以下特点。

(1)系统工程的技术性本质。系统工程是一门工程技术,其中不仅包括改造自然界过程中直接施工者的各种实践活动,如建筑屋宇、制造机器、架桥筑路等,而且也包括工程指挥者的各种组织管理实践活动。在许多情况下这两种实践活动是紧密联系在一起的。系统工程不是理论体系,它不强调学术观点。系统工程是在做出战略决策和制定路线、方针和政策之后解决如何实施的技术和方法。当然作为某种方法,系统工程也可用到决定大政方针的过程中去。

(2)系统工程强调系统观点。一方面,系统工程强调研究对象的系统性。从时间角度来看,系统工程把系统的运动过程看作由许多相互关联的阶段、步骤或工序组成的过程集合体,强调把握全过程,从全过程出发照应各个阶段的衔接。从空间的角度上看,系统工程把研究对象看作由各部分组成的整体,强调了各部分之间的相互联系,从系统的整体出发处理所有问题。另一方面,系统工程还强调所用方法的系统性。作为一种知识体系,系统工程是利用系统科学的各种概念、原理和方法解决组织管理问题的各种专业和学科的总称。在研究系统问题过程中,特别是在研究复杂系统问题过程中,系统工程通常采用多种方法相结合或多种方法交替使用的方式,以使系统以最优的路径达到其目标。

(3)系统工程的综合性。工程技术的对象通常都是多样性的综合,作为过程技术的系统工程不能回避客观对象的多样性和复杂性。系统工程的综合性表现在研究对象的综合性、应用科学知识的综合性、使用物质手段的综合性、考核效益的综合性等。系统工程在处理现代复杂大系统的过程中要涉及自然科学、社会科学、数学和技术科学等广泛的领域,需要运用多学科的成果,需要多方面的专家合作。

(4)系统工程的创造性。运用系统工程解决复杂的系统问题需要有高度的工程想象力和创造性思维;探索系统工程应用的新途径、新方向需要在观念上有新的突破,要提出新思想、新概念;要有洞察力,善于把似乎与工程实践无多大关系的新理论、新观点和新方法引入工程问题,开辟解决技术问题的新路子。系统工程需要科学性和艺术性的统一。

(5)系统工程的广泛适用性。系统工程的应用领域十分广泛,主要有工程系统、社会系统、经济系统、农业系统、企业系统、科学技术管理系统、军事系统、环境生态系统、人才开放系统、运输系统、能源系统和区域规划系统等。

1.2.2 系统工程的发展历史

系统工程作为一门科学技术虽然形成于20世纪中叶,但随着近代科学技术的发展,特别是计算机的出现和广泛使用,系统工程在世界范围内迅速发展起来,许多国家有不少成功的重大研究成果。

第一次提出"系统工程"这一名词的是在美国贝尔电话公司试验室工作的莫利纳(E. C. Molina,1940年)和在丹麦哥本哈根电话公司工作的厄朗(A. K. Erlang),他们在研制电话自动交换机时,意识到不能只注意电话机和交换台设备技术的研究,还要从通信网络的总体上进行研究。他们把研制工作分为规划、研究、开发、应用和通用工程等五个阶段,以后又提出了排队论原理,并应用到电话通信网络系统中,推动了电话事业的飞速发展。

系统工程的萌芽时期可追溯到20世纪初的泰勒系统,为了提高工效,泰勒(F. W. Taylor)研究了合理工序和工人活动的关系,探索了管理的规律。1911年他的《科学管理的原理》一书问世后,工业界出现了"泰勒系统"。

在第二次世界大战时期,一些科学工作者以大规模军事行动为对象,提出了解决战争问题的一些决策的方法和工程手段,出现了运筹学。当时英国为防御德国的突然空袭,研究了雷达报警系统和飞机降落排队系统,取得了很多战果。在这一时期,英、美等国在反潜、反空袭、商船护航、布置水雷等军事行动中应用了系统工程方法,取得了良好的效果。1940年至

1945 年,美国制造原子弹的"曼哈顿"计划由于应用了系统工程方法进行协调,在较短的时间内取得了成功。

1945 年,美国建立了兰德公司(RAND Corp.),应用运筹学等理论方法研制出了多种应用系统,在美国国家发展战略、国防系统开发、宇宙空间技术以及经济建设领域的重大决策中发挥了重要作用,"兰德"又被誉为"思想库"和"智囊团"。

20 世纪 50 年代后期和 60 年代中期,美国为改变空间技术落后于苏联的局面,先后制定和执行了北极星导弹核潜艇计划和阿波罗登月计划,这些都是系统工程在国防科研中取得成果的著名范例。阿波罗登月计划是一项巨大的工程,从 1961 年开始,持续了 11 年。该工程有 300 多万个部件,耗资 244 亿美元,参加者有两万多个企业和 120 个大学与研究机构。整个工程在计划进度、质量检验、可靠性评价和管理过程等方面都采用了系统工程方法,并创造了"计划评审技术"和"随机网络技术"(又称"图解评审技术"),实现了时间进度、质量技术与经费管理三者的统一。在实施该工程的过程中及时向各层决策机构提供信息和方案,供各层决策者使用,保证了各个领域的相互平衡,如期完成了总体目标。计算机的迅速发展,为该复杂大系统的分析提供了有力的工具。

20 世纪 70 年代以来,随着微型计算机的发展,出现了分级分布控制系统和分散信号处理系统,扩展了系统工程理论方法的应用范围。近年来,社会、经济与环境综合性的大系统问题日益增多,如环境污染、人口增长、交通事故、军备竞赛等。许多技术性问题也带有政治、经济的因素,如北欧跨国电网的供电问题。这个电网有水、火、核等多种能源形式,规模庞大,电网调度本身在技术上已相当复杂,而且还要受到各国经济利益冲突、地理条件限制、环境保护政策制约和人口迁移状况的影响,因此,负荷调度的目标和最佳运行方式的评价标准十分复杂,涉及多个国家社会经济因素。该电网的系统分析者要综合这些因素,对 4500 万 kW 的电力做出合理的并能被接受的调度方案,提交各国讨论、协调和决策,这是个典型的系统工程问题。

我国近代的系统工程研究可追溯到 20 世纪 50 年代。1956 年,中国科学院在钱学森、许国志的倡导下建立了第一个运筹学小组;60 年代,著名数学家华罗庚大力推广了统筹法、优选法;与此同时,在著名科学家钱学森领导下,在导弹等现代化武器的总体设计组织方面取得了丰富经验,国防尖端科研的"总体设计部"取得显著成效。1977 年以来,系统工程的推广和应用出现了新局面,1980 年成立了中国系统工程学会,与国际系统工程界进行了广泛的学术交流。近年来,系统工程在各个领域都取得了许多成果。

1.2.3 系统工程的作用及应用领域

以前的工程学,如机械工程、电子工程、土木工程、化学工程、计算机科学等,是根据研究对象的不同而进行纵向分类的,而系统工程学则是在这些纵向分类的各个领域中规划与设计新系统,并对已有系统提供最佳利用的方法论。但是,由于纵向分类的工程领域无视领域间的横向关系,一味朝专业化、细分化方向发展,因此以产业化为中心的各种活动失去了总体的和谐,这无疑导致了资源能源问题、环境问题、大都市圈的交通问题等。

系统工程在解决这些系统问题方面起着重要的作用,因此系统工程是与控制工程、运筹学、信息工程等平行的、横向分类的学科领域,它不仅适用于某个专业领域,也适用于专业领域的综合及学科交叉的研究。

系统工程不仅是科学技术的一个领域,也是解决各种复杂社会现象的一种手段。在解决社会问题方面也可应用系统工程的方法。例如一项新技术既有正面效果,也有负面效果,即该技术带给社会的负面影响,在评价这些效果及评价一项新技术的优劣时所做的技术评估,都是系统工程应用的典型例子。另外与垃圾处理场及其他大型设备的建设相关的环境评估等也是系统工程应用的一个例子。今后科学技术与社会、经济的结合将越来越密切,系统工程将处理那些以前不被看作是科学技术研究对象的现象或系统。

目前,系统工程的应用领域已十分广阔,主要有以下方面。

(1) 社会系统工程。组织管理社会建设的技术,它的研究对象是整个社会,是一个开放的复杂巨系统。它具有多层次、多区域、多阶段的特点,如社会经济系统的可持续协调发展总体战略研究。近年来,正探讨一种从定性到定量综合运用多种学科处理复杂巨系统的方法论。

(2) 经济系统工程。运用系统工程的方法研究宏观经济系统的问题,如国家的经济发展战略、综合发展规划、经济指标体系、投入产出分析、积累与消费分析、产业结构分析、消费结构分析、价格系统分析、投资决策分析、资源合理配置、经济政策分析、综合国力分析、世界经济模型等。

(3) 区域规划系统工程。运用系统工程的原理和方法研究区域发展战略、区域综合发展规划、区域投入产出分析、区域城镇布局、区域资源合理配置、城市资源规划、城市水资源规划、城市公共交通规划与管理等。

(4) 环境生态系统工程。研究大气生态系统、大地生态系统、流域生态系统、森林与生物生态系统、城市生态系统等系统分析、规划、建设、防治等方面的问题,以及环境检测系统、环境计量预测模型等问题。

(5) 能源系统工程。研究能源合理结构、能源需求预测、能源开发规模预测、能源生产优化模型、能源合理利用模型、电力系统规划、节能规划、能源数据库等问题。

(6) 水资源系统工程。研究河流综合利用规划、流域发展战略规划、农田灌溉系统规划与设计、城市供水系统优化模型、水能利用规划、防污指挥调度、水污染控制等问题。

(7) 交通运输系统工程。研究铁路、公路、航运、航空综合运输规划及其发展战略,研究铁路运输规划、铁路调度系统、公路运输规划、公路运输调度系统、航运规划、航运调度系统、空运规划、空运调度系统、综合运输优化模型、综合运输效益分析等。

(8) 农业系统工程。研究农业发展战略、大农业及立体农业的战略规划、农业投资规划、农业综合规划、农业区域规划、农业政策分析、农产品需求预测、农业产品发展速度预测、农业投入产出分析、农作物合理布局、农作物栽培技术规划、农业系统多层次开发模型等。

(9) 工业及企业系统工程。研究工业动态模型、市场预测、新产品开发、CIMS及并行工程、计算机辅助设计与制造、生产管理系统、计划管理系统、库存控制、全面质量管理、成本核算系统、成本效益分析、财务分析、组织系统、激励机制等。

(10) 工程项目管理系统工程。研究工程项目的总体设计、可行性、国民经济评价、工程进度管理、工程质量管理、风险投资分析、可靠性分析、工程成本效益分析等。

（11）科技管理系统工程。研究科学技术发展战略、科学技术预测、科学管理系统，科学技术评价、科技人才规划、优先发展领域分析等。

（12）教育系统工程。研究人才需求预测、人才与教育规划、人才结构分析、教育政策分析、学校系统化管理等。

（13）人口系统工程。研究人口总目标、人口参数、人口指标体系、人口系统数学模型、人口系统稳定论、人口模型生命表，人口系统动态特性分析、人口参数辨识、人口普查系统设计、人口政策分析、人口区域规划等。

（14）智力开发系统工程。研究知识的学习和人的思维方式、知识系统的组成、文化体系结构，人才需求预测、人才结构分析、人才与教育规划和教育政策分析等。

（15）军事系统工程。研究国防战略、作战模拟、情报、通信与指挥自动化系统、先进武器装备发展规划、综合保障系统、国防经济学、军事运筹学等。

（16）物流系统工程。以供应链和社会经济系统结构优化及高效运营为基础，研究企业物流系统、社会物流系统及其集成系统的战略、规划、优化、控制、管理等，强调以物流为核心，实现物流、商流、信息流、价值流的一体化。

（17）信息系统工程。运用系统工程理论和方法研究信息化及现代信息技术发展战略、规划、政策，各级各类信息系统分析、开发、运行、更新及管理等。

1.3 系统工程的理论基础

人类的历史，是一个由必然王国向自由王国不断发展的历史。社会劳动的规模日趋扩大，社会经济活动日趋复杂，使得人们对统筹兼顾、全面规划、发展战略等原则，从朴素的、自发的应用提高到科学的、自觉的应用，把它们从经验提高到科学理论。系统工程是实现系统最优化的科学，是一门高度综合性的管理工程技术，涉及应用数学（如最优化方法、概率论、网络理论等）、基础理论（如信息论、控制论、可靠性理论等）、系统技术（如系统模拟、通信系统等）以及经济学、管理学、社会学、心理学等各种学科。但其理论主体则是由一般系统论、经济控制论、信息论、运筹学、新三论、复杂适应系统理论等理论体系构成的。

1.3.1 一般系统论

一般系统论是通过对各种不同系统进行科学理论研究而形成的关于适用于一切种类系统的学说。其主要创始人是美籍奥地利理论生物学家贝塔朗菲，他把一般系统论的研究内容概括为关于系统的科学、数学系统论、系统技术、系统哲学等。由于以往对系统的研究属于哲学观念的范围,未能成为科学,因而贝塔朗菲在创立一般系统论时强调它的科学性,指出一般系统论属于逻辑和数学的领域,它的任务是确立适用于"系统"的一般原则。

从哲学的系统概念发展为一般系统论学科,是 20 世纪才实现的。贝塔朗菲在 20 世纪 20 年代研究生物学时提出了机体系统论的概念,后来他把"机体"这个术语改为"有组织的实体"用于解释社会现象和工程设施等事物时,逐步形成了系统论的纲领。1945 年后,贝塔朗菲公开发表文章介绍一般系统论的基本原理。1954 年美国成立了一般系统学会,1968 年贝塔朗菲在《一般系统论的基础、发展和应用》一书中,把系统作为科学研究的对象,系统地、全面地阐述了动态的开放系统的理论。书中指出了当代系统研究已出现了进一步普遍化倾向,不仅在生物学中,而且在行为科学和社会科学中,很多现象已能应用数学表达式和模型了,不同领域的系统在结构上的类似性是明显的,而有关秩序、组织、整体性、目的性等重要问题,就是一般系统论的基本观念。20 世纪 60 年代以后,不仅贝塔朗菲以生物学作为一般系统论的生长点,以维纳为代表的学者创立了控制论,形成了许多与一般系统论相似的观点,同时工程系统分析也得到了迅速的发展。20 世纪下半叶,一般系统论对管理科学的发展有深刻的"影响",现代管理科学越来越重视管理中的组织联系方面的因素,并开始强调"系统管理"的观念。系统工程的发展正是为组织管理"系统"的规划、研究、设计、制造、试验和使用提供一种科学方法。系统工程所取得的积极效果,又为进一步地发展一般系统论开辟了广阔的应用领域。

1.3.2　经济控制论

经济控制论是用当代控制论的科学方法分析经济过程的学科。它为合理地控制经济过程提供了新的见解,并提供了一种有效地计划和管理国民经济及其各部门的新工具。20 世纪 60 年代初期,控制理论开始被经济学家大量引进经济领域。1965 年美国哈佛大学的经济学教授 R. Dobell 和控制论教授何毓琦首次合作利用控制论建立经济学模型。1966 年该校经济系的 L. Taylor 和 D. Kendrick 教授应用控制理论中的共轭梯度法制定韩国经济最优计划模型。1972 年由美国国家经济研究局发起,在普林斯顿成立了第一个随机控制和经济系统研究小组,有邹至应教授和 Athans 教授等四十几位经济学家和控制论专家参加。此后,控制理论在微观经济和宏观经济方面都得到广泛的应用。例如美国的密歇根宏观经济控制模型是根据计量经济理论,使用反馈控制技术建立起来的大规模非线性随机模型。它用来分析和制定美国的国家经济政策。

在我国实行社会主义市场经济,需要深入了解社会主义经济的运行机制和经济过程模式的控制的科学原理,这就是经济控制论迅速发展的社会背景。

由于宏观经济预测和政策分析的需要,东西方经济学者已把注意力从传统的经济静态优化转移到动态优化上来。把控制变量引进动态优化模型,常能通过现代计算手段直接获得经济决策方案。然而做到这一步的前提是解决计量经济模型的状态空间化。于是,计量经济系统状态空间模型的结构特点、经济意义和获得最优控制解的途径,便成为经济控制论的中心议题。

由于经济系统是相互依存的一个整体,投入-产出模型是一种简单而有用的经济分析工具,是包含许多经济部门、高度解集、确定供给的综合模型,但在实际经济运行中,考虑到收益变化、生产技术变化、生产中的时间滞后、资本积累过程等时间因素引起变量变化,因而人们在静态投入-产出模型的基础上加进变化因素后,研究动态投入-产出模型,从而形成经济控制论的重要内容。

1.3.3 信息论

信息论于 20 世纪 40 年代末产生,其主要创立者是美国的数学家香农(C. E. Shannon)和维纳(Norbert Wiener)。起初,信息论仅局限于通信领域,以应用概率论和数理统计方法研究信息处理的信息传递。它的基本内容是研究信源、信宿、信道及编码问题。在此期间香农提出了信息熵的数学公式,解决了信息的度量问题,建立了信息量的概念,以及提出了通信信息模型和编码定理等问题,初步解决了如何利用信道容量等问题。后来,信息论为控制论所采用,用以研究通信和控制系统中普遍存在的信息传递的共同规律,同时用来研究如何提高信息传输系统的有效性和可靠性。信息论对系统工程方法的贡献在于以下两方面。

(1) 信息论运用了科学抽象和类比方法,将消息、信号、情报等不同领域中的具体概念进行类比,抽象出了信息概念和信息论模型。

(2) 针对信息的随机性特点,运用了统计数学(概率论与随机过程)解决了信息量问题,并扩展了信息概念,充实了语义信息、有效信息、主观信息、相对信息、模糊信息等方面的内容。

信息方法以信息为基础,把系统有目的的运动抽象为一个信息变换过程。这与传统方法不同,传统方法注重的是物质和能量在事物运动变化过程中的作用,而信息方法是以信息的运动作为分析和处理问题的基础,在分析和处理问题时,它完全撇开系统的具体运动形态,把系统的有目的的运动抽象为信息变换过程。如在对企业进行信息系统设计时,要摆脱信息系统对组织机构的依从性,着眼于企业过程,而不是围绕每一部门来进行,这样设计出来的信息系统具有高的应变能力。

传统方法在研究问题时,主要运用剖析法,这不利于掌握事物间的内在联系,甚至以孤立、静止的方法来研究事物,忽视事物的整体性。可见,传统方法对于复杂的系统,特别是活的有机体,往往显得无能为力。信息方法是用联系、转化的观点,综合研究系统运动的信息过程。在对复杂事物进行研究时,不对事物的整体结构进行剖析,而是从其信息流程加以综合考察,获取关于整体的性能和知识。这是一种新的认识问题、解决问题的方法。

信息方法的意义就在于它指示了机器、生物系统的信息过程,揭示了不同系统的共同信息联系;指示了某些事物的运动规律,如遗传现象、生物解体等活动规律;有利于管理、决策科学化,信息是管理、决策的基础,现代化管理、决策系统必须有信息系统功能;指明了信息沟通的重要性,在信源、信道、信宿间要有效地沟通。

1.3.4 运筹学

运筹学(operation research)一词起源于 20 世纪 30 年代。在《中国企业管理百科全书》(1984 年版)中的释义为：应用分析、试验、量化的方法，对经济管理系统中人、财、物等有限资源进行统筹安排，为决策者提供有依据的最优方案，以实现最有效的管理。一般认为，运筹学的诞生来源于军事、管理和经济，但其中管理是运筹学孕育的主要土壤，因为基于军事和经济研究中产生的运筹学方法或分支最终都移植到管理领域应用和发展。它的一些分支，如规划论、排队论、存储论、对策论等，无不同管理的发展密切联系。

运筹学往往运用模型化的方法，对一个已确定研究范围的现实问题，按提出的预期目标，将其中的主要因素及各种限制条件之间的因果关系、逻辑关系建立数学模型，通过模型求解来寻求最优方案。运筹学的分支主要有线性规划、非线性规划、动态规划、排队论、存储论、博弈论等。

(1) 线性规划(linear programming)。在经营管理工作中，经常碰到如何恰当地运转由人员、设备、材料、资金、信息、时间等因素构成的体系，以便最有效地实现预定工作任务的问题。这一类统筹规划问题用数学语言表达出来，就是在一组约束条件下寻求一个目标函数的极值的问题。如果约束条件表示为线性方程式、目标函数表示为线性函数时，就叫线性规划。一般线性规划的数学模型如下。

要求目标函数实现最大化(或最小化)：

$$\max(\min)Z = \sum_{j=1}^{n} c_j x_j$$

由 m 种有限资源构成的一组约束条件：

$$\sum_{j=1}^{n} a_{ij} x_j \leqslant (=, \geqslant) b_i, \quad i = 1, 2, \cdots, m$$

各变量不能取负值：

$$x_j \geqslant 0, \quad j = 1, 2, \cdots, n$$

如果在所要考虑的数学规划问题中目标函数与约束条件是非线性的，就称其为非线性规划(nonlinear programming)问题。决策变量中要求取值必须满足整数的线性规划问题称为整数规划。

(2) 动态规划(dynamic programming)。将一个复杂的多阶段决策问题分解为若干相互关联的较易求解的子决策问题，以寻求最优决策序列的方式为动态规划，如研究水利资源多级分配的优化问题。

(3) 排队论(queuing theory or waiting line)。研究排队现象的统计规律性，并用以指导服务系统的最优设计和最优经营策略为排队论，又称随机服务系统理论。在这种服务系统中，服务对象何时到达和它们占用系统的时间的长短事先都无从确知。这是一种随机聚散现象。它通过对每个个别的随机服务现象统计规律的研究，找出反映这些随机现象平均特性的规律，从而在保证较好经济效益的前提下改进服务系统的工作能力。

(4) 存储论(inventory theory)。在经营管理工作中，为了保证系统的有效运转，往往需要对原材料、元器件、设备、资金以及其他物资保持必要的储备。存储论就是应用数学方法研究在什么时间、以多少数量、从什么供应渠道来补充这些储备,使得在保证生产正常运行的情况下,保持库存和补充采购的总费用最少。

(5)博弈论(game theory)。它又被称为对策论,既是现代数学的一个新分支,也是运筹学的一个重要学科。博弈论主要研究公式化了的激励结构间的相互作用,是研究具有斗争或竞争性质现象的数学理论和方法。博弈论考虑游戏中的个体的预测行为和实际行为,并研究它们的优化策略。生物学家使用博弈理论来理解和预测进化论的某些结果。博弈论已经成为经济学的标准分析工具之一,在金融学、证券学、生物学、经济学、国际关系、计算机科学、政治学、军事战略和其他很多学科都有广泛的应用。其基本概念包括局中人、行动、信息、策略、收益、均衡和结果等。其中局中人、策略和收益是最基本的要素。局中人、行动和结果被统称为博弈规则。

1.3.5　新三论

"新三论"是指耗散结构论、协同论、突变论,是从 20 世纪 70 年代开始在一般系统论、控制论、信息论的基础上发展起来的现代系统理论。

1. 耗散结构论

1969 年,比利时著名学者普里戈金(I. Prigogine)研究远离平衡状态开放系统时提出非平衡热力学和统计物理学中的耗散结构理论。由于这一成就,普里戈金获 1977 年诺贝尔化学奖。

首先从几个例子看一下究竟什么是耗散结构。天空中的云通常是不规则分布的,但有时蓝天和白云会形成蓝白相间的条纹,叫作天街,这是一种云的空间结构。容器装有液体,上下底分别与不同温度的热源接触,下底温度较上底高,当两板间温差超过一定阈值时,液体内部就会形成因对流而产生的六角形花纹,这就是著名的贝纳德效应,它是流体的一种空间结构。在贝洛索夫-萨波金斯基反应中,当用适当的催化剂和指示剂进行丙二酸的溴酸氧化反应时,反应介质的颜色会在红色和蓝色之间作周期性变换,这类现象一般称为化学振荡或化学钟,是一种时间结构。在某些条件下这类反应的反应介质还可以出现许多漂亮的花纹,此即萨波金斯基花纹,它展示的是一种空间结构。在另外一些条件下,萨波金斯基花纹会呈同心圆或螺旋状向外扩散,像波一样在介质中传播,这就是所谓化学波,这是一种时间-空间结构。诸如此类的例子很多,它们都属于耗散结构的范畴。为了从各不相同的耗散结构实例中找出其本质的特征和规律,普里戈金学派研究了非平衡热力学,继承和发展了前人关于物理学中相变的理论,运用了当代非线性微分方程以及随机过程的数学知识,揭示出耗散结构有如下几方面的基本特点。

第一,产生耗散结构的系统都包含有大量的系统基元甚至多层次的组分。贝纳德效应中的液体包含大量分子。天空中的云包含由水分子组成的水蒸气、液滴、水晶和空气,因而是含有多组分多层次的系统。至于贝洛索夫-萨波金斯基反应,其中不仅含有大量分子、原子和离子,并且有许多化学成分。不仅如此,在产生耗散结构的系统中,基元间以及不同的组分和层次间还通常存在着错综复杂的相互作用，其中尤为重要的是正反馈机制和非线性作用。正反馈可以看作自我复制、自我放大的机制，是"序"产生的重要因素，而非线性可以使系统在热力学分支失稳的基础上重新稳定到耗散结构分支上。

第二，产生耗散结构的系统必须是开放系统，必定同外界进行物质与能量的交换。天街中的云一定会和周围的大气和云进行物质交换并和外界进行能量交换。如欲维持贝洛索夫-萨波金斯基反应中的时间-空间结构，则需不断地向进行反应的容器中注入所需的化学物质，这正是系统与外界的物质交换。耗散结构之所以依赖于系统开放，是因为根据热力学第二定律，一个孤立系统的熵要随时间增大直至极大值，此时对应最无序的平衡态，也就是说孤立系统绝对不会出现耗散结构。而开放系统可以使系统从外界引入足够强的负熵流来抵消系统本身的熵产生而使系统总熵减少或不变，从而使系统进入或维持相对有序的状态。

第三，产生耗散结构的系统必须处于远离平衡的状态。为了简单说明问题，先举一个有关平衡状态的例子。假定暖水瓶是完全隔热的，里边放入温水，盖上瓶塞，其中的水不再受外界任何影响，最后水就进入一种各处温度均匀，没有宏观流动和翻滚且不再随时间改变的状态，叫平衡态，相应的结构称为平衡结构。根据热力学理论，在这种状态下是不可能出现任何耗散结构的。如果把瓶塞打开，用细棒搅拌瓶中的水，这时系统内发生翻滚流动，脱离平衡态。但若重新盖上瓶塞，经过足够长的时间，系统又将不可避免地达到新的平衡态，仍不会有耗散结构。这表明系统虽走出了平衡态，但离开平衡态不够"远"。要想使系统产生耗散结构，就必须通过外界的物质流和能量流驱动系统使它远离平衡至一定程度，至少使其越过非平衡的线性区，即进入非线性区。最明显的例子是贝纳德效应，若上下温差很小，不会出现六角形花纹，表明系统离开平衡态不够远。待温差达到一定程度，即离开平衡态足够远，才发生贝纳德对流。这里强调指出，耗散结构与平衡结构有本质的区别。平衡结构是一种"死"的结构，它的存在和维持不依赖于外界，而耗散结构是个"活"的结构，它只有在非平衡条件下依赖于外界才能形成和维持。由于它内部不断产生熵，就要不断地从外界引入负熵流，不断进行"新陈代谢"过程，一旦这种"代谢"条件被破坏，这个结构就会"窒息而死"。所有自然界的生命现象都必须用第二种结构来解释。

第四，耗散结构总是通过某种突变过程出现的，某种临界值的存在是伴随耗散结构现象的一大特征，如贝纳德对流、激光、化学振荡均是系统控制参量越过一定阈值时突然出现的。

第五，耗散结构的出现是由于远离平衡的系统内部涨落被放大而诱发的。什么是涨落呢？举一个例子，密闭容器内的气体，如果不受周围环境的影响或干扰，就会像前面所说的那样达到平衡态，不难想象，这时容器内各处气体的密度是均匀的。然而由于大量气体分子作无规则热运动而且相互碰撞，可能某瞬时容器内某处的密度略微偏大，另一瞬时又略微偏小，即密度在其平均值上下波动，这种现象就叫涨落。如果仅限于讨论处于平衡态气体内部的涨落，意义并不十分大。虽然无规则运动和碰撞的存在将不时产生相对于平衡的偏差，但由于同样的原因，这种偏差又不断地平息下去，从而平衡得以维持。在远离平衡时，意义就完全不同了，微小的涨落就能不断被放大，使系统离开热力学分支而进入新的更有序的耗散结构分支。涨落之所以能发挥这么大的作用，是因为热力学分支的失稳已为这一切准备好了必要的条件，涨落对系统演变所起的是一种触发作用。

综述以上各点，所谓耗散结构就是包含多基元、多组分、多层次的开放系统处于远离平衡态时在涨落的触发下从无序突变为有序而形成的一种时间、空间或时间-空间结构。耗散结构理论的提出对当代哲学思想产生了深远的影响,该理论引起了哲学家们的广泛注意。在耗散结构理论创立前,世界被一分为二:其一是物理世界,这个世界是简单的、被动的、僵死的、不变的、可逆的和决定论的量的世界;其二是生物界和人类社会,这个世界是复杂的、主动的、活跃的、进化的、不可逆和非决定论的质的世界。物理世界和生命世界之间存在着巨大的差异和不可逾越的鸿沟,它们是完全分离的,从而伴随而来的是两种科学、两种文化的对立,而耗散结构理论则在把两者重新统一起来的过程中起着重要的作用。耗散结构理论极大地丰富了哲学思想,在可逆与不可逆、对称与非对称、平衡与非平衡、有序与无序、稳定与不稳定、简单与复杂、局部与整体、决定论和非决定论等诸多哲学范畴都有其独特的贡献。耗散结构理论可以用于研究许多实际现象。上面所谈的"天街"、贝纳德效应以及贝洛索夫-萨波金斯基反应分别属于物理和化学范畴。值得说明的是,在生命现象中也包含有多层次、多组分,例如从种群、个体、器官、组织、细胞以至生物分子,各层次间以及同一层次的各种组分间存在着更为复杂的相互作用。生命系统需要新陈代谢,因而它必定是开放系统,再者生命系统必然是远离平衡的,因此生命系统成为耗散结构理论应用的对象是十分自然的。这方面目前取得较多进展的有动物体内释放能量的生化反应糖酵解的时间振荡,还有关于肿瘤免疫监视的问题以及一些生态学中的问题。

从广义讲,人类社会也是远离平衡的开放系统。因此,像都市的形成发展、城镇交通、航海捕鱼、教育与经济问题等社会经济问题也可作为耗散结构理论应用的领域。耗散结构理论自提出以来,一直在理论和实际应用两个方面同时拓展,今后的发展也可望顺着这个路子往下走。因为并非一切远离平衡的复杂性开放系统的行为都可以归纳为耗散结构,所以,作为更高层次的研究复杂系统的系统科学的一个分支理论,面对纷繁复杂的实际世界,其未来充满挑战,也面对机会,可谓任重道远。

2. 协同论

协同论(synergetics)也称协同学或协和学,是研究不同事物共同特征及其协同机理的新兴学科,它着重探讨各种系统从无序变为有序时的相似性,是近十几年来获得发展并被广泛应用的综合性学科。20世纪70年代后期由联邦德国斯图加特大学教授、著名理论物理学家赫尔曼·哈肯(H. Haken)创立,他的发现已超出非平衡统计物理学的研究而有更普遍的意义。协同论研究系统从无序到有序转变的规律和特征,既适用于非平衡系统中发生的有序结构或功能的形成,又包括平衡态中发生的相变过程。由于协同论不受一些热力学概念的束缚,因此它一开始就得到了广泛的应用。对有关的自然科学问题,协同论一般能给出定量结果,对有关的社会科学问题,它也能在科学分析的基础上给予定性说明。协同论在发展进程中推动着系统工程的发展。哈肯于1981年获美国富兰克林研究院迈克尔逊奖。现在耗散结构理论和协同学通常被并称为自组织理论。

客观世界存在着各种各样的系统:社会的或自然界的,有生命的或无生命的,宏观的或微观的系统,等等,这些看起来完全不同的系统,却都具有深刻的相似性。协同论则是在研究事物从旧结构转变为新结构的机理的共同规律上形成和发展的,它的主要特点是通过类比对从无序到有序的现象建立了一整套数学模型和处理方案,并推广到广泛的领域。它基于"很多子系统的合作受相同原理支配而与子系统特性无关"的原理,设想在跨学科领域内,考察其类似性以探求其规律。哈肯在阐述协同论时讲道:"我们现在好像在大山脚下从不同的两边挖一条隧道,这个大山至今把不同的学科分隔开,尤其是把'软'科学和'硬'科学分隔开。"

协同论作为一门横断科学和边缘科学,研究和揭示了在一定条件下,不同系统通过子系统间的协同作用于自组织,从无序向有序转变的共同规律和特征,在自然科学和社会科学领域有着广阔的应用前景。

3. 突变论

突变论(catastrophe theory)最初由荷兰植物学家和遗传学家德弗里斯(Hugo Marie de Vrier)提出。他根据进行多年的月见草实验的结果,于1901年提出生物进化起因于骤变的"突变论",在历史上曾产生了重大影响,使许多人对达尔文的渐变进化论产生了怀疑。但后来的研究表明,月见草的骤变是较为罕见的染色体畸变所致,并非进化的普遍规律。后来突变论被重新定义和提出,它是20世纪60年代末法国数学家托姆(René Thom)为了解释胚胎学中的成胚过程而提出来的。1967年托姆发表《形态发生动力学》一文,阐述突变论的基本思想,1969年发表《生物学中的拓扑模型》,为突变论奠定了基础。1972年发表专著《结构稳定与形态发生》,系统地阐述了突变论,他由此荣获国际数学界的最高奖——菲尔兹奖章。突变论的出现引起各方面的重视,被称为"牛顿和莱布尼茨发明微积分三百年以来数学上最大的革命"。70年代以来,塞曼等人提出著名的突变机构,进一步发展了突变论,并把它应用到物理学、生物学、生态学、医学、经济学和社会学等各个方面,产生了很大影响。

突变论认为系统所处的状态可用一组参数描述。当系统处于稳定态时,标志该系统状态的某个函数就取唯一的值。当参数在某个范围内变化,该函数值有不止一个极值时,系统必然处于不稳定状态。托姆指出:系统从一种稳定状态进入不稳定状态,随参数的再变化,又使不稳定状态进入另一种稳定状态,那么,系统状态就在这一刹那间发生了突变。突变论给出了系统状态的参数变化区域。

突变论一方面从系统运行机制上广义地回答了为什么有的事物不变、有的渐变、有的突变的问题;另一方面,它深化了量变质变的思想。突变理论通过耗散结构论、协同论与系统论联系起来,并推动系统论进一步深化与发展。

1.4　案例分析

都江堰位于四川成都平原西部的岷江上,建于公元前256年,是中国战国时期秦国蜀郡太守李冰及其子率众修建的一座大型水利工程,是全世界至今为止,年代最久、唯一留存、以无坝引水为特征的宏大水利工程。经过2200多年,它至今仍在发挥巨大效益,不愧为文明世界的伟大杰作,造福人民的伟大水利工程。图1-2所示为都江堰示意图。

图 1-2　都江堰示意图

　　都江堰渠首工程主要由鱼嘴分水堤、飞沙堰溢洪道、宝瓶口进水口三大部分构成,科学地解决了江水自动分流、自动排沙、控制进水流量等问题,消除了水患,使川西平原成为"水旱从人"的"天府之国"。目前其灌溉面积已达 40 余县,1998 年超过 1000 万亩[1]。岷江是长江上游的一条较大的支流,发源于四川北部高山地区。每当春夏季节山洪暴发之时,江水奔腾而下,从灌县进入成都平原,由于河道狭窄,古时常常引起洪灾,洪水一退,又是沙石千里。灌县岷江东岸的玉垒山又阻碍江水东流,造成东旱西涝。秦昭襄王五十一年(公元前 256 年),李冰任蜀郡太守(太守相当于现在的专员,或大于专员,小于省长),他为排除洪灾之患,造福于民,主持修建了著名的都江堰水利工程。都江堰的主体工程是将岷江水流分成两条,其中一条水流引入成都平原,这样既可以分洪减灾,又达到了引水灌田、变害为利。为此,李冰在其子二郎的协助下,邀集有治水经验的农民,对岷水东流的地形和水情做了实地勘察,决心凿穿玉垒山引水。在无火药(火药发明于东汉时期,即公元 25 年至 220 年间)不能爆破的情况下,他以火烧石,使岩石爆裂(利用热胀冷缩的原理),大大加快了工程进度,终于在玉垒山凿出了一个宽 20m、高 40m、长 80m 的山口(低水位流速每秒 3m,高水位流速每秒 6m),因其形状酷似瓶口,故取名"宝瓶口",把开凿玉垒山分离的石堆叫"离堆"。

　　宝瓶口引水工程完成后,虽然起到了分流和灌溉的作用,但因江东地势较高,江水难以流入宝瓶口,于是李冰父子率众又在离玉垒山不远的岷江上游和江心筑分水堰,用装满卵石的大竹笼放在江心堆成一个狭长的小岛,形如鱼嘴,岷江流经鱼嘴,被分为内外两江。外江仍循原流,内江经人工造渠,通过宝瓶口流入成都平原。

　　为了进一步起到分洪和减灾的作用,在分水堰与离堆之间又修建了一条长 200m 的溢洪道流入外江,以保证内江无灾害,溢洪道前修有弯道,江水形成环流,江水超过堰顶时洪水中夹带的泥石便流入外江,这样就不会淤塞内江和宝瓶口水道,故为之取名"飞沙堰"。

　　为了观测和控制内江水量,又雕刻了三个石桩人像,放于水中,让人们知道"枯水(低水位)不淹足,洪水(高水位)不过肩"。还凿制石马置于江心,以此作为每年最小水量时淘滩的标准。

---

　　① 　1 亩＝666.6m^2。

都江堰每年都接待不少外国游人,其中有些是水利专家。他们仔细观看了整个工程的设计后,都对它的高超的科学水平惊叹不已,比如飞沙堰的设计就很好地运用了回旋流的原理。

1. 鱼嘴分水工程

"鱼嘴"是都江堰的分水工程,因其形如鱼嘴而得名,它昂头于岷江江心,站在鱼嘴分水堤上看,岷江江水首先被百丈堤分成S形水流,再被鱼嘴堤一分为二,分成内、外二江。西边叫外江,俗称"金马河",是岷江正流,主要用于排洪;东边沿山脚的叫内江,是人工引水渠道,主要用于灌溉。鱼嘴的设置极为巧妙,它利用地形、地势,巧妙地完成分流引水的任务,而且在洪、枯水季节不同水位条件下,起着自动调节水量的作用。

鱼嘴所分的水量有一定的比例。春天,岷江水流量小,灌区正值春耕,需要灌溉,这时岷江主流直入内江,水量约占六成,外江约占四成,以保证灌溉用水;洪水季节,二者比例又自动颠倒过来,内江四成,外江六成,同时,八成的泥沙排入外江,二成的泥沙排入内江,使灌区不受水涝灾害。在二王庙壁上刻的治水《三字经》中说的"分四六,平潦旱",就是指鱼嘴这一天然调节分流比例的功能。

我们的祖先十分聪明,在流量小、用水紧张时,为了不让外江40%的流量白白浪费,采用杩槎截流的办法,把外江水截入内江,这样就使内江灌区春耕用水更加可靠。1974年,在鱼嘴西岸的外江河口建成了一座钢筋混凝土结构的电动制闸,代替过去的临时杩槎工程,使截流排洪更加灵活可靠。

2. 飞沙堰溢洪道

在鱼嘴以下的长堤,即分内、外二江的堤叫金刚堤。堤下段与内江左岸虎头岸相对的地方有一低平的地段,这里春、秋、冬三季是人们往返于离堆公园与索桥之间的行道的坦途,洪水季节这里浪花飞溅,是内江的泄洪道。此泄洪道唐朝时名为"侍郎堰""金堤",后又名"减水河",因它具有泄洪排沙的显著功能,故又称"飞沙堰"。

飞沙堰是都江堰三大部分之一,看上去十分平凡,其实它的功用非常大,可以说是确保成都平原不受水灾的关键。飞沙堰的作用主要是:当内江的水量超过宝瓶口流量上限时,多余的水便从飞沙堰自行溢出;如遇特大洪水的非常情况,它还会自行溃堤,让大量江水回归岷江正流。另一作用是"飞沙",岷江从万山丛中急驰而来,挟着大量泥沙、石块,如果让它们顺内江而下,就会淤塞宝瓶口和灌区。飞沙堰真是善解人意、排人所难,将上游带来的泥沙和卵石,甚至重达千斤的巨石,从这里抛入外江(主要是巧妙地利用离心力作用),确保内江通畅,确有鬼斧神工之妙。

"深淘滩,低作堰"是都江堰的治水名言,淘滩是指飞沙堰一段、内江一段河道要深淘,深淘的标准是古人在河底深处预埋的"卧铁"。岁修淘滩要淘到卧铁为止,才算恰到好处,才能保证灌区用水。低作堰就是说飞沙堰有一定高度,高了进水多,低了进水少,都不合适。古时的飞沙堰是用竹笼卵石堆砌的临时工程,如今已改用混凝土浇筑,以达到一劳永逸的功效。

3. 宝瓶口

宝瓶口,是前山(今名灌口山、玉垒山)伸向岷江的长脊上凿开的一个口子,它是人工凿成的控制内江进水的咽喉,因其形似瓶口而功能奇特,故名宝瓶口。留在宝瓶口右边的山丘,因与其山体相离,故名离堆。宝瓶口的宽度和底高都有极严格的控制,古人在岩壁上刻了几十条分划,取名"水则",那是我国最早的水位标尺。《宋史》中有"则盈一尺,至十而止;水及六则,流始足用"的记载。《元史》有"以尺画之,比十有一。水及其九,其民喜,过则忧,没有则困"的记载。

内江水流进宝瓶口后,通过干渠经仰天窝节制闸一分为二,再经蒲柏、走江闸二分为四,顺应西北高、东南低的地势倾斜。一分再分,形成自流灌溉渠系,灌溉成都平原及绵阳、射洪、简阳、资阳、仁寿、青神等市县近 1 万 km²,1000 余万亩农田。

离堆上有祭祀李冰的神庙伏龙观。宝瓶口右侧过去有一个未凿去的岩柱与其相连,形如大象鼻子,故名"象鼻子"。象鼻子因长期受水流冲刷、漂木撞击,已于 1947 年被洪水冲毁坍塌。宝瓶口岩基千百年被飞流急湍的江水冲击,出现了极大的悬空洞穴。为了加固岩基,1970 年冬,灌区人民第一次堵口截流,抽干深潭,从两岸基础起共浇注混凝土 8100 多立方米,在离堆、宝瓶口筑起了铜墙铁壁,使这个自动控制内江水量的瓶口更加坚实可靠。在离堆右侧,还有一段低平河道,河道底下有一条人工暗渠,那是为保障成都工业用水的暗渠。那段低平河道,当洪水超过警戒线时,又自动将多余水量排入外江,使流入内江的水位始终保持安全水准,这就使得成都平原有灌溉之利,而无水涝之患。

鱼嘴、飞沙堰、宝瓶口——都江堰渠首的这三大主体工程,在一般人看来可能会觉得平平常常、简简单单,殊不知其中蕴含着极其巨大的科学价值,它内含的系统工程学、流体力学等知识,在今天仍然处在当代科技的前沿,普遍受到推崇和运用。然而这些科学原理早在两千多年前的都江堰水利工程中就已被运用于实践了。这是中华古代文明的象征,是我们中华儿女的骄傲。

思 考 题

1-1 阐述系统的基本概念、特性和类型。

1-2 什么是系统工程?它有哪些特点?

1-3 简述系统工程的理论基础。

第 2 章

系统工程方法论

　　方法论是关于人们认识世界与改造世界的根本方法的哲学学说,它探索各种方法的内容、结构、作用、规律性、使用范围和发展趋势等。系统工程方法论(methodology of systems engineering)就是分析和解决系统开发、运作及管理实践中的问题所应遵循的工作程序、逻辑步骤和基本方法,它是在系统工程的实践中逐步形成和不断发展起来的,是系统工程思考问题和处理问题的一般方法和总体框架。它把分析对象作为整体系统,对其进行分析、设计、制造和使用。系统工程方法论可以是哲学层次上的思维方式、思维规律,也可以是操作层次上开展系统工程项目的一般过程或程序,它反映了系统工程研究和解决问题的一般规律或模式。它的方法体系的基础就是运用系统思想和各种数学方法、科学管理方法、经济学方法、控制论方法以及电子计算机等技术工具来实现系统的模型化和最优化,进行系统分析和系统设计。

　　由于从事系统工程实践的大都是自然科学工作者和工程技术人员,他们常把处理工程技术问题时遵循的步骤和程序移植过来,处理系统工程所要解决的组织管理、规划和决策等类问题,并在实践中收到显著的成效。自 20 世纪 60 年代以来,许多系统工程学者在不同层次上对系统工程方法论进行了探讨。近年来,随着系统工程方法论不断发展和完善,系统工程已被用于解决越来越多样化和复杂化的问题。例如,从 20 世纪 50 年代开始,钱学森院士及一大批系统工程专家在我国军事系统研究中取得累累硕果,就是基于对系统工程方法论的深入理解和应用。

2.1　系统工程方法论的发展历程

　　系统工程方法论的建立是在系统思想的指导下进行的,有一定的思想才能形成一定的认识,进而研究一定的方法论。因此,系统工程方法论的发展过程与其思想发展过程在规律性上是一致的。古代的朴素系统思想,决定了当时的研究方法仅仅局限于用定性和概念性的文字进行描述,还未形成一个完整的方法论体系。现代系统思想兴起后,学术界才将实践中用到的方法逐步提升到方法论的高度。

（1）1969年,霍尔率先提出了基于时间维、逻辑维、知识维的三维结构,标志着硬系统工程方法论的建立。其特点是强调明确的目标,认为对任何现实问题都必须而且应当弄清其需求,其核心内容是最优化。霍尔的方法论适应了20世纪60年代系统工程的应用需要。当时系统工程主要用来寻求各种战术问题的最优策略,或者用来组织管理大型工程的建设。

（2）1972年,希尔和沃菲尔德为克服约束条件复杂的多目标大系统组织方面的困难,在霍尔三维结构的基础上提出了统一规划法。其实质是对霍尔活动矩阵中规划阶段的具体展开,利用它可以较好实现对大型复杂系统的全面规划和总体安排。

（3）20世纪70年代,系统工程开始逐步应用于社会、经济系统问题的研究,由于涉及的因素相当复杂,并且很多难以进行定量分析,霍尔三维结构此时已不能满足要求。为了适应发展的需要,切克兰德提出了软系统工程方法论。与霍尔三维结构不同,切克兰德方法论的核心不是最优化而是比较或学习,即从模型和现状的比较中来学习改善现状的途径。切克兰德方法论是霍尔方法论的扩展。

（4）20世纪80年代初,西方系统学术界对整合方法论的研究逐步展开,它的核心在于以相互补充的方式在具体环境中选择合适的方法。

（5）我国对系统工程方法论的研究起步较晚,但取得了较多的成果。1987年,钱学森提出了定性和定量相结合的系统研究方法,并把处理复杂巨系统的方法命名为"定性定量相结合的综合集成方法",把它表述为从定性到定量的综合集成技术。1992年,他又提出从定性到定量的"综合集成研讨厅体系",进而把处理开放复杂巨系统的方法与使用这种方法的组织形式有机结合起来,将其提升到了方法论的高度。学者王浣光提出的"旋进原则"是针对难度自增值系统,不断地跟踪系统的变化,选用多种方法,采用循环交替结合的方式,逐步推进问题的深度和广度。学者朱志昌和顾基提出的"物理-事理-人理"（简称WSR）系统方法论中,"物理"指涉及物质运动的机理,"事理"指做事的道理,"人理"指做人的道理。实际生活中处理任何"事"和"物"都离不开人去做,而判断这些事和物是否应用得当,也由人来完成,所以系统实践必须充分考虑人的因素。

综上所述可知,系统工程方法论经历了由"硬"到"软"再到"整合"的过程。

2.2　系统工程的方法体系

系统工程是一门方法性学科,通常其研究对象都是复杂系统,而复杂系统必然是多目标、多方案的,因此,要有独特的思考问题和处理问题的方法。在研究处理系统工程问题时,通常需要下列三个方面的知识。

(1) 有关对象系统的领域方面的知识,例如从事信息系统工作时需要信息技术方面的知识,从事运输系统工程工作时需要运输科学方面的知识等。

(2) 有关系统共性方面的知识,也就是系统学科的知识,在系统工程层次上就是有关系统工程的方法性、原理性知识。

(3) 经验性的知识,这些虽然还没有形成规律性的东西,但它对处理问题是不可忽视的。如果说前两类知识是可以用语言文字表达和传递的显性(言传性)知识,那么经验性的知识的相当一部分是只可意会、不可言传的隐性(意会性)知识。

只有在不同程度上掌握了以上三种知识才能从事系统工程工作。

系统工程的方法包含两个部分:一是解决系统工程问题的手段和工具;二是指工作中的办法和步骤。后者又是和工作程序联系在一起的。系统工程的方法、工具体系,自下而上可以分成四个层次。

(1) 工具。指一些设备手段,或者概念上的手段,可以用来处理具体问题。前者如计算机和信息网络;后者如算法(如求导数的方法、求平均数的方法)的计算机程序。

(2) 技术。指处理问题的具体行动方式和方法,是使用工具的方法,如优化技术(需要使用求导数或数学规划程序)、预测技术、仿真技术(使用计算机)等。

(3) 方法。指选择什么技术来达到目的的办法,例如,我们解决一个问题是应用定量方法还是定性方法,或二者相结合的方法;是采取解析方法还是实验方法等。

(4) 方法论。指处理系统工程问题的一整套思想、原则,是运用方法的方法。这在系统工程工作中是最重要的,在第1章中提及的一些系统思想就是这一层次的内容。

当面临系统工程任务时,必须在正确的方法论指导下,采取适当的方法,选择适当的技术,借助于适当的工具进行工作。只有从整体的高度对局部进行考虑,才能事半功倍。

2.3 系统工程方法论原则

中国有句古话"无规矩不成方圆"。同样的道理,系统工程在选择方法和运用方法的过程中必须遵循系统论原理的一些根本原则,而一些数学方法与工具只是为这些原则、概念服务的。下面介绍系统工程方法论的原则。

(1) 整体性原则。系统工程要求把每项工程任务都看成由不同部分构成的有机整体,把全局观点、整体观点贯彻于整个工程的各个方面、各个部分、各个阶段;由整体的功能、目标决定局部的功能、目标,按整体优化规定各部分的性能指标;从整体出发去组织局部的活动、使用局部的力量、协调局部的关系;把工程任务作为一个整体去研究、协调它与更大工程任务之间的关系。

（2）有序相关性原则。在系统层次上表现出来的整体特征是由要素或子系统层次上的相互关联、相互制约造成的。由同类要素或子系统组成的系统,由于其内部组织管理方式的不同,即结构方式、有序程度不同,系统的整体功能表现出极大的差异。各部分之间的相互关系越有序,系统整体功能就越优良。因此,为获得预期的功能,系统工程师应当把注意力集中于系统内部要素之间、子系统之间的相互关系上,着力抓好内部的组织管理工作。

（3）动态性原则。系统工程强调在运动和变化的过程中来掌握事物,注意系统过程,而不是仅仅注意系统的某一状态。系统的平衡有时是静态的,但更多的是动态平衡,至于平衡的破坏和不断的转化更是经常发生的。系统工程师应把实施工程任务看作一个动态过程,密切注意系统内外的各种变化,掌握变化的性质、方向、趋势、程度和速度,采取相应的措施,调整工程的方案和计划,改进工作方法,在变化中求得系统优化。

（4）目标优化原则。凡工程项目都追求效益、功利,人类在效益和功利的追求上没有止境。目标优化原则要求在组织和管理一个系统时应具有追求系统最优性能的自觉性,以获得最大收益和付出最小代价为出发点去制订规划、方案和计划,实现系统的组织建立和运行管理。

（5）可行性原则。系统工程是一种工程实践,客观条件总会使系统优化受到一定的约束。搞工程要讲究实际,优化不可行的方案不是真正的优化方案。应把优化原则与可行性原则结合起来,在可行的方案中寻求最优方案。

以上列举了系统工程的五项原则,当然还有其他的原则,如有序性原则、层次性原则等。

2.4　霍尔三维结构

霍尔三维结构是美国系统工程专家霍尔（A. D. Hall）于1969年提出的一种系统工程方法论。它的出现,为解决大型复杂系统的规划、组织、管理问题提供了一种统一的思想方法,因而在世界各国得到了广泛应用。

霍尔三维结构是将系统工程整个活动过程分为前后紧密衔接的七个阶段和七个步骤,同时还考虑了为完成这些阶段和步骤所需要的各种专业知识和技能。这样,就形成了由时间维、逻辑维和知识维组成的三维空间结构,如图2-1所示。

时间维表示系统工程活动从开始到结束按时间顺序排列的全过程,分为规划、方案、研制、生产、装配、运行、更新七个时间阶段。逻辑维是指时间维的每一个阶段内所要进行的工作内容和应该遵循的思维程序,包括摆明问题、确定目标、系统综合、系统分析、方案优化、做出决策、付诸实施七个逻辑步骤。知识维列举需要运用包括环境科学、社会科学、工程技术、法律、商业等各种知识和技能。

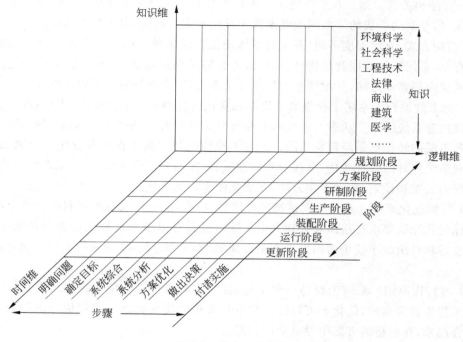

图 2-1 霍尔三维结构

1. 时间维

在三维结构中,时间维表示从规划到更新,按时间顺序排列的系统工程全过程,分为 7 个阶段。

(1)规划阶段。对将要开展研究的系统进行调查研究、明确研究目标,在此基础上,提出自己的设计思想和初步方案,制定出系统工程活动的方针、政策和规划。

(2)方案阶段。根据规划阶段所提出的若干设计思想和初步方案,从社会、经济、技术可行性等方面进行综合分析,提出具体计划方案并选择一个最优方案。

(3)研制阶段。以计划为行动指南,把人、财、物组成一个有机的整体,使各个环节、每个部门围绕总目标实现系统的研制方案,并做出生产计划。

(4)生产阶段。生产或研制开发出系统的元器件(硬软件)及整个系统。

(5)装配阶段。将系统安装完毕,并完成系统的运行计划。

(6)运行阶段。系统按照预期的用途开展服务。

(7)更新阶段。完成系统的评价,在系统运行的基础上改进和更新系统,使系统更有效地工作,同时为系统进入下一个研制周期准备条件。

2. 逻辑维

三维结构中,逻辑维是指每个阶段所要进行的工作步骤,这是运用系统工程方法进行思考、分析和解决问题时应遵循的一般程序。

(1)明确问题。尽可能全面地收集资料、了解问题,包括实地考察和测量、调研、需求分析和市场预测等。

（2）确定目标。对所解决的问题，提出应达到的目标，并制定出衡量是否达标的准则。

（3）系统综合。搜集并综合达到预期目标的方案，对每一种方案进行必要的说明。

（4）系统分析。应用系统工程方法技术，将综合得到的各种方案系统地进行比较、分析。必要时，建立数学模型进行仿真实验或理论计算。

（5）方案优化。对数学模型给出的结果加以评价，筛选出满足目标要求的最佳方案。

（6）做出决策。确定最佳方案。

（7）付诸实施。执行方案，完成各个阶段的管理工作。

1）明确问题

由于系统工程研究的对象复杂，包含自然界和社会经济各个方面，而且研究对象本身的问题有时尚不清楚，如果是半结构性或非结构性问题，也难以用结构模型定量表示，因此，系统开发的最初阶段首先要明确问题的性质，特别是在问题的形成和规划阶段，搞清楚要研究的是什么性质的问题，以便正确地设定问题。否则，以后的许多工作将会劳而无功，造成很大浪费。国内外学者在问题的设定方面提出了许多行之有效的方法，主要有以下几种。

（1）直观的经验方法。这类方法中，比较知名的有头脑风暴法、5W1H法、KJ法等，日本人将这类方法叫作创造工程法。这一方法的特点是总结人们的经验，集思广益，通过分散讨论和集中归纳，整理出系统所要解决的问题。

（2）预测法。系统要分析的问题常常与技术发展趋势和外部环境的变化有关，其中有许多未知因素，这些因素可用打分的办法或主观概率法来处理。预测法主要有德尔菲法、情景分析法、交叉影响法、时间序列法等。

（3）结构模型法。复杂问题可用分解的方法，形成若干相关联的相对简单的子问题，然后用网络图方法将问题直观地表示出来。常用的方法有解释结构模型法（ISM法）、决策实验室法（DEMATEL法）、图论法等。其中，用图论中的关联树来分析目标体系和结构，可以很好地比较各种替代方案，在问题形成、方案选择和评价中是很有用的。

（4）多变量统计分析法。用统计理论方法所得到的多变量模型一般是非物理模型，对象也常是非结构的或半结构的。统计分析法中比较常用的有因子分析法、主成分分析法等，成组分析和正则相关分析也属此类。

此外，还可以利用行为科学、社会学、一般系统理论和模糊理论来分析，或几种方法结合起来分析，使问题明确化。

2）确定目标

系统设计即明确目标并据此建立价值体系或评价体系。评价体系要回答以下一些问题：评价指标如何定量化？评价中的主观成分和客观成分如何分离？如何进行综合评价？如何确定价值观问题？等等。行之有效的价值体系方法有以下几种。

（1）效用理论。该理论是从公理出发建立的价值理论体系，反映了人的偏好，建立了效用理论和效用函数，并发展为多属性和多隶属度效用函数。

（2）费用-效益分析法。多用于经济系统评价，如投资效果评价、项目可行性研究等。

（3）风险估计。在系统评价中，风险和安全性评价是一个重要内容，决策人对风险的态度也反映在效用函数上。在多个目标之间有冲突时，人们也常根据风险估计来进行折中评价。

（4）价值工程。价值是人们对事物优劣的观念准则和评价准则的总和。例如，要解决的问题是否值得去做，解决问题的过程是否适当，结果是否令人满意等。以生产为例，产品的价值主要体现在产品的功能和质量上，降低投入成本和增加产出是两项相关的准则。价值工程是个总体概念，具体体现在设计、制造和销售各个环节的合理性上。

3）系统综合

系统综合是在给定条件下，找出达到预期目标的手段或系统结构。一般来讲，按给定目标设计和规划的系统，在具体实施时，总与原来的设想有些差异，需要通过对问题本质的深入理解，做出具体解决问题的替代方案，或通过典型实例的研究，构想出系统结构和简单易行的、能实现目标要求的实施方案。

系统综合的过程常常需要人的参与，计算机辅助设计（CAD）和系统仿真可用于系统综合，通过人机的交互作用和人的经验知识，使系统具有推理和联想的功能。近年来，知识工程和模糊理论已成为系统综合的有力工具。

4）系统分析

不论是工程技术问题还是社会环境问题，系统分析首先要对所研究的对象进行描述，建模的方法和仿真技术是常采用的方法，对难以用数学模型表达的社会系统和生物系统等，也常用定性和定量相结合的方法来描述。系统分析主要涉及以下几方面内容。

（1）系统变量的选择。用于描述系统主要状态及其演变过程的是一组状态变量和决策变量，因此，系统分析首先要选择出能反映问题本质的变量，并区分内生变量和外生变量。用灵敏度分析法可区别各个变量对系统命题的影响程度，并对变量进行筛选。

（2）建模和仿真。在状态变量选定后，要根据客观事物的具体特点确定变量间的相互依存和制约关系，即构造状态平衡方程式，得出描述系统特征的数学模型。在系统内部结构不清楚的情况下，可用输入输出的统计数据得出关系式，构造出系统模型。系统对象抽象成模型后，就可进行仿真，找出更普遍、更集中和更深刻反映系统本质的特征和演变趋势。现已有若干实用的大系统仿真软件，如用于随机服务系统的 GPSS 软件，用于复杂社会经济系统仿真的系统动力学（SD）软件等。

（3）可靠性工程。系统可靠性工程用于研究系统中元素的可靠性和由多个元素组成的系统整体可靠性之间的关系。一般来讲，可靠的元件是组成可靠系统的基础，然而，局部的可靠性和整体可靠性间并非简单的对应关系，系统工程强调从整体上来看问题。20 世纪 40 年代，冯·诺依曼（von Neumann）开始研究用重复的不那么可靠的元件组成高度可靠系统的问题，并进行了可靠性理论探讨。钱学森教授也提出，现在大规模集成电路的发展使元器件的成本大大降低，如何用可靠性较低的元器件组成可靠性高的系统，是个很有现实意义的问题。近年来，已采用的可靠性和安全性评价方法有 FTA 或 ETA 等树状图形方法。

5）方案优化

在系统的数学模型和目标函数已经建立的情况下，可用最优化方法选择使目标值最优的控制变量值或系统参数。所谓优化，就是在约束条件规定的可行域内，从多种可行方案或替代方案中得出最优解或满意解。实践中要根据问题的特点选用适当的最优化方法，目前应用最广的仍是线性规划和动态规划，非线性规划的研究很多，但实用性尚有待改进，大系统优化已开发了分解协调的算法。组合优化适用于离散变量,整数规划中的分支定界法、逐次逼近法等的应用也很广泛。多目标优化问题的最优解处于目标空间的非劣解集上,可采用人机交互的方法处理所得的解,最终得到满意解。当然,多目标问题也可用加权的方法转换成单目标来求解,或按目标的重要性排序,逐次求解,例如目标规划法。

6)做出决策

"决策就是管理","决策就是决定",人类的决策管理活动面临着被决策系统的日益庞大和日益复杂。决策又有个人决策和团体决策、定性决策和定量决策、单目标决策和多目标决策之分。战略决策是在更高层次上的决策。

在系统分析和系统综合的基础上,人们可根据主观偏好、主观效用和主观概率做决策。决策的本质反映了人的主观认识能力,因此,必然受到人的主观认识能力的限制。近些年来,决策支持系统受到人们的重视,系统分析者将各种数据、条件、模型和算法放在决策支持系统中,该系统甚至包含了有推理演绎功能的知识库,使决策者在做出主观决策后,力图从决策支持系统中尽快得到效果反应,以求得到主观判断和客观效果的一致。决策支持系统在一定条件下起到决策科学化和合理化的作用。但是,在真实的决策中,被决策对象往往包含许多不确定因素和难以描述的现象,例如,社会环境和人的行为不可能都抽象成数学模型,即使使用了专家系统,也不可能将逻辑推演、综合和论证的过程做到像人的大脑那样有创造性的思维,也无法判断许多随机因素。

群决策有利于克服某些个人决策中主观判断的失误,但群决策过程比较长。为了实现高效率的群决策,在理论方法和应用软件开发方面,许多人做了大量工作,如多人多目标决策理论、主从决策理论、协商谈判系统、冲突分析等,有些应用软件已实用化。

7)付诸实施

有了决策就要付诸实施,实施就要依靠严格的有效的计划。以工厂为例,为实现工厂的生产任务和发展战略目标,就要制订当年的生产计划和未来的发展规划。厂内还要按厂级、车间级和班组级分别制订实施计划。一项大的开发项目,涉及设计、开发、研究和施工等许多环节,每个环节又涉及组织大量的人、财、物。在系统工程中常用的计划评审技术(PERT)和关键路线法(CPM)在制订和实施计划方面起了重要的作用。

3. 知识维

三维结构中的知识维是指完成上述各种步骤所需要的各种专业知识和管理知识,包括环境科学、社会科学、工程技术、计算机科学、管理科学、经济、法律、数学等方面的知识。不同的领域问题、不同的管理活动对知识的需求和侧重也不同。

逻辑维体现了系统工程解决问题的研究方法,将定性与定量相结合、理论与实践相结合,具体问题具体分析。在时间维中,规划和设计阶段一般以技术管理为主,辅之行政、经济管理方法。所谓技术管理就是侧重于科学技术知识,依据科学和技术自身规律进行管理,在管理上充分发扬学术民主,组织具有不同学术思想的专家进行讨论,为计划和实施提供科学依据。研制、生产阶段一般以行政管理为主,侧重于现代管理技术的运用,辅之以技术、经济管理方法。行政管理就是依靠组织领导的权威和合同制等经济、法律手段,保证系统活动的顺利进行。安装、运行和更新阶段则应主要采用经济管理方式,按照经济规律,运用经济杠杆来进行管理。

三维结构体系形象地描述了系统工程研究的框架，对其中任一阶段和每一个步骤，又可进一步展开，形成了分层次的树状体系。下面将逻辑维的 7 个步骤逐项展开讨论，可以看出，这些内容几乎覆盖了系统工程理论方法的各个方面。为便于叙述，后面将系统分析放在系统综合前讨论。

2.5　切克兰德方法论

霍尔的系统工程方法论强调目标明确，核心内容是最优化，认为现实问题都可归纳为工程类的问题，应用定量分析的手段求得最优解。随着实践经验的不断丰富和系统工程学科的不断发展，人们认识到，系统工程面对的系统实际上分为良性结构系统和不良结构系统两类。良性结构系统是指偏重工程、机理明显的物理型的硬系统，它易于用数学模型来描述，并用定量方法计算出系统行为和最佳结果。解决这类系统工程问题所用的方法通常称"硬方法"，霍尔三维结构系统工程方法论主要适用于解决良性结构的硬系统，适于解决各种"战术"问题。不良结构系统是指偏重社会、机理尚不清楚的生物型的软系统，它难以用数学模型描述，往往只能靠人的判断和直觉，用半定量、半定性的方法来处理问题，这种方法称为"软方法"。研究社会经济系统及其发展战略问题，涉及的社会经济因素相当复杂，霍尔的三维结构的"硬方法"难以适应，所以，从 20 世纪 70 年代中期开始，许多学者在霍尔方法论基础上进一步提出了一些解决不良结构系统问题的软系统工程方法论。80 年代中前期由英国学者切克兰德（P. Checkland）提出的"调查学习"方法比较系统且具有代表性。"软方法"不像"硬方法"那样可以求出最佳的定量结果，而是得到可行的满意解。

切克兰德系统工程方法论的出发点是，社会经济领域中的问题往往很难像工程技术问题那样事先将"需求"给定清楚，因而也难以按若干个衡量指标设计出符合此"需求"的最优系统。切克兰德系统工程方法论的核心不是"最优化"，而是"比较"或"学习"，从模型和现状的比较中，学习改善现状的途径。"比较"这个环节含有组织讨论、听取各种意见的观念，从而不拘泥于描述定量求解的过程，反映了人的因素和社会经济系统的特点。切克兰德方法论是霍尔方法论的扩展。当现实问题确实能够工程化，在弄清其需求时，概念模型阶段就相当于霍尔方法论中的建立数学模型阶段，而改善概念模型阶段就相当于最优化阶段，实施的不是变革而是设计好的最优系统。切克兰德软系统工程方法论的方法步骤如下所示。

1. 认识问题

收集与问题有关的信息，表达问题现状，寻找构成或影响因素及其关系，以便明确系统问题结构、现存过程及其相互之间的不适应之处，确定有关的行为主体和利益主体。

2. 弄清关联因素

初步弄清、改善与现状有关的各种因素及其相互关系,根底定义的目的是弄清系统问题的关键要素以及关联因素,为系统的发展及其研究确立各种基本的看法,并尽可能选择出最合适的基本观点。

3. 建立概念模型

在不能建立精确数学模型的情况下,用结构模型或语言模型来描述系统的现状。概念模型来自于根底定义,是通过系统化语言对问题抽象描述的结果,其结构及要素必须符合根底定义的思想,并能实现其要求。

4. 比较及探寻

将现实问题和概念模型进行对比,找出符合决策者意图且可行的方案或途径。有时通过比较,需要对根底定义的结果进行适当修正。

5. 选择

针对比较的结果,考虑有关人员的态度及其他社会、行为等因素,选出现实可行的改善方案。

6. 设计与实施

通过详尽和有针对性的设计,形成具有可操作性的方案,并使有关人员乐于接受和愿意为方案的实现竭尽全力。

7. 评估与反馈

根据在实施过程中获得的新的认识,修正问题描述、根底定义及概念模型等。

2.6 综合集成方法论

随着生物系统、经济系统、社会系统等呈现出明显的复杂性,研究和控制这类系统,完全靠已有的方法非常困难,需要有新的方法论支持。1990年《自然》杂志第一期发表了由钱学森、于景元、戴汝三人署名的文章《一个科学新领域——开放的复杂巨系统及其方法论》,首次向世人公布了"开放的复杂巨系统"的科学领域及其基本观点。

系统本身与系统周围的环境有物质交换、能量交换和信息交换。由于有这些交换,所以系统是"开放的"。"开放"不仅意味着系统与环境进行物质、能量、信息的交换，接受环境的输入和扰动，向环境提供输出，且意味着系统具有主动适应和进化的含义。从对系统分析的角度来看，"开放"意味着在分析、设计或使用系统时，要重视系统行为对环境的影响，把系统行为与环境保护结合起来考虑，反对以牺牲环境为代价的系统优化，强调把系统优化与环境优化结合起来；从变化的角度看，"开放"还意味着系统不是既定不变的、结束了的，而是动态的和发展变化的，会不断出现新现象、新问题。因此，系统科学要求系统研究者必须以"开放的观点、开放的心态"来分析系统问题。系统所包含的子系统很多，成千上万，甚至是上亿万，所以是"巨系统"。子系统的种类繁多，有几十种、上百种，甚至几百种，所以是"复杂的"。

针对开放复杂巨系统的问题，钱学森院士等于 20 世纪 90 年代初提出了把处理开放的复杂巨系统的方法定名为从定性到定量的综合集成法。综合集成法是从整体上考虑并解决问题的方法论。钱学森指出，这个方法不同于近代科学一直沿用的培根式的还原论方法，是现代科学条件下认识方法论上的一次飞跃。

综合集成，作为一门技术又称为综合集成技术；作为一门工程，也可称综合集成工程。它是思维科学的应用技术，既要用到思维科学成果，又会促进思维科学的发展。它向计算机、网络和通信技术、人工智能技术、知识工程等提出了高新技术问题。这项技术还可用来整理千千万万零散的群众意见、提案和专家见解以至个别领导的判断，真正做到集腋成裘。钱学森认为对简单系统可从系统相互之间的作用出发，直接综合成全系统的运动功能，还可以借助于大型或巨型计算机。对简单巨系统不能用直接综合方法而是把亿万个分子组成的巨系统功能略去细节，用统计方法概括起来，这就是普里戈金和哈肯的贡献，即自组织理论。它的主要特点如下：①定性研究与定量研究有机结合，贯穿全过程；②科学理论与经验知识结合，把人们对客观事物的点点知识综合集成解决问题；③应用系统思想把多种学科结合起来进行综合研究；④根据复杂巨系统的层次结构，把宏观研究与微观研究统一起来；⑤必须有大型计算机系统支持，不仅有管理信息系统、决策支持系统等功能，而且还要有综合集成的功能。

应用综合集成法对开放的复杂巨系统进行探索研究，开辟了一个新科学领域，它在理论和实践上都具有重大的战略意义。

2.7 案 例 分 析

王博升任 A 公司行政部门的一把手，这一部门是一个众所周知的老大难部门。王博事先也知道当该单位的领导不容易，但还是接受了挑战。上任一个月内，王博勤于调查，了解情况，几乎与所有的人员及有关上级做了交流，收集到了很多信息。通过对了解到的情况进行消化、分析，王博形成了自己的看法。王博的主要观点是"所属的几个处业务性较强，而各处的相互配合又很重要"，"似乎是一帮专家之间的协调和交流的困难"。王博一度有一种强烈的感觉：这一切似乎是某一处长的责任。这个有靠山的处长在与人沟通方面的确有问题。他本想将第一把火烧在这个处长身上，后觉得应该通盘考虑以后再做决定。这样，王博着手思考改革这个部门的方案设计。半个月后，王博拿出了改革方案，并把这一方案交给一个小组进行评价与讨论。讨论的内容有：①方案设计的科学性；②方案的可操作性。虽然一位长期在该部门的副主任对方案及整个设计的出发点表达了看法，但最终认为改革方案是可行的，并提出了几处小的修改建议。该方案在部门中推行，半年后却几乎毫无进展，当初一些参加评价的同志觉得"当时对实际困难考虑不够"。尽管原方案没能成功实施，王博却进一步认识到了当初考虑改革方案时的想法太天真了。

1. 软系统方法分析

利用软系统方法对王博工作的全过程进行分析，总结出没有运用该方法时的初步的流程图，如图 2-2 所示。

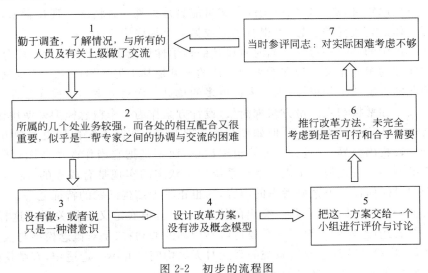

图 2-2 初步的流程图

2. 具体分析要点

上任一个月内的工作是必要的，较全面地了解了各层次的情况，从了解到的情况看，无疑这是一个无结构问题。了解情况是切克兰德思想的第一步，现在看来这部分资料还是可以进一步加以利用的。

对了解到的情况进行分析消化。当初形成的观点"所属的几个处业务性较强，而各处的相互配合又很重要"，"似乎是一帮专家之间的协调与交流的困难"，这就是一种问题情景的表达，而这种表达也是有洞察力的。回忆起当初的情况，王博觉得已掌握了问题的实质，当时的确比较兴奋。由于比较兴奋，当初有几种意见就没有听进去。例如，副主任在评价时提出的意见实际上在了解情况时也表达过。当然还有其他一些意见，现在用切克兰德方法来分析，这正合了"表达问题情景"这一步，而这一步在工作中没有做好。方法论要求多形成几个表达，在当初就没有做到。而形成表达时从"参与系统活动的人中调查"这一点也没做好。

在收集资料时的记录中也有问题,对一些同志反映的观点,当时的记录就不完整,也没意识到所反映观点的价值。对于王博来说,下面的工作要从多形成几个表达方面下一番功夫,现在再去了解大家的观点会比当初容易些。因为尽管改革没推行下去,但大家对一把手的信任加强了,另外还避免了一个低级错误,那就是当初有一种冲动,想换某处长,认为主要是他在工作配合中的问题,现在看来不是这么一回事。

从形成表达到热情的设计改革方案,这实际上是从步骤 2 进入了步骤 4 的概念模型。对这一改革方案的设计,王博当初的感觉还是不错的,现在分析来看,对相关系统与根底定义却一直没有做。尽管现在可以写出当初的根底定义是"一个独立业务要素之间的协调系统",当初却只是一种潜意识。由于没有把根底定义写清,在方案设计中加进一些不该加的东西,例如,更换某处长的意图是显而易见的,这就是根底定义与相关系统不显化的危害。当然由于没有形成多种表达,也就没有形成多个根底定义,对根底定义也就没有选择余地。虽然切克兰德方法要求从步骤 2 进入步骤 3 的根底定义,但这种顺序是不重要的,即从步骤 2 到步骤 4 并不错,问题是在步骤 4 的展开过程中一直没有有意识地去追究根底定义,如果当时追究一下根底定义,那么提供讨论的方案可能会是另外一种情况。现在看来,那位长期在这一部门工作的副主任的思想,是很容易形成另一个根底定义的。

方案在小组中的评议和讨论。当时对设计的科学性讨论实际上有很大的成分是评议隐藏在设计方案中的根底定义。现在看来副主任的意见是基于另一根底定义的意见。由于其他同志对情况的了解并不是很深,因此未提更多的意见。而对方案的可操作性评议,现在看来是纸上谈兵。如果按切克兰德方法来衡量,设计方案作为一个概念模型来使用比较合适,先让大家讨论与评议也是必要的。但如果在此基础上能与实际系统按切克兰德方法步骤 5 的要求进行比较找出差异,并且针对差异组织讨论,而不是把它当作改革蓝图可能会更好。后面的方案推行不下去也说明了人类活动系统理想状态的实现是有成本的,现实中关系的复杂程度会超过任何设计方案所考虑的内容,这也正是无结构问题的特征之一。

经过对整个过程的回顾,有两点突出的体会:一是,根底定义与相关系统这样的概念,应该寻找多个表达,这样就不至于一有表达就有行动的冲动;二是对概念模型与实际系统进行中肯的比较,按设计蓝图去改造系统的观念对无结构问题并不一定适用,有结构问题的处理方法对人类思维的影响还是很重要的。

3. 分析小结

对这一案例旨在利用软系统方法对实际问题进行分析,以此来进一步指导实际工作。由于软系统方法论的原理过程及应用都较复杂,所以在上述分析中并没有对第 4 步骤构建概念模型进行分析,同时也只是对案例进行后评价分析,而不是运用软系统方法论指导一次新的实践活动。

4. 对软系统方法论的评议

学习切克兰德方法的人检查一下日常处理过的一些事务就可以发现,这是一种似曾相识的方法,尤其对于经常面对复杂局面的人。许多人以步骤 1、2 直接到步骤 7 的方式解决问题。即使不是完整地使用该方法,在某些方面或片面使用该方法也是会有好处的。实际上该方法的步骤永远不是固定的,不一定要教条地遵守。

软系统方法的核心有两点：一是选择并建立根底定义，由此展开成概念模型；二是从概念模型与现实的比较中导出可行的行动。一项研究完全可以按几个不同的根底定义展开。

一部分人总是期望用技术方法解决无结构问题，可能是觉得软系统方法的技术操作程度太低。人类的问题不可能完全通过技术化解决，至少应该体会到"决策是艺术与科学的统一"的观念。

方法论的各步骤中没有强调定量分析，实际上步骤 1、4、5、6、7 都不排斥定量化。问题的情景可能需要数据表达，把握主成分的特点就是一种观察问题的角度。

思 考 题

2-1 系统工程的方法体系的四个层次是什么？

2-2 系统工程方法论的原则是什么？

2-3 什么是霍尔三维结构？它有何特点？

2-4 切克兰德方法论的分析步骤是什么？

第 3 章

系 统 分 析

　　系统分析既是系统工程解决问题过程中的一个环节,也是系统工程处理问题的核心内容。在系统工程产生和发展的过程中,系统分析一直起着重要的作用。第一,正是随着系统分析等方法技术的产生、发展和推广应用,系统工程才得到不断的发展和进步;第二,系统分析方法的研究推动了系统工程方法的研究和发展,系统分析在系统思想、方法步骤及具体问题处理的方式方法上,都对系统工程产生了直接的影响;第三,系统工程在处理解决问题过程中,首先要进行系统分析,再到具体的操作处理,即自上而下、由粗到细、逐步深入,从一般的分析方法到具体领域问题的处理解决。可见,应用系统工程解决问题离不开系统分析,系统分析要解决战略性、方向性等关键问题。

3.1　系统分析的发展

　　客观事物,特别是复杂的事物,在发展过程中的因果关系往往难于用直觉或一般数理方法做出本质的描述。在事务管理中,由于事物本身具有模糊性或不稳定性,以及外界不确定因素对它的影响等,在大多数情况下往往不可能仅利用某一个专业领域原有的专业知识就可直接预示出事物未来演变的结果。在 20 世纪 30 年代以前,人类所处理的问题多数是具有确定性的较简单的问题;40 年代以后,出现了大量具有不确定性、竞争性的复杂系统,如军事对抗、经济竞争等系统,一般预测技术方法越来越不能适应事物发展对方法论的要求,于是就产生了系统分析方法,简称系统分析(systems analysis)。系统分析方法是最重要的系统工程方法。

　　系统分析方法于第二次世界大战后首先由美国兰德公司提出,以后一些咨询机构和研究所将其广泛应用到军事系统、社会系统和经济系统中。美国的兰德公司、斯坦福国际研究所、伦敦战略研究所、哈佛大学国际事务中心、国际应用系统分析研究所等在应用系统分析方法解决实际问题方面做了大量工作,取得了不少成果。许多大学积极开展系统分析的研究和教学活动,推进了系统分析的发展和系统理论的研究。

系统分析与运筹学的形成和发展过程几乎是同步进行的,在发展初期的应用都着重于分析军事和武器系统,都是实现有关确定最优选择、部署和控制现有操作系统等业务活动。20 世纪 50 年代以后,系统分析与运筹学之间已经呈现出明确的区别。特别在分析一些复杂的具有众多目标和不确定性因素的大系统时,单独采用运筹学的数学途径作为分析技术来解答问题就存在很大困难。运筹学通常涉及的是现已存在的系统的运营情况,例如工厂、市场等系统的已有资源和设备的最优运营问题。而系统分析则着重于评价和改进现有系统和设计新系统,以便更好地实现现有的业务活动,或补充以前从未进行过的业务、职能和服务活动。系统分析与运筹学的根本区别在于:运筹学是以专业技术为导向的,而系统分析则是以问题状况为导向的,重点考虑系统整体结构和动态过程;从系统的层次关系来说,运筹学的分析程序是由下而上的,而系统分析则是由上而下的。因此,系统分析与运筹学的关系从某种意义上来说就如战略与战术的关系。

3.2 系统分析的概念

系统分析既是系统工程解决问题过程中的一个环节,更是系统工程处理问题的核心内容。系统分析有广义与狭义之分。从广义上理解,有时把系统分析作为系统工程的同义语使用;从狭义上理解,是把系统分析作为系统工程的一个逻辑步骤(霍尔三维结构中逻辑维的基本内容),这个步骤是系统工程的核心部分。总体来说,系统分析是应用建模、优化、仿真等技术对系统的各个方面进行定量和定性的分析,为选择最优的系统方案提供决策根据的分析研究过程。不管是何种解释,从中都可以看出系统分析的重要性。

在进行系统分析时,系统分析人员对与问题有关的要素进行探索和展开,对系统的目的与功能、环境、费用与效果等进行充分的调查研究,并分析处理有关的资料和数据,据此对若干备选的系统方案建立必要的模型,进行优化计算或仿真实验,把计算、实验、分析的结果同预定的任务或目标进行比较和评价,最后把少数较好的可行方案整理成完整的综合资料,作为决策者选择最优或满意的系统方案的主要依据。

对于社会因素和技术因素错综复杂、投入资金大和建设周期长的大系统,只有经过系统分析才能获得最优方案,避免因决策失误而造成严重的经济损失。系统分析技术发展仅有几十年的时间,因此关于系统分析的概念还没有统一的说法,下面给出较典型的几种观点。

(1) 苏联 1963 年出版的《哲学辞典》认为:对系统(系统客体)的分析是现代各种科学的特征之一。苏联有的学者认为,系统分析是现代科学认识的一种强大武器,它能使人们在完全崭新的基础上，由统一的系统分析对自然界任何复杂过程进行研究。

（2）日本《OR 字典》（运筹学字典）所列的费希尔（G. H. Fisher）的定义：系统分析是对相关目的以及为达到该目的所采取的战略方针，做系统的探讨工作，在可能的情况下，对替代方案的费用、效益以及风险进行对比，以期决策者有可能对未来发展选择有益的对策。

（3）《企业管理百科全书》（中国台湾版）中的定义：为了发挥系统的功能及达到系统的目标，若就费用与效益两种观点，运用逻辑的方法对系统加以周详的分析、比较、考察和试验，而制订一套经济有效的处理步骤或程序，或对原有的系统提出改进方案的过程，则称为系统分析。

（4）希契（C. Hitch）认为：系统分析是运筹学的扩展，它提供了利用各个领域专家的知识来综合解决问题的途径。运筹学用于解决目标明确、变量关系简单的近期问题，系统分析用于解决更为复杂和困难的远期问题，但系统分析和运筹学分析在基本内容上有共同点。

（5）奎德（E. Quade）对系统分析作了这样的描述：系统分析是一个比较复杂的、不大匀称的、不怎么有条理的程序，这种程序很难适合定量最优化。事实上，总体分析的过程基本上是一个大范围综合的过程。在这个过程中，要预测环境，建立方案，发现规律。因此，人们可以运用系统分析方法，把广泛的、长远的、高级的"目标选择"问题同"战略选择""定性判断""协助逻辑思考"联系在一起。

（6）切克兰德（P. Checklard）认为：系统分析是系统观念在管理规划功能上的一种应用。它是一种科学的作业程序或方法，考虑所有不确定的因素，找出能够实现目标的各种可行方案，然后，比较每一个方案的费用效益比，通过决策者对问题的直觉与判断，以决定最有利的可行方案。

（7）汪应洛认为：系统分析是一个有目的、有步骤的探索过程。目的是为决策者提供直接判断和决定最优方案所需的信息资料；步骤是使用科学方法，对系统的目的、功能、环境、效益等进行充分的调查研究，把试验、分析、计算的各种结果同预期的目标进行比较，最后整理成完整、正确、可行的综合资料，作为决策者择优的主要依据。

诚然，还可以列举出一些系统分析的定义，可是所有这些定义到目前为止都不能令人满意。那么，系统分析到底是什么？可以从描述系统分析的目的和任务、解决问题的过程和方法及研究的对象等方面出发，来了解系统分析的概念和内容。

系统分析与系统工程、系统管理一起与有关专业知识和技术相结合，综合应用于解决各个专业领域中的规划、设计和管理等问题。系统分析活动的重点在于通过系统研究，调查问题的状况和确定问题的目标，再通过系统设计，形成系统的结构，拟定可行方案，通过建模、模拟、优化和评价技术等对各种可行的备选方案进行系统量化分析与评价比较，最后输出适宜的方案集及其可能产生的效果，供决策参考。系统工程活动则还包括进行决策和把决策付诸执行的活动。系统管理则是应用系统的观点和方法对已建成的系统进行管理。系统分析的目的是帮助决策者对所要决策的问题逐步明确，透彻分析，提供可能得到的解决问题的依据，起到辅助决策的作用。系统分析的方法是采用系统的观点和方法，对所研究问题的系统结构和系统状态进行定性和定量的分析，提出各种可行的备选方案，并进行比较、评价和协调。系统分析的任务是向决策者提供系统方案和评价意见，以及建立新系统的建议，以便于决策者选择行动方案。

系统分析过程是对客观世界进行认识、描述、模拟和评价、协调的过程。因此，凡是需要确定目标和设计行动方案的活动都可以使用系统分析的方法。从大的方面说,有世界各国所共同面临的问题,如为解决现代人及子孙后代与不可再生资源使用的矛盾就需要研究制定有效的可持续发展战略,这必须用到系统分析方法;从小的方面说,一个企业乃至家庭要稳定、健康发展,人们也都会自觉或不自觉地使用系统分析方法,提出规划或建议。总之,人类在认识世界、不断发展的过程中,会更加理性地采用科学的理论和方法——系统分析方法,找出解决问题的方案。

3.3 系统分析的要素和步骤

3.3.1 系统分析的要素

系统分析的具体内容表现为对要素的研究。系统分析有 6 个基本要素,如下所述。

(1)问题。在系统分析中,问题一方面代表研究的对象,或称对象系统,需要系统分析人员和决策者共同探讨与问题有关的要素及其关联状况,恰当地定义问题;另一方面,问题表示现实状况(现实系统)与希望状况(目标系统)的偏差,这为系统改进方案的探寻提供了线索。只有明确了问题的性质和范围,系统分析才有了可靠的起点。

(2)目的与目标。目的是对系统的总要求,目标是系统目的的具体化。目的具有总体性和唯一性,目标具有从属性和多样性。确定系统目标本身也是一项重要的系统分析内容。系统是用目标集来具体表达系统目的的多重属性。系统分析人员在系统分析的开始及其进行过程中要反复明确系统的目标。如果经过反复论证,认为系统的目标不合适、不合理,也可以经过系统提出者的同意,加以必要的调整,以确定技术经济上既先进又合理、既可行又必需的系统目标。确定系统目标本身也是一项重要的系统分析内容。

(3)方案。方案即达到目标的途径。为了达到预定的系统目的,可以制订若干待选方案,以供进一步比较和选择,只有在性能、费用、时间等指标上互有长短并能进行对比的方案才称得上是待选方案。例如,改造一条生产线可以有重新设计、从国外引进和在原有设备的基础上改装三种方案。通过对待选方案的分析和比较,才能从中选择出最优系统方案,这是系统分析中必不可少的一环。

(4)模型。模型是由说明系统本质的主要因素及其相互关系构成的。模型是研究与解决问题的基本框架,可以起到帮助认识系统、模拟系统和优化与改造系统的作用,是对系统的描述、模仿或抽象。在系统分析中常常通过建立相应的图像模型(如框图、网络图)和数学模型来计算和分析各种待选方案。

(5)标准。标准即评价指标,是评价方案优劣的尺度。标准必须具有明确性、可计量性和敏感性。明确性是指标准的概念明确、具体、尽量单一,对方案达到的指标,能够做出全面衡量。可计量性是指确定的衡量标准应力求是可计量和可计算的,尽量用数据表达,使分析的结论有定量的依据。敏感性是指在多个衡量标准的情况下,要找出标准的优先顺序,分清主次,尤其应找出对输出反应非常敏感的输入,以便控制输入达到更好的输出和效果。根据标准对方案指标进行综合评价,最后可按不同准则排出方案的优先顺序。

(6)决策。有了不同的标准下的方案优先顺序之后,决策者还要根据分析结果的不同侧面、个人的经验判断,以及各种决策原则进行综合的、整体的考虑,最后做出选优决策。各种决策原则包括:当前与长远利益相结合;局部和整体效益相结合;内部和外部条件相结合;定量和定性相结合。决策者作为系统中的利益主体和行为主体,在系统分析中自始至终具有重要作用。实践证明,决策者与系统分析人员的有机配合是保证系统分析工作成功的关键。

系统分析的这 6 个要素可组成系统分析的概念结构图,如图 3-1 所示。这个结构图从概念上表明了系统分析的工作内容和步骤。

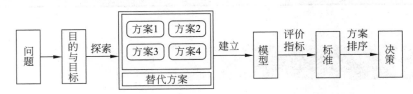

图 3-1　系统分析概念结构图

3.3.2　系统分析的步骤

系统分析是一项系统性和逻辑性较强的工作,是一个有步骤的探索、分析和创造的过程。进行系统分析时,不同的分析者由于专业经验和价值观念不同,对同一问题,即使采用同样的分析方法,也可能得到不一样的结果。尽管如此,探讨系统分析的步骤仍然是有意义的和必要的。每一次系统分析都或多或少地由一些典型的相互关联的行为构成。根据实践经验,可以将系统分析过程概括成如图 3-2 所示的逻辑结构。对复杂系统的系统分析并非进行一次即可完成。为完善修订方案中的问题,有时需要对提出的目标进行再探讨,甚至重新划定问题的范围。系统分析大体上包括 6 个步骤,但其整个过程可归纳为阐明问题、分析问题、评价比较三个阶段。阐明问题阶段的工作结果是提出目标,确定评价指标和约束条件;分析问题阶段提出各种备选方案并预计一旦实施后可能产生的后果;最后阶段将各方案的评价比较结果提供给决策者,作为判断抉择的依据。

1. 阐明问题

问题是在一定的外部环境作用和系统内部发展的需要中产生的,它具有一定的本质属性和存在范围。系统分析首先要明确问题,然后进一步研究问题所包含的因素,以及因素间的联系和外部环境的联系,把问题的性质和范围清楚地表达出来。

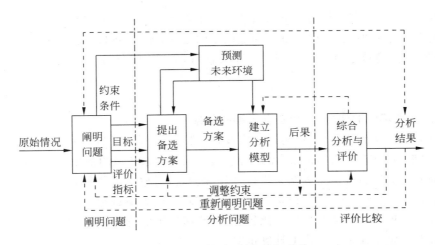

图 3-2 系统分析过程的逻辑结构

2．确定目标

问题清楚了，就要明确解决问题的目的，它们是通过一些具体指标来表达的。系统分析是针对所要实现的具体目标展开的。由于实现系统的目的是靠多方面因素来保证的，因此目标也不会是单一的，它会包含或表现在许多方面。例如企业经营系统的目标就包括品种、产量、质量、成本、利润等，每一项目标又可能由更小的目标集组成，比如利润是一个综合性目标，要增加利润，就要扩大盈利产品的销售量和降低单位产品成本，而要增加销售量，又要做好广告，布置好销售网点，安排好售前和售后服务等工作，以及采取正确的销售策略等。在多项目标情况下，要考虑各项目标的协调，防止目标冲突或顾此失彼。在明确目标过程中，还要注意目标的整体性、可行性和经济性。

3．收集数据和资料，提出备选方案

数据和资料是系统分析的基础和依据。根据所处理问题的总目标和各项分目标，集中收集需要的资料和数据，为分析做好准备。收集资料经常采用实地调查、查阅历史资料档案、采集数据、实验、观察、记录以及引用等方式。在收集资料时要围绕问题，有针对性、有选择地收集，并可以进一步归类和排序，挖掘和选择有用资料是资料收集中最重要的工作。在收集资料时，一定要注意资料的可靠性，能够说明重要目标的数据和资料必须经过反复核对和推敲。通过对数据和资料的分析，按照目标要求提出各种备选方案。所拟定的备选方案应具备创造性、先进性和多样性。创造性是指方案在解决问题上应有创新，做到另辟蹊径；先进性是指方案应反映出当前国内外最新科技成果，在现实基础上大步前进；多样性是指所提方案应从多个侧面提出解决问题的思路，反映出多元化特点。方案应使用计算机进行模拟仿真，以验证逻辑是否合理、方案是否可行。

4．建立分析模型

建立分析模型的目的就是找出说明系统功能的主要因素及其相互关系，即系统的输入、输出、转换关系，系统的目标和约束等。选用的模型类型或其定量程度取决于要研究的问题

的变量规模、参数关系和选择的方案数目等。由于表达方式和方法的不同，可以采用因式模型、仿真模型、数学模型、实体模型等。通过模型的建立，确认影响系统功能和目标的主要因素及其影响程度，确认这些因素的相关程度、总目标和各项分目标的实现途径及约束条件等。

5. 预测未来环境的变化，分析备选方案的效果

从开始系统分析到决策，然后再进行实践，需要经过一段时间，而系统的环境又是动态变化的，所以要对影响系统的环境因素进行预测。预测未来环境的变化，可以利用已建立的各种模型对备选方案可能产生的结果进行计算和测定，考察各种指标达到的程度。比如费用指标，则应考虑投入的劳动力、设备、资金、动力等，不同方案的输入、输出不同，得到的指标也会不同。一般所建立的分析模型比较复杂，计算工作量较大，对备选方案可能产生的结果进行计算和测定工作都需要借助计算机来进行。

6. 综合分析与评价

综合分析与评价就是在上述分析的基础上，再考虑各种无法量化的定性因素，对比系统目标达到的程度，得出综合分析与评价结果，应推荐一个或几个可行方案，或列出各方案的优先顺序，供决策者参考。鉴定方案的可行性，系统仿真是经济有效的方法，经过仿真后的可行方案就可避免实际执行时可能出现的困难。方案的评比和选择密切相关。但在系统工程中，这两部分工作是由不同人员完成的。系统工程人员有责任对各种方案进行评估并尽可能排出优先次序，但做出选择乃是决策者的权利和职责。如果决策者选择的只是系统工程人员列为第三、第四的方案，那并不奇怪，因为决策者的价值观和偏好并不可能为系统工作人员完全理解，甚至会误解。只要决策者根据系统分析列出的结果选择令他满意的方案，就说明系统工程的分析结果是成功的。系统工程人员的目标不只着眼于选择一个最优方案，而是提供一组最接近于满足决策者目标的方案，给出足够的结果信息。

方案评比后，决策前的系统工程工作即告完成，方案选择不一定包括在内。当然，在方案的实施过程中，特别在开始阶段或环境发生变化的情况下，还会要求系统工程人员参加，方案实施结果的评价也离不开他们（但不一定是原班人马）。各种备选方案在不同情景下的结果估计出来后，便可对方案进行评比。

以上讨论了系统分析的 3 个阶段(阐明问题、分析问题和评价与比较)和 6 个步骤。在绝大多数系统工程中，这 6 个步骤不可能一次完成，而是需要迭代调整，这就要求系统工程人员要不断和决策人对话。双方经常对话，决策人及委托人就会感到自己也参与了分析工作，并了解分析过程中涉及的各种重要问题，因此，一旦最终得出一些意料之外的或违反本意的结果，决策人也不致因惊讶或抵触而将结果拒之门外，不予考虑，这是系统工程成功与否的关键因素。决策人不仅对目标、约束的设定有发言权，而且要在各分析阶段对许多中间结果做出判断，这是系统工程人员不能替代的。

3.4　系统分析的原则和特点

3.4.1　系统分析的原则

进行系统分析时应遵循以下原则。

（1）内部因素和外部条件相结合。构建一个系统,不仅受到内部方案的影响,而且也受到外部条件的制约,例如设计一个企业,企业作为一个系统,不仅要受到企业本身的各种因素的相互制约,如生产类型、生产过程、生产环节、物流、信息流和资金流,而且要受到外部自然环境、市场状况、合作伙伴等外部因素的影响,所以进行系统分析时,必须把内部因素和外部条件结合起来综合分析。

（2）当前利益和长远利益相结合。恩格斯早就告诫我们:"我们不要过分陶醉于我们对自然界的胜利。对于我们的每一次胜利,自然界都报复了我们,每一次的这种胜利,第一步我们确实达到了预期的结果,但第二步和第三步却有了完全不同的、意想不到的结果,常常正好把那第一个结果的意义抵消了。美索不达米亚、希腊以及其他各地的居民,为了得到耕地把森林砍完了,但他们却想不到这些地方竟因此成为荒芜之地,因为他们把森林砍完之后,水分积聚和储存的中心也不存在了。"例如,如今工业的发展和技术的进步对自然环境和生态系统的破坏作用十分明显。因此,在构建一个系统或实施一个方案时,不仅要从目前利益出发,而且还要考虑到将来的利益。如果采用的方案对目前和将来都是有利的,这当然是最理想的,但当长远利益与当前利益发生矛盾时,就要从实际出发,根据各种要素认真权衡利弊、慎重考虑。

（3）局部利益和整体利益相结合。一个系统是由若干个子系统构成的,如果每个子系统的效益是好的,组织起来的总系统的效益也是好的,这当然是最为理想的,但实际中却往往很难做到这一步。在很多情况下,一个大系统中大多数子系统从局部看来是经济的,但从全局整个系统来看却是不经济的。在有些情况下,从局部子系统看并不理想,但整个系统的效益却是比较好的。在系统工程中,对系统的要求是整体效益的最佳化,并不苛求所有子系统都处于最佳状态。例如研究一个车间的问题,应该站在全厂的角度;研究一个区域的经济问题,应该维护整个国民经济系统的利益。也就是说,研究问题不但要用放大镜、显微镜仔细研究局部与细节,而且要用望远镜,要高瞻远瞩。

（4）定量分析与定性分析相结合。系统分析的理论与方法发展到现在,仍然分为定性分析与定量分析两个方面。虽然许多学者强调系统分析要尽可能地采用定量方法,因为定量分析的结果显得清晰明了,便于决策。但由于人类在计量技术上受到限制,定量分析的方法仍存在许多欠缺,特别是人类用定量的方式对事物的描述还不够完善,使得单纯使用定量分析的工作常常难以奏效。其表现在定量分析所得到的结论有时与常理相悖且脱离实际,在应用上存在严重问题。因此,目前鼓励定性分析与定量分析相结合的方式。因为在处理具体问题时,如果定性分析是错误的,即使定量的结果再好,也是不可信的。例如,有人试图研究汽车肇事同汽车行驶速度之间的关系,以便得到安全行车的最佳速度,由于没有进行定性分析,其工作过程是直接了解肇事汽车的行驶速度,即把行驶速度划分为三个等级——慢速、中速和高速,分别统计了汽车肇事事故中慢速行驶、中速行驶和高速行驶这三种状况所占的比例。这显然是定量分析方法。但分析的结果是"中速行驶是肇事比例最大的",由此得出"中速行驶是最危险的驾车速度"的结论,这显然是荒谬的。这种分析过程显然忽略了重要的一点,即人们常常以中速行车的事实缺乏系统性。因此,在进行系统分析时,不能一味地强调定量分析,应该依据系统的具体需要以及人类计量技术的发展水平,并且在定性分析的基础上进行定量分析以及研究系统的发展变化规律。只有这样,所得结果才更具有可信度,才更有实际意义。

定性分析常常是逻辑推理式和经验式的,甚至是人的直觉或某种证据不足的判断,因此常表现出技艺的特征,带有人的主观性,受分析者的阅历、知识水平及所处环境的影响。所以,定性分析过程中,如何从主观中得到客观、如何去伪存真是非常重要的。相对而言,定量分析方法中,人的主观因素对分析结果的影响要少一些,但也并非不存在。这是由于随着定量分析方法研究的深入,产生了众多的方法来求解相同的问题,而不同的方法各有所长,侧重点各不相同,因此分析的结果也可能出现较大的出入。所以,方法的选择受人的主观因素影响,这种影响通过选择的方法影响着系统分析的结论。实际上,由于系统的多属性特点以及系统目标的不唯一性特征,许多系统分析技术的使用是基于某种指导思想的,或者说是在反映决策群体偏好的前提下进行的。因此,在掌握系统分析处理方法的同时,也应掌握方法的倾向性特征,以便能够正确地使用。由此可见,无论是定性分析还是定量分析,都必然带有一些主观的因素。因此,如何保证分析结果的科学性、合理性,以及提高其可信程度,是系统分析者面临的艰巨任务。

3.4.2 系统分析的特点

系统分析的结果应以如何发挥或挖掘出系统整体的最大效益为出发点,寻找解决问题的方案,它把系统整体目的作为目标,以寻求解决特定问题的最优策略为重点,运用定性和定量分析方法,给予决策者以价值判断,以求得有利的决策。其特点如下。

(1)以整体为目标。系统中的各子系统都具有各自特定的功能和目标,但作为子系统,它们又必须统一到一个整体目标下。如果只研究改善某些局部问题,忽略整体目标,即使获取了效益,也不一定使整体效益得到改善或提高,甚至会给整体效益的实现带来灾难。

(2)以特定问题为对象。系统分析是一种处理问题的方法,有很强的针对性,一定要对症下药,而不能瞎搬照套。

(3)运用定量方法。用相对可靠的数据资料,运用各种科学的计算方法定量分析,以保证结果的客观性。不能仅凭主观愿望、已有的经验甚至直觉,也不能不承认或回避客观事实。

（4）凭借价值判断。从事系统分析时，必须对某些事物作某种程度的预测，或者将已发生的事实作为样本，推断未来可能出现的事实或趋势。所以在系统分析时，所能提供的依据许多都是现在不能确定甚至可能在将来不会出现的，不可能完全合乎期望和发展需要。此外，方案的优劣应是定量和定性分析的综合结果，是数据和经验相结合的结果。因此在进行评价时，仍需要凭借价值判断、综合权衡，以得出由系统分析提供的各种不同方案可能产生的效果，以便选择最优方案。

系统分析是系统建立过程中的一个中间环节，具有承上启下的作用。它确定出一个系统和系统的边界，明确了建立系统的必要性，确定出系统的目标。系统分析不是从所给予的目的开始，而是从问题开始，提高对问题认识的清晰度，通过系统分析，要寻求和进一步探讨系统目的的实质，明确解决问题的目标。系统分析要对各阶段所给出的目的是否合适予以评价，对表述不清的目的给出具体的定义，以期在各后续阶段得以落实。系统分析是整个系统建立过程中的关键环节。科学的系统分析可以保证系统设计达到最优，避免技术上的重大失误和经济上的严重损失。

系统分析是一个思维过程。系统分析把研究对象视为一个系统，将它从外部环境中分离出来而成为一个独立的整体，并明确系统中的各个子系统及其相互作用。将系统从外部环境中分离的分界线就是系统边界。有了系统的边界，就能对系统进行内部元素结构分析和外部环境分析。元素结构分析的目的是找出组成系统的元素、元素之间的关系、分布的层次等主要内容，揭示出系统组成的性质和规律。环境分析主要是分析外部环境对系统的影响和系统对环境的影响，找出环境对系统输入的变化规律和系统对环境输出的变化规律，同时分析系统与环境的这种相互影响的适应性。这两个方面的分析，都要围绕系统分析的目标进行。所以，系统分析首先要明确系统所要达到的目标。为了确定系统分析的目标，必须在收集、分析、处理所获得的信息资料的基础上，对系统的目的、功能、环境、费用、效益等问题进行科学的分析。确定系统的目的，制订为达到这种目的而采用的各种方案，通过模型进行仿真实验和优化分析，并对各种方案进行综合评价，从而为系统设计、系统决策和系统实施提供可靠的依据，只有经过这样的分析过程，才能达到系统分析的目标。

3.4.3　系统分析注意事项

进行系统分析时应注意避免以下情况的发生。

（1）忽视明确问题。在阐明问题阶段，由于没有足够重视明确问题的重要性和复杂性，以至于还没有弄清问题是什么就急于进行分析，难以得出正确的结论。

（2）过早得出结论。系统分析是一个反复优化的过程，仅完成一次循环就得出结论和提出建议，往往有失周密和妥当。

（3）将局部混同于整体，或将局部与整体对立。

（4）过分重视模型而忽视问题本身。任何模型都有一定的假定条件和适用范围，超越了这些条件和范围将失去意义。用来描述系统的模型，可能因选择不当而不能反映客观实际。在系统分析中，应避免过分重视模型。

（5）抓不住重点。希望所建立的模型能面面俱到，以至于过分注意细节，反而忽视了问题的重点。

（6）不必要地扩大分析范围，贪大求全。

（7）忽视事物的继承性，割裂历史。

（8）形而上学，在方法上生搬硬套，所有问题都要采用系统分析，造成时间和资源上的浪费。

（9）把系统分析所提出的应有明确目的的误认为只能在已定的某个目标下进行论证，其实，系统分析也是为将要发生的事情做准备。

（10）应用系统分析方法只是为了验证某个想法或方案。

（11）忽视定性分析。分析人员往往注意数量化的分析结论，而忽视不便量化的因素和主观判断，导致未预料到的损失。

（12）数据不准确。样本不足会掩盖真相，造成假象；选错考察对象，数据就无法反映实际问题；分析方法有错，会得出错误的数据等。

3.5 案例分析

解决企业库存问题的系统分析

某公司生产电梯。在生产制造过程中，每天需配用 5 台变压器。如每星期工作 5 天，一年工作 48 个星期，一年总共需要变压器的数量为：$5 \times 5 \times 48$ 台＝1200 台。

在过去几年，曾有两个工厂（甲厂和乙厂）供应过电梯用的变压器。甲厂距离电梯厂较近，购买该厂变压器不需要支付运输费用；乙厂距电梯厂很远，从该厂购买变压器，需支付运输费用。

后来甲厂停止生产变压器，电梯厂必须到乙厂去购买。

针对有关的具体情况，提供了如下几项资料：

每年需要变压器	1200 台
每次购买变压器支付进货费用	25 元
变压器的单价	500 元
变压器存货费用占单价的比例	20%
变压器质量	500kg/台
仓库搬运费	0.1 元/100kg
租借厂外仓库费用	12 元/(台·年)

（库存超过 200 台变压器，必须租借厂外仓库储存）

以往采取的方法是每年购货 48 次，每次购买 25 台变压器。

此外,还要考虑一些特殊情况:生产变压器的乙厂关于订货的规定是,变压器单价随变压器购买量大小而浮动(见表3-1)。

表 3-1　购买数量和价格之间的关系

购买数量/台	单价/(元/台)
100 以下	500
101~200	490
200 以上	475

利用车厢运输变压器,考虑运输工具的容积利用率,对运费作了如表3-2所示的规定。通常从订货之日至收到货物中间间隔一个星期。

表 3-2　运费随运量的变化情况

运量	运费/(元/100kg)
装满一车厢	6
不满一车厢	10

(1) 最优进货量的计算

电梯公司的进货策略如下:

已知　　年进货量　　$D=1200$ 台

　　　　进货费用　　$C_0=25$ 元

　　　　存货费用　　$C_I=100$ 元

最佳库存量的计算

$$\text{EOQ} = \sqrt{\frac{2C_0 D}{C_I}} = \sqrt{\frac{2 \times 25 \times 1200}{100}} \text{台} = 24.5 \text{台} \approx 25 \text{台}$$

上述计算结果说明,每年进货 48 次,每次购进 25 台变压器的进货策略是好的。

现在分析存货费用 C_I。若 C_I 是每台变压器价值的 20%;而变压器的价值应该包括仓库搬运费和运输费。

如果变压器装满车厢运输,则每台变压器的运输费用和仓库搬运费用为

$$\left(500 + 0.5 + \frac{500}{100} \times 6\right) \times 20\% \text{元} = 106.1 \text{元}$$

将 C_I 代入计算最优进货量时,

$$\text{EOQ} = \sqrt{\frac{2 \times 25 \times 1200}{106.1}} \text{台} = 23.78 \text{台}$$

即使按照上述 C_I 计算,每批进货量为 25 台也是恰当的。

每批进货量确定以后,每年总的进货费用为

$$F(Q) = \frac{Q}{2} \times 500 \times 0.2 + \frac{1200}{Q} \times 25 + 500 \times 1200$$

(2) 价格浮动时的最优进货量

如果考虑价格浮动的影响,针对变压器订货量的不同,三种价格分别以 P_1、P_2、P_3 表

示,其平均价格具体计算如下:

$$P_1 = 500 \text{ 元}/\text{台}$$

$$P_2 = \frac{500 \times 100 + 490(Q-100)}{Q} = \frac{1}{Q}(490Q + 1000) = \frac{1000}{Q} + 490$$

$$P_3 = \frac{500 \times 100 + 490 \times 100 + 475(Q-200)}{Q} = \frac{4000}{Q} + 475$$

由于每批进货量不同,其他费用也有所区别(见表 3-3)。

表 3-3   进货数量和进货费用之间的关系

进货数量 Q/台	进货费用(1)	存货费用(2)	购买总价(3)	租借仓库费(4)
$Q \leqslant 100$	$\frac{1200}{Q} \times 25$	$\frac{Q}{2} P_1 \times 0.2$	$P_1 \times 1200$	—
$100 < Q < 200$	$\frac{1200}{Q} \times 25$	$\frac{Q}{2} P_2 \times 0.2$	$P_2 \times 1200$	—
$Q \geqslant 200$	$\frac{1200}{Q} \times 25$	$\frac{Q}{2} P_3 \times 0.2$	$P_3 \times 1200$	$12(Q-200)$

每年购货和存储的费用以 $F(Q)$ 表示,则

$$F(Q) = (1) + (2) + (3) + (4)$$

当 $Q \leqslant 100$ 台,即每批进货小于等于 100 台时,有

$$F(Q) = \frac{1200 \times 25}{Q} + \frac{Q}{2} \times 500 \times 0.2 + 500 \times 1200 = \frac{30000}{Q} + 50Q + 600000$$

当 100 台 $< Q <$ 200 台时,即每批进货大于 100 台而小于 200 台时,有

$$F(Q) = \frac{1200 \times 25}{Q} + \frac{Q}{2}\left(490 + \frac{1000}{Q}\right) \times 0.2 + \left(490 + \frac{1000}{Q}\right) \times 1200$$

$$= \frac{1230000}{Q} + 49Q + 588100$$

当 $Q \geqslant 200$ 台,即每批进货大于等于 200 台时,每年总的费用为

$$F(Q) = \frac{1200 \times 25}{Q} + \frac{Q}{2}\left(475 + \frac{4000}{Q}\right) \times 0.2 + \left(475 + \frac{4000}{Q}\right) \times 1200 + 12(Q-200)$$

$$= \frac{30000}{Q} + \frac{475Q}{10} + \frac{2 \times 4000}{20} + 477 \times 1200 + \frac{4000 \times 1200}{Q} + 12Q - 12 \times 200$$

$$= \frac{4830000}{Q} + 59.5Q + 570400$$

由此可见,每年购货与存货的总费用可以用下面的表达式表示:

$$F(Q) = \frac{a}{Q} + bQ + c$$

而最优库存计算模式为

$$\text{EOQ} = \sqrt{\frac{2C_0 D}{C_{\mathrm{I}}}} = \sqrt{\frac{a}{b}}$$

所以,当 $Q \leqslant 100$ 台时,

$$\text{EOQ} = \sqrt{\frac{30000}{50}} \text{台} = 24.49 \text{ 台} \approx 25 \text{ 台}$$

当 $100 < Q < 200$ 台时,有

$$EOQ = \sqrt{\frac{1230000}{49}} \text{台} = 158.4 \text{台} \approx 158 \text{台}$$

当 $Q \geq 200$ 台时,有

$$EOQ = \sqrt{\frac{4830000}{59.5}} \text{台} = 284.9 \text{台} \approx 285 \text{台}$$

（3）考虑运输费用的具体规定时的最佳进货量

因为装满一车的最大质量是 50000kg,在这种情况下,每车运输的变压器台数为

$$\frac{50000}{500} \text{台} = 100 \text{台}$$

因此,每次为节省运费,运输变压器的台数最好为 100 的倍数。

当进货量每批不足 100 台时,年运输费用为 $10 \times \frac{500}{100} \times 1200 \text{元} = 60000 \text{元}$。

当进货时,装满车厢（100 台变压器）运输,则年运输费用为 $6 \times \frac{500}{100} \times 1200 \text{元} = 36000 \text{元}$。

当每次运输超过 100 台变压器时,其年运输费用分别见表 3-4。

表 3-4　年运输费用表

进货量 Q/台	$F(Q) = (1)+(2)+(3)+(4)$	年运输费用/元	费用总计/元
25	602450	60000	662450
100	605300	36000	641300
150	603650	44000	647650
200	604050	36000	640050
300	601950	36000	637950
400	603875	36000	639875

从表 3-4 可以看出,当 $Q = 300$ 台时,总费用 $F(Q)$ 最低。与前面计算的最佳进货数量（285 台）一起分析可知,电梯厂每批进货 300 台变压器,总的效益是比较好的。

思　考　题

3-1　系统分析有何特点?

3-2　系统分析的步骤是什么?

第 4 章

系统的建模

4.1　描述系统的工具体系

　　人们生活在一定的环境中，又生活和工作在诸多的系统中，可以说人的一生都离不开系统，因此，人们总要自觉或不自觉地描述一些系统。而当我们进行系统的构建与分析时，也需要对系统进行描述。这里所说的描述，包括从开始确定问题时所写的问题剖析报告，到具体数学模型或计算机程序。无论哪一种形式，都是为了使我们确立对系统的认识和便于与其他人进行交流、讨论。人们最初用来描述客观世界的是自然语言。即使在各个学科迅速发展的今天，自然语言仍然是描述系统的最基本的语言形式。自然语言能够形象地说明事物，使人一下子就能对事物的许多表面现象与性质获得了解。比如，对生命系统"人"的描述，只要说到"人"，人们自然就能联想到人的基本特征。再如，对飞行系统飞机的描述，只要见到文字"飞机"，人们马上可以想到具有飞翔功能的一种人造系统，甚至仿佛看到了穿云破雾的飞机，并且好像听到了飞机上隆隆的马达声。

　　然而，由于系统的多种多样和千差万别，即使同类系统之间也存在细微的区别。虽然人类的自然语言经过了几千年的发展，词汇丰富多彩，具有相当的表现力，但仍然缺乏精确性，有时叙述起来又过于繁杂。比如，同样是生命系统的人，有高矮、胖瘦和强弱的差别，人的面容、表情的变化难以用自然语言描述，更不要说人的心理、智慧上的差别了。因此，人们逐渐研究出其他描述方式。

　　符号语言是劳动人民长期进行社会实践的结果。它主要是在人们总结了各种现象的共性特征后，对这种共性的"记法"约定，再经过长期的使用，逐渐形成并发展起来的。最初，人们将古希腊学者亚里士多德和欧几里得创造的符号语言应用于逻辑学与数学。这种符号语言可以代替科学术语以及语法关系词，使科学术语更加简明、抽象。直到 16 世纪，才专门使用字母和符号来描述和运算方程式。这种方式后来又渗透到物理、化学等领域，加速了自然科学的发展。因为符号语言通用性好,一经约定,不同国家、不同民族的人都可使用。特别是人类在计量科学方面的发展,使得符号语言对事物的描述越来越精确,从而才有了定量描述系统的基础。

图形语言是被较早采用的一种方式,具有清晰、直观的特点,它对中国式的象形文字的发展有重要的意义。如照片(特别是全息照片)、录像、电影、动画、计算机绘图等都是图形语言的发展形式。图形语言应用很广,如交通管制路标、电子电路图、广告插画等。图形语言的特点在于鲜明生动,看一堆数字或表格,就不如看直方图或扇形图方便。

从描述系统方式的演化而论,所谓自然语言、图形语言和符号语言都是人为分类的。实际上,三者是不可分割的整体,表达自然语言的文字也是符号,图形也能演化成文字(如中国的语言文字)。描述事物的方式还有多种,只要有信息交流,就需要交流的方法,如蚂蚁、蜜蜂等动物间也有描述事物的方式,但描述的方法却有先进与落后的区别。人类从诞生之日起就运用自己的智慧,构建着描述世间万物的方法体系,逐渐形成了比较完善和先进的描述系统。这个系统以具有文化知识的人类为要素之一,以清晰、准确地描述事物的内外部特征为目的,以自然语言为基础工具,综合运用图形语言、符号语言、信号语言等方式进行规范的信息交流。

人类的描述系统还将随社会的发展不断进化。目前,描述系统中的工具要素发挥着各自不同的作用。除了作为各种工具间的联系员以外,自然语言至少可以告诉人们事物的称谓,图形语言使人的感受更形象化,而符号语言则更适合描述事物发展变化的内部规律。因此,系统分析者应根据实际需要选择适宜的描述方法。

4.2 描述系统的指标与指标体系

由于自然语言和图形语言的发展,特别是图形语言(如摄录像机、各种照相设备等)的发展,使得自然语言和图形语言这两种描述工具已基本上满足对各种系统的定性的和形象化的表述需要。因此,研究的焦点就自然集中到描述系统内部发展变化的规律方面。

到目前为止,人类主要以定量的方式来描述系统的变化规律。定量描述方式源于对可数事物和事物的可测方面,产生了自然数、尺寸和容量的符号规定。比如在描述系统各部分之间以及环境之间的作用时,有些情况的因果关系比较确定,特别是在工程技术系统中,这些关系可以利用物理学、化学、工程技术科学中的一些确定性的规律加以描述,通常使用公式、计算机程序等。随着社会的发展,定量的表达体系逐渐得以完善,人类已先后发明了负数、实数以及各种进制的运算规则(数的变化规律或联系)。但是,由于系统的多属性特征和事物的多维特征,以及人类在对事物关注内容的描述上的模糊特征,使得对系统直接观测与计量技术不能满足需要,从而出现了对概念抽象的"量"的计量的要求。比如,系统的功率是系统的输出量关于时间的平均；企业运行的好坏，既要看系统的成本、产品质量和利润，又要看对社会文明、生存环境等的影响，还要考虑内部的人际关系，是多方面测评的综合结果。

测评系统状态的基础是与系统的目的有关的指标，目标则是指标的希望结果。对于系统的描述常常需要采用多个指标，即使很简单的问题，也需要多项指标。比如描述一个物体所在的位置，需要三个空间坐标；描述影院座位需要楼层、排号和座号三个指标；对家庭住址的描述所需要的指标数就更多了。可以说，系统越复杂，描述系统所需的指标数就越多。但人们常选择那些主要的指标，并形成相应的指标体系。用以描述系统的指标体系的构建是重要的，也是非常复杂的。指标过少，虽然处理起来（比如优化处理）比较容易，但必须要求有高度的概括性，而高度概括性的指标很难直接测评，同时在理解与分析上也存在较多的困难。指标过多，除了容易混淆视听外，还会导致信息收集和处理过程中的大量浪费。

系统的指标体系的建立，也是系统分析的一个重要组成部分。一般地，指标的选择应紧紧围绕人们所关注的系统的属性目的，是以其目的为核心，并可按一定的层次逐渐展开的。下面仅以科研院所为例，考察其工作指标体系的组成。

把科研院所看成是科研成果的生产系统，就要了解其科研实力和科研的效果。因此，科研实力与科研效果初步构成了科研院所状况的同一层的两项指标。但是由于目前的测评技术（包括对科研实力与科研效果的界定）尚不能直接给出其具体的指标值，因此，此两项指标的概括性比较强。然而，我们可以分别考察各项的表达内容。科研实力也是一项综合性指标，它似乎应包括人的智力、设备的能力、资金的强度和管理能力等，科研效果则可能包括专利发明、论著、科研成果及其影响的力度与广度。这便产生了新一层的多项指标。这些指标中，仍然含有不可直接测量的量，比如人的智力、管理能力、科研成果的影响力度和广度。但是，人的智力和管理能力可部分地由人的学历及科研的实际效果来描述，因为好的工作效果应该由智力高的群体获得，而学历高的人应该有广博的学识和较强的处理问题的能力。至于科研成果的影响力度和广度，则部分地可以由科研成果的经济性收入和推广应用的范围描述。

由此，我们已粗略地得到了描述科研系统的部分指标体系概况，其结果如图 4-1 所示。

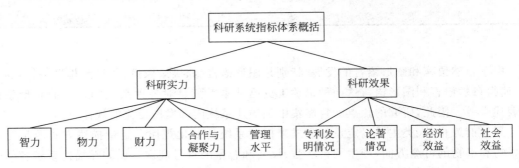

图 4-1　统计系统指标简图

上述对科研系统指标概况的描述，就是采用了自然语言与图形语言相结合的方式。其中，凡是不能直接测评的指标，如智力、管理水平、科研效果等均是现阶段所不能直接测量的，是中间层或上层指标，还可继续分解为后续指标；能直接测评的指标，如物力、财力、专利发明等，均为基础指标，基础指标以能直接测评为标准。

　　由于目的的不同和对事物认识上的差异,对应于同一系统,可存在多个指标体系,比如统计指标体系、评价指标体系、消费指标体系等。特别需要指出的是,系统的评价指标体系也分两种:一种是对系统自身的评价,如发展速度和规模等内部的自我比较指标;另一种是用于同类系统间分析评价的指标体系。通常对后一种评价指标体系有较高的要求,其构建的过程及结果往往带有一定的倾向或导向作用,并且,对被评价的系统而言,评价指标所反映的内涵应具有较高的可比性。比如,同是科研系统,专利方面的绝对数量指标可作为评价指标的前提,应该是科研系统的投入量相同,只有这样才具有可比性。

　　指标体系的建立奠定了描述系统的有关数据的结构,这些数据将刻画系统运行的状况,反映系统的运行规律,人们将利用这些数据进行系统分析,并依据系统分析的结果进行决策。因此,对这些数据进行科学的管理是十分重要的。

　　从系统指标体系的内容来看,由于人类计量技术的原因,存在定量指标,也可能存在定性指标,只是在基层指标中,要求定性指标(如果存在的话)的含义清晰且能评估。因此,当基层指标中存在定性指标时,用"信息管理"替代"数据管理"就更确切了。以下的数据管理含有信息管理的内容。

　　数据的类型很多,在时间上有先后顺序;在获得的途径上,有直接测量的和间接所得的,从方式上看,有确切的也有模糊的或区间式的。比如在科研系统中,一定时期内的成果转让收益值(以转让收入计)是明确的数据,而科研设备的能力(物力),即使含义是清楚的,但其对应的数据却常常是模糊的或是区间式的,而且可能是间接地通过"专家"测评得到的。

　　系统的有关数据对系统分析是非常重要的,因此,系统分析者应十分重视对数据的管理工作。否则,轻则事倍功半,重则一事无成。

　　数据的管理工作始于系统指标体系的建立,贯穿于数据采集、整理、储存和加工以及使用的全过程。但各个环节上的工作重点有所不同,在系统指标体系的建立中,重点要求考虑指标采集的可行性或可操作性。

　　指标体系确立以后,数据的采集就非常重要了,它是搞好数据管理的基础,其关键在于数据的质量。影响数据质量的因素有多种,其中包括采集者的水平、计量器具的水平、环境条件、采集所使用的原理或方法、被采集的指标和采用的标准等。若是非定量指标,选择的"专家"水平也是影响数据质量的关键因素。

　　因此,在数据采集环节,重点是保证数据的质量。为此,在数据采集过程中应注意以下几点。

　　(1)对数据采集人员进行系统的训练或培养,以便熟练掌握有关计量设备的使用方法,并使之明确认识数据采集的目的和意义。

　　(2)对指标体系的指标集进行归类分析,同时应了解计量技术的发展状况,以便运用最适宜的采集技术及原理和方法。

　　(3)对于非定量指标的数据采集,应审慎地选择被咨询的专家,应从有关专业、知识水平、工作态度等多方面考虑,组建知识水平高、有威望、可信赖的专家组。

　　(4)环境对数据质量的影响也很大,在数据采集中应注意环境的变化,应随时把时间、环境状况记录下来,为后续的数据加工与使用提供尽可能充分的信息。

　　整理数据的作用是便于后续的加工和使用,也有利于数据的储存管理,应将数据分门别类地加以整理,区别出时间、环境条件,以便在使用中注意掌握。

4.3 系统模型及建模

4.3.1 系统模型的定义及特征

系统分析的一般步骤包括划分系统边界、分析系统现状、确立系统目标、收集信息、构建系统模型、优化系统、评价优化方案等。其中构建模型是系统分析的一个重要环节,一个合适的系统模型不仅是对系统认识的进一步深化,而且也是实现系统优化的重要途径。在系统工程中,把建立准确描述系统特征和行为的数学模型或图形模型等抽象模型的过程称为建模,而针对该模型使用计算机等手段详细分析系统行为的模拟试验则称为仿真。

模型在系统工程研究中具有极为重要的作用。模型是对现实世界的事物、现象、过程或系统的一种简化描述。模型方法不在于列举所有的事实和细节,而在于识别和探索具有显著影响的因素及其相互关系,以便掌握本质规律。利用模型可以用较少的时间和费用对实际系统进行研究和实验,可以重复演示和研究,因此更易于洞察系统的行为。

系统模型是对现实系统某一方面抽象表达的结果。它反映了系统的结构、各部分之间的相互作用,描述了实际系统的物理本质与主要特征。系统模型一般不是系统对象本身,而是现实系统的描述、模仿或抽象。

系统是复杂的,对大型复杂系统的分析研究必须借助有效的系统模型才能进行。系统的属性也是多方面的。对于大多数研究目的而言,没有必要考虑系统的全部属性,因此,系统模型只是系统某一方面本质属性的描述,本质属性的选取完全取决于系统工程研究的目的。所以,对同一个系统根据不同的研究目的可以建立不同的系统模型。系统模型的特征决定了其应用范围。系统模型反映实际系统的主要特征,但它又高于实际系统而具有同类问题的共性。因此,同一种模型也可以代表多个系统。一个适用的系统模型应该具有如下三个特征:

(1) 它是现实系统的抽象或模仿;

(2) 它是由反映系统本质或特征的主要因素构成的;

(3) 它集中体现了这些主要因素之间的关系。

4.3.2 系统建模

系统工程研究的对象有些不仅是有待建立的,且是无样本的、信息不充分的,这就使得系统工程研究包含着建立新的概念,对各种方案进行分析、评定、选择以及检验各种环境因素对系统的影响等极为复杂的问题。由于所研究系统的复杂性,人们越来越重视对现实系统进行抽象和综合,只有这样才能对问题有更深入的认识,从而帮助启发思想和加速工程开发的进程,而系统建模正是对系统进行抽象的过程。

系统建模也称模型化,就是采用一定的方法来描述实际系统的构成和行为,并对系统的各种因素进行适当处理,从而为系统分析研究提供有效模型的过程。使用模型作为研究手段已有很久的历史,但以往多着重于模型技术的讨论,如最早是使用原样模型,随后才发展了相似模型和数学模型。

随着系统的规模和复杂程度的不同,建模的难易程度及采用的模型也有所不同。例如,电力电子系统及机械系统等,由于各构成要素间的关系在物理上明确可知,因此用数学式子很容易得到与实际系统几乎一致的数学模型。

但是对于社会系统、经济系统等一类系统,因其大规模化和复杂化,仅用数学模型则难以表达整个系统。这时就要结合使用数学模型和图形模型,即把整个系统分成若干个子系统,用图形模型表示子系统间的联系(系统的结构、信息流等),用数学模型表示每个子系统中可用数学形式描述的部分。但是图形模型不如数学模型严密。

由于系统分析人员对问题的理解程度、对系统结构的洞察力及实践中的训练和技巧不同,系统建模的步骤并不是千篇一律的。不过,一般情况下,系统建模大体可遵循以下步骤。

(1)明确目的。首先要明确建模的目的,即使是同一个系统,研究目的不同,建立的模型也不同。例如设计飞机时,如果目的在于研究飞行性能,那么建模时需要选择适于流体力学计算的外形;而以结构强度为研究目的时,则需要选择适于结构力学计算的模型。

(2)收集相关信息。根据上面对现实系统的分析,进行资料收集,并确保信息的正确性和有效性。

(3)确定组成要素。必须确定与研究目的相应的、模型中所采纳的对象系统中最小单位的组成要素。根据所采纳组成要素的数量,模型可以简单也可以复杂。通常模型的精度和模型的简单程度互为矛盾。不论精度多高,如果模型过于复杂也难以使用;反之,虽然模型简单但精度差也不能采用。这就需要在确定组成要素时兼顾这两方面的要求。

(4)找出系统的变量并对变量进行分类。通过对要素进行分析得到相应的变量,并对变量进行分类。

(5)确定变量之间的关系。根据要素之间的关系以及变量的类别确定变量之间的关系,另外还要分析变量的变动对目标实现的影响。

(6)确定模型结构。根据系统的特征、建模对象、各变量之间的关系构造模型结构。

(7)检验模型效果。检验模型是否能在一定的精度范围内反映现实问题。

(8)改进和修正模型。模型必须高精度地满足其他各种试验数据。当验证结果不理想时,要重新探讨建模时确定的假设和假说,修改模型中采纳的组成要素和模型结构,调整模型的参数,通过这些手段来修正模型。另外,在验证模型时,除了验证精度之外还要注意确定模型的适用范围。

(9)将模型应用于实际。对于满足要求的模型可以在实际中加以应用,但是每次应用该模型都必须进行再次检验,尤其是社会经济系统的模型,因为社会经济系统的环境因素变化太快,而且社会经济系统受环境因素的影响很大。

4.4 模型的分类

建模是研究系统的重要手段和前提。凡是用模型描述系统的因果关系或相互关系的过程都属于建模。因描述的关系各异，所以实现这一过程的手段和方法也是多种多样的。从模型的描述形式、对象系统所具备的特性以及建模的目的等方面，可对建立的各种模型（图 4-2）进行分类。

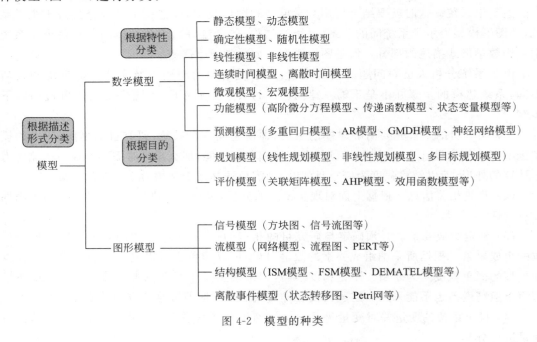

图 4-2 模型的种类

4.4.1 数学模型

数学模型是用代数方程、差分方程、微分方程、逻辑表达式等数学形式描述系统行为的模型。从对象系统的特性角度，可对数学模型进行如下细分。

1）静态模型和动态模型

某一时刻模型的输出不依赖于过去的输入，只取决于当前输入的模型称为静态模型；反之，模型的输出不仅依赖于当前输入，而且依赖于过去的输入，则这种模型称为动态模型。通常静态模型用代数方程、逻辑表达式等描述，动态模型用微分方程、积分方程、差分方程等描述。

2）确定性模型和随机性模型

模型的输入输出数据和参数确定的模型称为确定性模型，而输入输出数据和参数随着未知因素不规则地、随机地变化的模型称为随机性模型。确定性模型用微分方程、差分方程等描述，随机性模型用概率微分方程、马尔可夫链等描述。

3）线性模型和非线性模型

输入、输出关系为线性的模型称为线性模型；反之，输入、输出关系为非线性的模型则称为非线性模型。通常线性模型用线性微分方程等描述，非线性模型用非线性微分方程等描述。实际分析系统时线性模型便于处理，因此对包含非线性特性的系统一般用线性近似方法转化为线性模型来分析。

4）连续时间模型和离散时间模型

输入输出随时间连续变化的模型称为连续时间模型，而输入输出每隔一定的时间间隔才发生变化的模型称为离散时间模型。连续时间模型用微分方程等描述，离散时间模型用差分方程等描述。

5）微观模型和宏观模型

瞬时、微观地捕捉系统行为以把握系统的瞬时变化和微观结构的模型称为微观模型；反之，长期、宏观地捕捉系统行为以把握系统的长期变化和整体结构的模型称为宏观模型。两者都可用微分方程、差分方程、代数方程等描述。

前面从系统所具有的特性方面对数学模型进行了分类。从建模的目的出发，系统模型还可进行如下分类。

1）功能模型

为详细探讨系统的稳定性、可控性等动态特性，或系统的可靠性、安全性、持久性等特性和功能所建立的模型称为功能模型。功能模型包括传递函数模型、状态变量模型等。传递函数模型是用输入输出函数的拉普拉斯变换比来表示系统的输入输出关系，状态变量模型是用一阶联立微分方程组表示系统的内部状态。

2）预测模型

为了由过去及现在的数据尽量准确地预测系统的将来值而产生的模型称为预测模型。预测模型包括静态系统预测中常用的多重回归模型和动态系统预测中常用的 AR 模型（自回归模型）等。这些预测模型经常用于社会系统、经济系统等大规模、复杂系统的预测（例如，交通流量预测、股价波动预测、电力需求预测等）。

3）规划模型

为最优编制生产计划、运输计划、工程管理、人员配置、调度等生成的模型称为规划模型。规划模型包括线性规划模型、非线性规划模型、多目标规划模型等。线性规划模型是指目标函数及约束条件全部用线性等式或不等式表达的模型，非线性规划模型是指目标函数及约束条件全部用非线性等式或不等式表达的模型，多目标规划模型是指有多个优化目标的规划模型。

4）评价模型

用于综合评价系统的性能、成本、可靠性、安全性等指标的模型称为评价模型。评价模型包括关联矩阵模型、AHP 模型（层次分析处理模型）、效用函数模型等。关联矩阵模型是用几个评价项目来评价替代方案，并用评价值的加权和的大小来评价替代方案的优劣。AHP 模型是用层次结构描述评价项目,然后用对比法求各评价项目的重要程度,最后通过综合这些重要程度来评价替代方案。效用函数模型是把决策者对替代方案所持的主观尺度用效用函数的形式来表现,采用效用理论来评价替代方案。这些内容将在第 7 章进行详细探讨。

4.4.2 图形模型

图形模型是用图、图表、矩阵等图形描述系统内部的信号和信息流以及系统结构或系统内部的状态转移等情况。图形模型有以下几种。

1. 信号模型

用图形表示系统内的信号流和信号间的输入输出关系的模型称为信号模型。信号模型包括方块图和信号流图等。

方块图是用枝表示信号流,用方块表示信号间的输入输出关系,用节点表示信号的求和、求差点的有向图。而信号流图是用节点表示信号,用枝表示信号流的方向,用枝的权重表示信号间输入输出关系的有向图。方框图和信号流图有对偶关系,这两个模型在控制工程领域中经常使用。

图 4-3 分别用方块图和信号流图表示了人造卫星的姿态控制系统的信号流和信号间的输入输出关系。姿态控制是指当人造卫星偏离基准方向时,启动喷气式发动机使之回到基准方向。

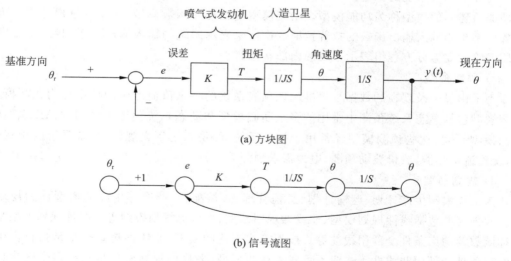

(a) 方块图

(b) 信号流图

图 4-3 人造卫星的姿态控制

2. 流模型

把系统的信号流概念延伸到不只是信号,还包括能量、物流、成本等的信息流,那么用图形表示信息流、作业过程、处理顺序等的模型就称为流模型。流模型包括网络模型和流程图等。

网络模型用节点和枝表示系统组成要素间的连接关系,用枝的权重表示流经系统的流量。在电力、煤气、自来水等工程系统、交通流量系统的作业工程中经常使用网络模型。图 4-4 所示为一个用网络模型表示配电系统的例子,图中用节点表示变压器、断路器、区分开关等,用枝表示连接它们的各个线路,用枝的权重表示各线路区间内的需要电量。

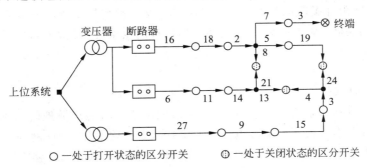

图 4-4　配电系统的网络模型

流程图主要是表示处理顺序的有向图,在称作处理块、分支块的块中写入具体处理内容,用枝表示各个处理流程。流程图用于计算机程序和复杂加工过程的模型化。图 4-5 所示为求最小值处理过程的流程图。

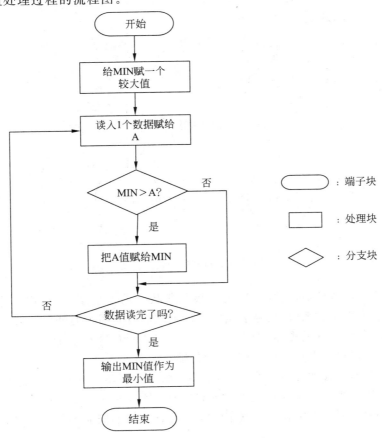

图 4-5　求最小值程序的流程图

3. 结构模型

信号模型和流模型也可看作结构模型的一种。这里所说的结构模型是用于刻画那些像社会系统那样，有多个问题错综复杂地交互在一起的、大规模复杂系统，研究它们由哪些要素组成，要素之间怎样关联的整体结构特征模型。结构模型是用节点表示组成要素，用枝表示组成要素间的关联（因果关系、优先关系等），用枝的权重表示关联度的有向图。其具体做法在 4.5 节讨论。

4. 离散事件模型

用图形表示自动售货机、工厂生产线一类系统由某一状态离散地转移到另一状态的情况的模型称为离散事件模型。离散事件模型包括状态转移图和 Petri 网等。

状态转移图是用节点表示系统的有限个状态，用枝表示状态的转移方向，在枝的旁边标注状态转移的原因和条件的有向图。图 4-6 所示为把车站的自动检票机的基本动作模型化的状态转移图。该自动检票机有 5 种状态，例如若当前状态为"等待车票输入"，在无车票输入时保持该状态不变，有车票输入时则转移到"识别车票"状态，图中明确地表示了这种情况。

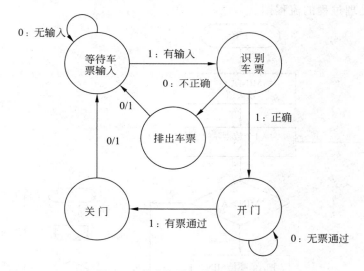

图 4-6　自动检票机的状态转移图

Petri 网是用称作转移的竖线（｜）表示系统各状态的发生及完成，用称作位置的白圈（○）表示某一状态发生的条件，用枝表示它们的关联的有向图。另外，Petri 网中，在条件成立的位置上插入称作令牌的黑点，如果某一状态转移的所有输入位置都插入了令牌，那么该状态发生（称之为转移点火）。令牌流向下面的输出位置。

如上所述，令牌的移动可表示 Petri 网中多个状态不同步或并行地发生及完成的情况，因此 Petri 网多用作生产系统及物流系统等的模型。图 4-7 所示为一个用 Petri 网模型化汽车生产线的例子，它用令牌位置表示汽车随零件及设备的不同而不停地组装的情况和各设备工作的情况。

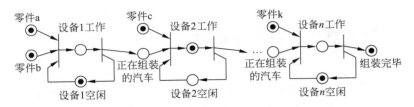

图 4-7　汽车生产线的 Petri 网模型

4.4.3　有向图和矩阵

　　用若干个节点及连接两个节点的枝表示的图称为图形。将所有的枝都带有方向的图称为有向圈。

　　设矩阵 $A=[a_{ij}]$ 的行列数等于有向图的节点数,定义元素 a_{ij} 如下:若节点 i 到节点 j 间有枝存在则 $a_{ij}=1$,反之 $a_{ij}=0$,那么有向图就可以用矩阵表示。这样形成的矩阵 A 称为连接矩阵。如果枝上是带有权重的有向图,那么通过在连接矩阵的元素上赋予权重就可以表示有向图。以图 4-8 所示的有向图为例,图 4-9 则表示了与之对应的连接矩阵。

　　有向图中从某一节点出发经过 k 个枝连接到其他节点所构成的路径称为长度为 k 的有向路径。长度为 k 的有向路径可通过布尔代数运算(用 0、1 的逻辑和、逻辑积进行运算),把连接矩阵 A 自乘 k 次得到的矩阵 A^k 来求得。即矩阵 A^k 的 (i,j) 元素为 1 时,表示从节点 i 到节点 j 存在着长度为 k 的有向路径。

　　例如,图 4-8 所示的有向图中长度为 2 的有向路径由矩阵 A^2 给出,如图 4-10 所示。

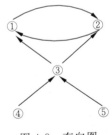

图 4-8　有向图

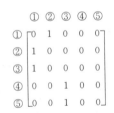

图 4-9　连接矩阵 A

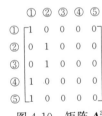

图 4-10　矩阵 A^2

4.5　建立数学模型的方法

　　如前所述,数学模型包括各种类型的模型,这些模型的建立方法不尽相同,而且因对象系统的特性和建模的目的不同而不同。在此介绍其中几种有代表性的建模方法。

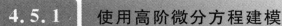

4.5.1 使用高阶微分方程建模

用高阶微分方程建模是一种以动态系统为研究对象的建模方法。该方法经常用于系统的内部结构（组成要素间的关联关系）非常明确，且可应用物理法则及化学法则的情况。

现在以单输入单输出系统为对象，设输入为 u，输出为 y，则系统的输入输出关系可用如下形式的微分方程表示：

$$a_0 \frac{\mathrm{d}^n y}{\mathrm{d}t^n} + a_1 \frac{\mathrm{d}^{n-1} y}{\mathrm{d}t^{n-1}} + \cdots + a_{n-1} \frac{\mathrm{d}y}{\mathrm{d}t} + a_n y$$

$$= b_0 \frac{\mathrm{d}^m u}{\mathrm{d}t^m} + b_1 \frac{\mathrm{d}^{m-1} u}{\mathrm{d}t^{m-1}} + \cdots + b_{m-1} \frac{\mathrm{d}u}{\mathrm{d}t} + b_m u, \quad n \geqslant m \tag{4-1}$$

这里举一个具体例子，对图 4-11 所示的电路系统（RLC 回路）进行建模。该系统的输入为电压源 u，输出为电容器 C 的端电压 v_C。设回路中流动的电流为 i，则线圈 L、电阻 R、电容 C 的电压 v_L, v_R, v_C 分别为

$$v_L = L \frac{\mathrm{d}i}{\mathrm{d}t}, \quad v_R = Ri, \quad v_C = \frac{1}{C} \int i \mathrm{d}t \tag{4-2}$$

根据基尔霍夫法则有

$$v_L + v_R + v_C = L \frac{\mathrm{d}i}{\mathrm{d}t} + Ri + \frac{1}{C} \int i \mathrm{d}t = u \tag{4-3}$$

从式（4-2）中关于 v_C 的式子得出 $i = C \mathrm{d}v_C/\mathrm{d}t$，将其代入式（4-3），于是该系统的输入输出关系可用如下的二阶线性微分方程来表示：

$$LC \frac{\mathrm{d}^2 v_C}{\mathrm{d}t^2} + RC \frac{\mathrm{d}v_C}{\mathrm{d}t} + v_C = u \tag{4-4}$$

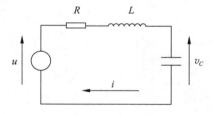

图 4-11　RLC 回路

4.5.2 使用传递函数建模

与上面介绍的方法类似，也有用传递函数代替高阶微分方程来表达系统输入输出关系的建模方法。现在，设所有的初值都为 0，对式（4-1）所示的微分方程两侧作拉普拉斯变换得

$$(a_0 s^n + a_1 s^{n-1} + \cdots + a_{n-1} s + a_n) Y(s)$$

$$= (b_0 s^m + b_1 s^{m-1} + \cdots + b_{m-1}s + b_m)U(s) \tag{4-5}$$

则输入 $u(t)$、输出 $y(t)$ 的拉普拉斯变换比 $G(s)$ 为

$$G(s) = \frac{Y(s)}{U(s)} = \frac{b_0 s^m + b_1 s^{m-1} + \cdots + b_{m-1}s + b_m}{a_0 s^n + a_1 s^{n-1} + \cdots + a_{n-1}s + a_n} \tag{4-6}$$

$G(s)$ 称为传递函数,使用传递函数的系统的输入输出关系可用如下的简单代数方程来表示:

$$Y(s) = G(s)U(s) \tag{4-7}$$

利用传递函数表示法可将微分方程转化为代数方程来处理,因此常将传递函数和前面介绍的方块图一起用作控制系统分析和设计时的模型。可以把图 4-12 所示的串联、并联、反馈的组成要素归纳到一个传递函数中,从而可以简便地生成整个系统的数学模型。另外,若在具有传递函数 $G(s)$ 的组成要素上加上正弦波输入 $u = \sin\omega t$,则其输出可用 $j\omega$ 代替 s 来得到,即

$$y = |G(j\omega)|\sin(\omega t + \angle G(j\omega)) \tag{4-8}$$

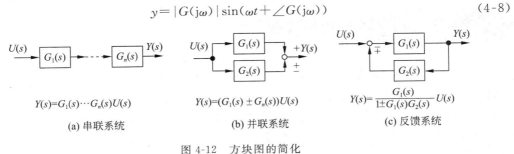

(a) 串联系统　　　　(b) 并联系统　　　　(c) 反馈系统

图 4-12　方块图的简化

例如,图 4-11 所示的 RLC 回路的传递函数模型构建过程如下:
设初值 $v_C(0) = i_C(0) = 0$,对式(4-7)两边作拉普拉斯变换得

$$G(s) = \frac{V_C(s)}{U(s)} = \frac{1}{LC_s^2 + RC_s + 1} \tag{4-9}$$

拉普拉斯变换见表 4-1。

表 4-1　拉普拉斯变换表

时间函数 $f(t)$	复变函数 $F(s)$	时间函数 $f(t)$	复变函数 $F(s)$
$\delta(t)$	1	$c_1 f_1(t) + c_2 f_2(t)$	$c_1 F_1(s) + c_2 F_2(s)$
1	$\dfrac{1}{s}$	$f(t-a)$	$\mathrm{e}^{-at}F(s)$
t^n	$\dfrac{n!}{s^{n+1}}$	$\mathrm{e}^{at}f(t)$	$F(s-a)$
e^{at}	$\dfrac{1}{s-a}$	$f(at)$	$\dfrac{1}{a}F\left[\dfrac{s}{a}\right]$
$\sin at$	$\dfrac{a}{s^2+a^2}$	$\displaystyle\int_0^t f(\tau)\mathrm{d}\tau$	$\dfrac{F(s)}{s}$
$\cos at$	$\dfrac{s}{s^2+a^2}$	$\displaystyle\int_0^t f(\tau)g(t-\tau)\mathrm{d}\tau$	$F(s)G(s)$

对于 $t<0$ 时，$f(t)=0$ 的时间函数，用式 $F(s)=\int_0^\infty f(t)\mathrm{e}^{-st}\mathrm{d}t$ 定义的复变函数（s 函数）$F(s)$ 称为 $f(t)$ 的拉普拉斯变换，记作

$$L(f(t))=F(s) \tag{4-10}$$

表 4-1 用表格形式列出了几个典型的拉普拉斯变换公式。例如，n 阶导数 $\mathrm{d}^n f(t)/\mathrm{d}t^n$ 的拉普拉斯变换为

$$L\left(\frac{\mathrm{d}^n f(t)}{\mathrm{d}t^n}\right)=s^n F(s)-s^{n-1}f(0)-s^{n-2}f^{(1)}(0)-\cdots-f^{(n-1)}(0) \tag{4-11}$$

设初值 $f(0)$、$f^{(1)}(0)$、$f^{(n-1)}(0)$ 均为 0，则可将微分操作 $\mathrm{d}/\mathrm{d}t$ 置换成 s，从而把微分方程转化为代数方程来求解。

4.5.3　使用状态变量建模

式（4-1）所示的高阶微分方程及式（4-6）所示的传递函数的模型只注重输出相对于输入的关系，不便于探讨系统内部信号具有何种行为，因此需要一种不仅考虑输入输出关系，也考虑系统内部状态的建模方法，使用状态变量的方法就属于这类建模方法。

该方法不仅把输入输出信号作为变量，还引入了表示系统内部状态的状态变量这一新变量，可用如下形式的一阶联立微分方程组对系统建模：

$$\begin{cases} \dfrac{\mathrm{d}x_1}{\mathrm{d}t}=a_{11}x_1+\cdots+a_{1n}x_n+b_1 u \\ \qquad\qquad\vdots \\ \dfrac{\mathrm{d}x_n}{\mathrm{d}t}=a_{n1}x_1+\cdots+a_{nn}x_n+b_n u \end{cases} \tag{4-12}$$

$$y=c_1 x_1+c_2 x_2+\cdots+c_n x_n \tag{4-13}$$

其中，u、y 分别是系统的输入和输出，$x_1,x_2,\cdots,x_n$ 是系统的状态变量。状态变量一般取相当于系统初值的变量（这相当于系统中包含的 n 个积分要素的输出）或与之一阶耦合的变量。式（4-12）称为状态方程，式（4-13）称为输出方程。

现以图 4-11 所示的 RLC 回路为例，求其状态变量模型。分别取电容 C 的端电压 v_C 和电路中流动的电流 i 为状态变量 x_1、x_2，则根据式（4-2）、式（4-3），得状态方程为

$$\begin{cases} \dfrac{\mathrm{d}x_1}{\mathrm{d}t}=\dfrac{1}{C}x_2 \\ \dfrac{\mathrm{d}x_2}{\mathrm{d}t}=-\dfrac{1}{L}x_1-\dfrac{R}{L}x_2+\dfrac{1}{L}u \end{cases} \tag{4-14}$$

输出方程为

$$y=x_1 \tag{4-15}$$

可见，使用这一状态变量模型，除了分析输入 u 及输出 $v_C(v_C=x_1)$ 之外，还可分析式（4-4）及式（4-9）所示模型中隐含的、在系统内流动的电流 $i(i=x_2)$ 的行为。

4.5.4 使用输入输出数据建模

在对一类十分复杂、内部结构不清楚、物理法则不适用的系统建模时，可采用系统的输入输出的观测数据（或试验数据）来建立系统的数学模型。这种情况下的建模又称为系统辨识，值得注意的是，用这种方法建立的模型始终是满足观测数据的模型，但未必能明确表现系统的结构。

多重回归分析是这种建模方法之一。现在考察图 4-13 所示的有 m 个输入 $u_i(i=1,2,\cdots,m)$ 和 1 个输出 y 的系统，假设给出了 n 组关于输入输出 u_i、y 的观测数据 $u_{1j},u_{2j},\cdots,u_{mj},y_j(j=1,2,\cdots,n)$。此时可采用多重回归分析，用如下所示的线性方程对系统的输入输出关系进行建模：

$$y=a_0+a_1u_1+a_2u_2+\cdots+a_mu_m \tag{4-16}$$

图 4-13 内部未知的 m 个输入和 1 个输出的系统

用最小二乘法确定模型中的各个系数 $a_0,a_1,\cdots$，使得式(4-16)相对 n 个观测数据的误差 e_j 的平方和最小。令

$$E=\sum_{j=1}^{n}e_j^2=\sum_{j=1}^{n}\left[y_i-(a_0+a_1u_{1j}+\cdots+a_mu_{mj})\right]^2 \tag{4-17}$$

要使得式(4-17)最小，$a_0,a_1,\cdots$ 必须满足以下条件：

$$\frac{\partial E}{\partial a_i}=0,\quad i=0,1,\cdots,m \tag{4-18}$$

因此得到以 $a_0,a_1,\cdots$ 为未知数的一阶联立方程组（称之为正规方程）

$$\begin{bmatrix} n & \sum\limits_{j=1}^{n}u_{1j} & \sum\limits_{j=1}^{n}u_{2j} & \cdots & \sum\limits_{j=1}^{n}u_{mj} \\ \sum\limits_{j=1}^{n}u_{1j} & \sum\limits_{j=1}^{n}u_{1j}^2 & \sum\limits_{j=1}^{n}u_{1j}u_{2j} & \cdots & \sum\limits_{j=1}^{n}u_{1j}u_{mj} \\ \sum\limits_{j=1}^{n}u_{2j} & \sum\limits_{j=1}^{n}u_{2j}u_{1j} & \sum\limits_{j=1}^{n}u_{2j}^2 & \cdots & \sum\limits_{j=1}^{n}u_{2j}u_{mj} \\ \vdots & \vdots & \vdots & & \vdots \\ \sum\limits_{j=1}^{n}u_{mj} & \sum\limits_{j=1}^{n}u_{mj}u_{1j} & \sum\limits_{j=1}^{n}u_{mj}u_{2j} & \cdots & \sum\limits_{j=1}^{n}u_{mj}^2 \end{bmatrix} \begin{bmatrix} a_0 \\ a_1 \\ a_2 \\ \vdots \\ a_m \end{bmatrix} = \begin{bmatrix} \sum\limits_{j=1}^{n}y_j \\ \sum\limits_{j=1}^{n}u_{1j}y_j \\ \sum\limits_{j=1}^{n}u_{2j}y_j \\ \vdots \\ \sum\limits_{j=1}^{n}u_{mj}y_j \end{bmatrix} \tag{4-19}$$

解之即可确定式(4-16)的各个系数。

例如，在系统为图 4-13 所示的输入个数 $m=3$，通过试验得到表 4-2 所示的 $n=12$ 的输入输出数据的场合，式(4-19)的正规方程为联立的四元一次方程，解之可确定 $a_0\sim a_3$，得到如下模型：

$$y=-72.89+2.645u_1-0.2711u_2+1.113u_3 \tag{4-20}$$

表 4-2　系统的输入输出数据

数据序号	输入			输出	数据序号	输入			输出
j	u_1	u_2	u_3	y	j	u_1	u_2	u_3	y
1	39	98	52.6	60	7	97	286	89.6	231
2	46	104	57.2	79	8	117	369	98.9	250
3	55	130	62.3	102	9	139	555	100.3	230
4	65	160	69.0	131	10	153	558	100.0	256
5	76	193	75.3	163	11	172	672	103.0	302
6	83	240	81.0	189	12	191	805	104.4	369

但是,式(4-16)所示的模型是以线性系统为研究对象的线性回归模型,在以非线性系统为研究对象建模时,可把式(4-16)的输入参数 u_i 换成 $\log u_i$,或利用 Kolmogorov-Gabor 多项式

$$y = a_0 + \sum_{i=1}^{m} a_i u_i + \sum_{i=1}^{m} \sum_{k=1}^{m} a_{ik} u_i u_k + \sum_{i=1}^{m} \sum_{k=1}^{m} \sum_{l=1}^{m} a_{ikl} u_i u_k u_l + \cdots \qquad (4\text{-}21)$$

采用与上述相同的处理方法即可得到非线性多重回归模型。

使用输入输出数据建模的方法中,除了多重回归分析之外,还有 GMDH(分组数据处理方法)、误差反向传播学习算法、人工神经网络等多种方法。GMDH 是基于少量数据,采用发现式自组织原理,用式(4-21)的形式对结构不甚清楚的多变量非线性系统建模的方法。由于篇幅有限暂不讨论这些方法。

4.6　建立图形模型的方法

在 4.4 节中已经介绍了图形模型的种类,图形模型中最重要的是刻画大规模复杂系统结构特征的结构模型。建立结构模型的方法包括只着眼于系统组成要素间有无关联的 ISM(解释结构模型法)方法、用具体数值表示关联度的 FSM(模糊结构模型)方法、DEMATEL(决策试行和评价试验室)方法等。这里介绍其中最具代表性的 ISM 方法。

4.6.1　解释结构模型原理

解释结构模型(interpretative structural modeling,ISM)方法,是现代系统工程中广泛

应用的一种分析方法,是结构模型化技术的一种。ISM 方法是美国沃菲尔德教授于 1973 年作为分析复杂的社会经济系统结构问题的一种方法而开发的。其基本思想是:通过各种创造性技术,提取问题的构成要素,利用有向图、矩阵等工具和计算机技术,对要素及其相互关系等信息进行处理,最后用文字加以解释说明,明确问题的层次和整体结构,提高对问题的认识和理解程度。该技术由于具有不需高深的数学知识、模型直观且有启发性、可吸收各种有关人员参加等特点,因而广泛适用于认识和处理各类社会经济系统的问题。ISM 的基本工作原理如图 4-14 所示。

由图 4-14 可知,实施 ISM 方法,首先是提出问题,组建 ISM 实施小组;接着采用集体创造性技术,搜集和初步整理问题的构成要素,并设定某种必须考虑的二元关系(如因果关系),经小组成员与其他有关人员的讨论,形成对问题初步认识的意识(构思)模型。在此基础上,实现意识模型的具体化、规范化、系统化和结构模型化,即进一步明确定义各要素,通过人机对话,判断各要素之间的二元关系情况(即 s_iRs_j),形成某种形式的"信息库";根据要素间关系的传递性,通过对邻接矩阵的计算或逻辑推断,得到可达矩阵;将可达矩阵进行分解、缩约和简化处理,得到反映系统递阶结构的骨架矩阵,据此绘制要素间多级递阶有向图,形成递阶结构模型;通过对要素的解释说明,建立起反映系统问题某种二元关系的解释结构模型。最后,将解释结构模型与人们已有的意识模型进行比较,如不相符合,一方面可对有关要素及其二元关系和解释结构模型的建立进行修正;更重要的是,人们通过对解释结构模型的研究和学习,可对原有的意识模型有所启发和修正。经过反馈、比较、修正、学习,最终得到一个令人满意、具有启发性和指导意义的结构分析结果。

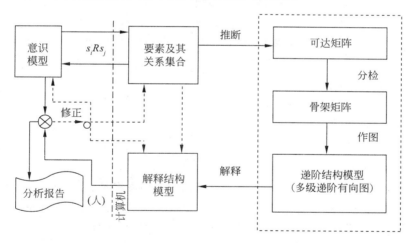

图 4-14　ISM 的基本工作原理

通过对可达矩阵的处理,建立系统问题的递阶结构模型,这是 ISM 方法的核心内容。根据问题规模和分析条件,可在掌握基本原理及其规范方法的基础上,采用多种手段、选择不同方法来完成此项工作。

4.6.2 解释结构模型的构建步骤

当参与系统分析的人员对各要素间相互关系认识不一致时，为了建立目标明确、错综复杂的大型系统模型，有时必须采用解释结构模型对各种意见进行整理和统一。ISM 是按层次结构的形式对系统建模的方法，由以下 4 个步骤组成。

步骤 1：生成连接矩阵

首先要充分了解系统由哪些要素组成，并确定其组成要素 $s(i,j=1,2,\cdots,n)$。

接下来规定任意两个要素 $s_i(i=1,2,\cdots,n)$ 和 $s_j(j=1,2,\cdots,n)$ 之间的关系，即规定两项的关系 s_iRs_j。其中 s_iRs_j 代表"要素 s_i 对 s_j 存在关系 R"。关系 R 可以是"给予影响""先决条件""重要"等。

其次在各要素间逐一比较，把两项关系的有无归纳成连接矩阵 $A=[a_{ij}]$ 的形式。设矩阵 A 的 (i,j) 元素 a_{ij} 取值如下：当两项关系成立时为 1，不成立时为 0。

步骤 2：生成可达矩阵

求得连接矩阵后，接下来求 A 与单位矩阵 I 的和 $(A+I)$，对某一整数 n 作矩阵 $(A+I)$ 的幂运算，直至下式成立为止：

$$M\equiv(A+I)^{n+1}=(A+I)^n\neq\cdots\neq(A+I)^2\neq A+I \tag{4-22}$$

幂运算是基于布尔代数运算（0、1 的逻辑和、逻辑积）进行的。

矩阵 $M=(A+I)^n$ 称为可达矩阵。1 代表要素 s_i 到 s_j 间存在着可到达的路径，即可达矩阵完全表征了要素间的直接的和间接的关系，它在把握系统结构方面有着非常重要的作用。

步骤 3：各要素的级别分配

应用可达矩阵 M，对各要素 R 求如下集合：

$$P(s_i)=\{s_j\,|\,m_{ij}=1\} \tag{4-23}$$

$$Q(s_i)=\{s_j\,|\,m_{ji}=1\} \tag{4-24}$$

其中 $P(s_i)$ 称为可达集合，即从要素 s_i 出发可以到达的全部要素的集合。这可以通过找可达矩阵 M 的第 i 行上值为 1 的列对应的要素来求得。而 $Q(s_i)$ 称为先行集合，即可以到达要素 s_i 的全部要素的集合。这可以通过找可达矩阵 M 的第 i 列上值为 1 的行对应的要素来求得。

再从 $P(s_i)$、$Q(s_i)(i=1,2,\cdots,n)$ 求满足下式的要素的集合 L_1：

$$P(s_i)\bigcap Q(s_i)=P(s_i) \tag{4-25}$$

L_1 中的元素有如下特征：从其他要素可以到达该要素，而从该要素则不能到达其他要素，即 L_1 中要素是位于最高层次（第 1 级）的要素。

然后，从原来的可达矩阵 M 中删去对应要素的行、列得到矩阵 M'，对 M' 进行同样操作确定属于第 2 级 L_2 的要素。以后重复同样操作，依次求出 $L_3,L_4,\cdots$，从而把各要素分配到相应的级别上。

步骤 4：生成层次结构图

级别分配结束后，在最上层放第 1 级 L_1 的要素，它的下面放第 2 级 L_2 的要素，依此类推,把各要素从上至下按级别顺序放置。最后把可达矩阵 M 的行列也按这一级别顺序进行排列(通过这一操作,M 化为了分块三角阵)。参考矩阵 M,用有向枝代表相邻级别要素间的关系及同一级别要素间的关系,因而可用有向图的形式来表示系统的层次结构。

这里举一个具体例子来说明前面介绍的 ISM 方法的顺序。现在以 7 个组成要素 s_1,s_2,$\cdots$,s_7 组成的系统为对象,分析系统的结构,找出各要素之间相互影响的形式。针对这个例子,从研究目的可知,二项关系 $s_i R s_j$,定义为"s_i 影响 s_j"。基于这一两项关系逐一比较各要素,得到连接矩阵 A:

$$
A = \begin{array}{c} \\ ① \\ ② \\ ③ \\ ④ \\ ⑤ \\ ⑥ \\ ⑦ \end{array}
\begin{array}{c} ①\ ②\ ③\ ④\ ⑤\ ⑥\ ⑦ \\
\begin{bmatrix}
0 & 1 & 1 & 0 & 1 & 0 & 0 \\
0 & 0 & 0 & 0 & 1 & 1 & 0 \\
0 & 1 & 0 & 0 & 0 & 1 & 0 \\
0 & 0 & 1 & 0 & 1 & 1 & 0 \\
0 & 0 & 0 & 0 & 0 & 0 & 0 \\
0 & 1 & 0 & 0 & 1 & 0 & 0 \\
0 & 0 & 1 & 0 & 0 & 1 & 0
\end{bmatrix}
\end{array}
\tag{4-26}
$$

这时,满足式(4-22)的可达矩阵 M 在 $n=3$ 时的幂运算 $(A+I)^3$,其形式如下:

$$
M = \begin{array}{c} \\ ① \\ ② \\ ③ \\ ④ \\ ⑤ \\ ⑥ \\ ⑦ \end{array}
\begin{array}{c} ①\ ②\ ③\ ④\ ⑤\ ⑥\ ⑦ \\
\begin{bmatrix}
1 & 1 & 1 & 0 & 1 & \underline{1} & 0 \\
0 & 1 & 0 & 0 & 1 & 1 & 0 \\
0 & 1 & 1 & 0 & \underline{1} & 1 & 0 \\
0 & \underline{1} & 1 & 1 & 1 & 1 & 0 \\
0 & 0 & 0 & 0 & 1 & 0 & 0 \\
0 & 1 & 0 & 0 & 1 & 1 & 0 \\
0 & 1 & 1 & 0 & \underline{1} & 1 & 1
\end{bmatrix}
\end{array}
\tag{4-27}
$$

该可达矩阵 M 中,存在着连接矩阵 A 中取值不为 1 的元素(记作 $\underline{1}$),这说明这些要素之间没有直接关系,而是通过其他要素发生间接关系的。

下面根据矩阵 M,求与各要素对应的可达集合 $P(s_i)$、先行集合 $Q(s_i)$ 及共同集合 $P(s_i) \bigcap Q(s_i)$,如表 4-3(a)所示,满足式(4-25)的要素只有 s_5,由此确定第 1 级 $L_1 = \{s_5\}$。

另外从式(4-27)所示的矩阵 M 中删去与要素 s_5 对应的第 5 行及第 5 列,得到矩阵 M',同理求出满足式(4-25)的要素,如表 4-3(b)所示,得到 s_2 与 s_6,即第 2 级 $L_2 = \{s_2, s_6\}$。以下同理可求得 $L_3 = \{s_3\}$,$L_4 = \{s_1, s_4, s_7\}$(见表 4-3(c)和表 4-3(d))。因此,该例中的 7 个元素可分配在 4 个级别上。

表 4-3 可达集 $P(s_i)$ 与先行集合 $Q(s_i)$

s_i	$P(s_i)$	$Q(s_i)$	$P(s_i) \cap Q(s_i)$	
1	1, 2, 3, 5, 6	1	1	
2	2, 5, 6	1, 2, 3, 4, 6, 7	2, 6	
3	2, 3, 5, 6	1, 3, 4, 7	3	
4	2, 3, 4, 5, 6	4	4	(a)
⑤	5	1, 2, 3, 4, 5, 6, 7	5	
6	2, 5, 6	1, 2, 3, 4, 6, 7	2, 6	
7	2, 3, 5, 6, 7	7	7	
1	1, 2, 3, 6	1	1	
②	2, 6	1, 2, 3, 4, 6, 7	2, 6	
3	2, 3, 6	1, 3, 4, 7	3	
4	2, 3, 4, 6	4	4	(b)
⑥	2, 6	1, 2, 3, 4, 5, 6, 7	5	
7	2, 3, 6, 7	1, 2, 3, 4, 6, 7	2, 6	
1	1, 3	1	1	
③	3	1, 3, 4, 7	3	
4	3, 4	4	4	(c)
7	3, 7	7	7	
①	1	1	1	
④	4	4	4	(d)
⑦	7	7	7	

下面按这种级别顺序排列矩阵 M 的行和列,得到

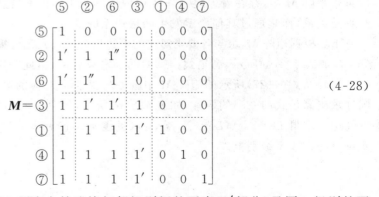

$$(4\text{-}28)$$

参照这一分块三角化的矩阵 M,用有向枝连接相邻级别间的要素(1′ 部分)及同一级别的要素(1″ 部分),可得到图 4-15 所示的层次结构。由该图可见,要素 s_1 根本不影响要素 s_4、s_7,

但直接影响 s_3，间接影响 s_2、s_5、s_6。要素 s_2 与 s_6 相互直接影响。总之，通过该图可以详细分析各要素间是怎样互相影响的。

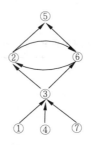

图 4-15　系统的层次结构图

4.7　案 例 分 析

　　随着中国汽车产业近年来的迅猛发展，其竞争也在不断的加剧。资源、环境对汽车制造业的约束等问题也日益增强。特别是产品召回制度的出台，使得产品返回流正在迅速增加，迫使汽车企业更多地关注逆向物流。一些汽车企业的成功实践表明，逆向物流战略可以成为企业增强其核心竞争力的有力武器，不仅可以为企业带来经济效益，还可以为改善人类的生存环境创造社会效益。

　　通过与国内汽车界人士及有关物流专家的沟通和交流，确认了影响我国汽车企业实施逆向物流的 11 个主要障碍因素，如表 4-4 所示。

表 4-4　逆向物流实施的障碍因素

代号	因素	代号	因素
s_1	缺乏有效的信息跟踪与管理系统	s_7	缺乏必要的资金投入
s_2	回收产品的质量和价格难以确定	s_8	高层管理的支持力度不够
s_3	公司对退货的限制性政策	s_9	缺乏逆向物流的价值认识
s_4	对逆向物流业务流程的抵触	s_{10}	缺乏逆向物流的战略规划
s_5	缺乏合适的绩效测评体系	s_{11}	缺乏对回收商和销售商的支持
s_6	缺乏逆向物流人才及培训		

　　为了分析这些障碍的影响，确定其相互影响的关系（影响的方向性）很重要。ISM 方法中常用 V，A，X，O 四个符号来表示因素间相互影响的方向性（见表 4-5）。表 4-5 也称为因

素关系二元矩阵,其中 V 表示所在的行因素对所在的列因素有影响;A 表示所在的列因素对所在的行因素有影响;X 表示所在的行因素与所在的列因素相互有影响;O 表示所在的行因素与所在的列因素之间没有影响。

表 4-5　因素间的相互影响关系

因素	s_{11}	s_{10}	s_9	s_8	s_7	s_6	s_5	s_4	s_3	s_2
s_1	V	A	A	A	A	A	V	X	A	O
s_2	V	A	O	O	O	V	V	V	V	
s_3	V	O	A	O	A	V	V	V		
s_4	V	A	A	A	A	X	V			
s_5	A	O	A	A	O	O				
s_6	V	A	A	A	A					
s_7	V	A	A	A						
s_8	V	V	A							
s_9	V	V								
s_{10}	O									
s_{11}										

建立邻接矩阵,得到 A,如表 4-6 所示。

表 4-6　邻接矩阵 A

因素	s_1	s_2	s_3	s_4	s_5	s_6	s_7	s_8	s_9	s_{10}	s_{11}
s_1	1	0	0	1	1	0	0	0	0	0	1
s_2	0	1	1	1	1	1	0	0	0	0	1
s_3	1	0	1	1	1	1	0	0	0	0	1
s_4	1	0	0	1	1	1	0	0	0	0	1
s_5	0	0	0	0	1	0	0	0	0	0	0
s_6	1	0	0	1	0	1	0	0	0	0	1
s_7	1	0	1	1	0	1	1	0	0	0	1
s_8	1	0	0	0	0	0	0	1	0	1	1
s_9	1	0	1	1	1	1	1	1	1	1	1
s_{10}	1	1	1	1	0	0	1	1	0	1	0
s_{11}	0	0	0	0	0	1	0	0	0	0	1

由 MATLAB 进行矩阵计算,得到可达矩阵 $R = A_2 = (A+I)^2$,表明各因素之间最长的间接影响通路不超过 2,如表 4-7 所示。

表 4-7　可达矩阵 R

因素	s_1	s_2	s_3	s_4	s_5	s_6	s_7	s_8	s_9	s_{10}	s_{11}	驱动力	级别
s_1	1	0	0	1	1	0	0	0	0	0	1	5	⑥
s_2	0	1	1	1	1	1	0	0	0	0	1	7	④
s_3	1	0	1	1	1	1	0	0	0	0	1	6	⑤
s_4	1	0	0	1	1	1	0	0	0	0	1	5	⑥
s_5	0	0	0	0	1	0	0	0	0	0	0	1	⑧
s_6	1	0	0	1	0	1	0	0	0	0	1	5	⑥
s_7	1	0	1	1	0	1	1	0	0	0	1	7	④
s_8	1	0	0	1	1	1	1	1	0	1	1	10	②
s_9	1	0	1	1	1	1	1	1	1	1	1	11	①
s_{10}	1	1	1	1	0	1	1	0	0	1	0	9	③
s_{11}	0	0	0	0	1	0	0	0	0	0	1	2	⑦
依赖性	9	4	6	9	11	9	4	2	1	3	10		
级别	③	⑤	④	③	①	③	⑤	⑦	⑧	⑥	②		

　　按照 ISM 方法,要对可达矩阵进行级位划分并建立重排序的可达矩阵。首先根据可达矩阵列出每个因素的可达集 $R(s_i)$、先行集 $A(s_i)$ 和共同集 $C(s_i)$,找出第 1 级最高级因素后,从可达矩阵中划去所有最高级因素所在的行和列;再从余下的可达矩阵中寻找第 2 级最高级因素;依次类推,直到找出每一级所包含的最高级因素。然后根据级位划分的结果对可达矩阵进行重排序。这个过程工作量较大,尤其当因素较多时非常繁琐。

　　事实上,可以根据各障碍因素的驱动力和依赖性将其进行层级划分。可达矩阵 R 中每行元素之和表示该行因素的驱动力,即对系统的影响力;每列元素之和表示该列因素的依赖性,即受其他因素影响的程度。对各因素的驱动力、依赖性及其级别排序的计算结果如表 4-7 所示。

　　经大量算例检验发现,一个拥有强大驱动力的因素就是所谓的关键因素。因此,可以对可达矩阵 R 按各行因素驱动力的大小,从小到大、从上到下进行排序,然后将列因素也按行因素的顺序排列,从而得到重排序的可达矩阵 R^*,如表 4-8 所示。

表 4-8　重排序的可达矩阵 R^*

因素	s_5	s_{11}	s_1	s_4	s_6	s_3	s_2	s_7	s_{10}	s_8	s_9	驱动力	级别
s_5	1	0	0	0	0	0	0	0	0	0	0	1	⑧
s_{11}	1	1	0	0	0	0	0	0	0	0	0	2	⑦
s_1	1	1	1	1	1	0	0	0	0	0	0	5	⑥
s_4	1	1	1	1	1	0	0	0	0	0	0	5	⑥

续表

因素	s_5	s_{11}	s_1	s_4	s_6	s_3	s_2	s_7	s_{10}	s_8	s_9	驱动力	级别
s_6	1	1	1	1	1	0	0	0	0	0	0	5	⑥
s_3	1	1	1	1	1	1	0	0	0	0	0	6	⑤
s_2	1	1	1	1	1	1	1	0	0	0	0	7	④
s_7	1	1	1	1	1	1	0	1	0	0	0	7	④
s_{10}	1	1	1	1	1	1	1	1	1	0	0	9	③
s_8	1	1	1	1	1	1	1	1	1	1	0	10	②
s_9	1	1	1	1	1	1	1	1	1	1	1	11	①
依赖性	11	10	9	9	9	6	4	4	3	2	1		
级别	①	②	③	③	③	④	⑤	⑤	⑥	⑦	⑧		

　　根据重排序可达矩阵 $\mathbf{R}^*$，将驱动力相同的因素作为同一个递阶结构层级因素，并用同一水平位置的方框分别表示；然后，根据表 4-5 用箭线连接有影响关系的因素方框，即可得到解释结构模型图，如图 4-16 所示。

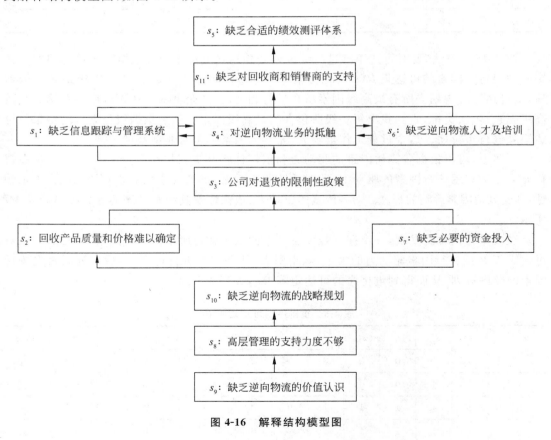

图 4-16　解释结构模型图

　　上述所建立的 ISM 模型和解释结构模型图，直观展现了实施逆向物流的主要障碍之间的相互影响关系以及障碍自身的属性,将有助于公司高层管理者深刻认识这些障碍因素,并积极主动地处理这些障碍。

当今企业环境正在迈向环保意识的供应链,为了更好地管理供应链,逆向物流显然是一个必然的选择。识别影响逆向物流实施的阻碍,在供应链管理中非常重要。采用 ISM 方法确认了影响逆向物流实施的主要阻碍因素之间的联系,并确定了它们在其构成的复杂系统中的秩序和方向,这对于企业高层管理者来说具有较大的指导意义,有助于他们决定优先处理以及怎样处理好哪些阻碍因素。

思 考 题

4-1 什么是系统模型?一个适用的系统模型有哪些主要特征?

4-2 系统建模大体可遵循哪些步骤?

第 5 章

系 统 预 测

5.1 预 测 概 述

　　无论是对系统做出规划和进行分析,还是对系统进行设计和决策,首先要对系统的各有关因素进行预测。通过预测,可以获得系统的必要信息,为科学的逻辑推断与决策提供可靠、正确的依据。因此,系统预测是系统工程中非常重要、必不可少的一项工作。

5.1.1 预测的概念

　　大多数工程都具有一定的使用期限。有些系统的使用期限非常短暂,可能只有几天、几小时或几分钟。在某种意义上,一次性卫星发射装置就是这样,其寿命只有几分钟,然后报废。但大多数系统需要有较长的使用期限,例如汽车、电视和录音机的使用期限要达到几年,冰箱或其他家用电器的寿命可能要达到 10～20 年,而桥梁或楼房等的使用期限可能要达到 50～100 年,甚至更长。只要所设计的系统需要长期使用,预测系统未来的运行条件就非常重要。从某种意义上说,尽管卫星发射装置只能运行几分钟,但预测其运行时的状态尤为重要。人们当然希望所设计的系统具有更长的使用期限。

　　一个工程系统成功与否,在很大程度上取决于系统或工程将来的使用情况及使用的条件,而这些因素又是工程设计人员所不能控制的。这些因素能够影响系统的实际需求,影响系统的经济价值,还可能影响到有关法律、法规的制定,下一代系统的设计,系统的报废处理和系统制造商将来的经济收益。如汽油价格的突然升高可能会造成微型轿车的热销,而大型轿车的需求则会有所减少;电价的提高会促使消费者青睐节能型的家用电器,因为这些家用电器有助于降低用户的费用,进而改变消费者的消费方式;再如,某计算机制造商在制造计算机时使用了某种成分,人们现在发现这种成分有毒,于是要求计算机制造商回收报废的计算机,并进行适当的环保处理。

因此,上述系统的设计就会直接或间接地受到我们对未来假设的影响。我们将对尚未发生或目前还不明确的事物进行预先的估计和推测称为预测(forecast),它是预计未来事件的一门艺术、一门科学。它包含采集历史数据并用某种数学模型来外推将来。它可以是对未来的主观或直觉的预期,还可以是上述的综合,即经由良好判断调整的数学模型。与求神问卦不同,科学预测是建立在客观事物发展规律基础之上的科学推断,是根据过去和现在的实际资料,运用恰当的预测技术和手段,对人们所关心的事物在今后的可能发展趋势进行探讨,从而推断出未来的结果。

在工程设计系统中的权衡,一般包括很多事情的预测:将来的通胀率、利率、燃料或原材料的可用性、环保政策、法律和法规等。从另一个角度讲,利用牛顿定律 $F=ma$ 计算一个物体在将来某个时刻的位置,实际上也是一种预测。可见,对系统性能进行评价也是一种预测。进行预测会使我们对系统建模过程有更深入的理解。

科学预测的目的是为科学决策提供依据。古人云"凡事预则立,不预则废""人无远虑,必有近忧"。在科学技术尚不发达的古代,人们在决策时就要"预",在科学技术高速发展、社会经济高速运转的现代,管理工作者在决策时更应进行科学预测,以达到不犯错误或少犯错误的目的;科学预测是系统工程的重要内容,在建立系统模型、制订长远规划、做出重大决策时往往要先进行预测,有时预测模型就是系统模型或其中的一部分。搞系统工程,不懂科学预测是不全面的。

预测学是近几十年发展起来的一门边缘科学,它是近代社会学、经济学、系统学、现代数学等学科发展的产物。预测作为一种技术,已广泛地应用于社会各个领域,如社会预测、科学技术预测、经济预测、人口预测、能源预测、资源与环境预测等。可以预见,随着预测技术的普及和发展,预测必将发挥越来越重要的作用。

5.1.2 预测的步骤

在预测研究中,由于预测对象、范围、时间区间、精度和方法不同,具体预测过程的细节可能不尽相同。一般来说,预测大体有以下几个步骤。

1. 确定预测目标

在进行预测前,首先必须确定预测的具体目的和对象,要清楚为什么进行预测和预测什么。预测的目的是根据决策的要求提出的,因此,当对一个事物的发展变化进行预测时,首先要了解决策的要求,并据此确定属于哪类预测和应满足的标准等。

2. 收集分析资料

资料的收集工作是由预测的具体目的所决定的。为保证资料的准确性,要对资料进行必要的审核和整理,以保证资料的质量。资料的审核,主要是对其完整性、准确性、适用性和时效性进行审核。

　　首先应弄清楚资料的来源、路径、时间以及有关的背景材料,以便确定这些资料是否符合自己分析研究的需要,是否要重新加工整理等,而不能盲目生搬硬套。其次,对资料进行整理,包括对审核过程中发现的错误尽可能予以纠正,当对资料中发现的错误不能予以纠正,或者有些资料不符合要求而又无法弥补时,就需要对资料进行删除,以及对总体的资料进行必要的分类组合。同时,数据的收集和分析是发现系统发展规律和系统各要素之间关系的关键,是科学预测方法的基础。

3. 选择预测方法

　　预测方法的种类很多,各种方法都有其特点和适用范围,对不同的预测对象应当采用不同的预测方法。选择预测方法时,主要考虑预测对象的种类和性质、对预测结果精度的要求、现已掌握资料的可靠性和完整性,以及现实条件(人力、物力、财力和时间期限)等,经过分析,合理选择预测效果好、经济又方便的预测方法。在可能的情况下,最好能对同一预测对象采用不同的预测方法进行预测,以便比较分析。在实际工作中,主要是根据决策和计划工作对预测结果的要求,结合开展预测工作的条件和环境,本着经济、方便、效果好的原则,合理选择预测方法。

4. 建立预测模型

　　预测的核心是建立符合客观规律的数学模型,即通过对资料的分析、推理和判断,揭示所要预测对象的结果和变化,根据实际情况和需要做出必要的假设,建立反映预测对象内部结构、发展规律的模型,并对模型进行检验,以确定模型的适应性。建立预测模型时,既要考虑主要因素的影响,又要考虑其他因素的影响。

5. 进行预测

　　根据搜集的资料,利用所建立的模型或公式进行预测计算。在进行预测计算的前后,都应认真分析模型内外因素的变化情况。这种计算和推测实际是在假设过去和现在的规律能够延续到未来的条件下进行的,也就是说,这些变化使预测对象在预测期间内的发展变化不会发生大的异常。

6. 分析预测结果

　　由于实际情况受多方面因素的影响,而预测又不可能将所有因素均考虑在内,故预测结果往往与实际值有一定的差距,即产生预测误差。虽然预测允许有一定的误差,但如果误差太大,预测就失去了实际意义,所以需要认真分析产生误差的程度及原因,并进行必要的修正。

7. 改进预测模型

　　预测结果与实际值之间出现较大的误差,往往是由于所建立的预测模型未能准确地描述预测对象的实际情况。如果出现这种情况,就需要对原有的预测模型进行修改或重新设计。同时,如果实际情况发生了较大的变化,则原有的方法也必须重新选择。

8．实施与应用

预测的目的一般不只是为了设想未来的情况将会怎样，更重要的在于根据对未来情况的设想和推断，制定当前的行动方案和相应的政策，以便影响、控制以至改变未来的情况。

预测过程是一个搜集资料、选择技术和综合分析相结合的过程。资料是基础和出发点，预测技术的应用是核心，分析则贯穿了预测的全过程。可以说没有分析，就不称其为预测。

5.1.3　预测的分类

随着科学技术的不断发展，预测方法和技术有了很大的发展，对预测方法可以从不同角度分类。

1．按预测领域分类

预测按预测领域可分为社会预测、经济预测、科学预测、技术预测和军事预测等。

2．按预测范围分类

预测按预测范围可分为宏观预测和微观预测。

（1）宏观预测是针对国家或部门、地区的活动进行的各种预测。例如，对社会物价总水平变动的预测，对全国和地区社会再生产各环节的发展速度、规模和结构的预测。

（2）微观预测是针对基层单位的各项活动进行的各种预测。例如，对商业企业的商品购销调存的规模的预测。

3．按预测期限分类

预测按预测期限可分为近期预测、短期预测、中期预测和长期预测。

（1）近期预测，一般指3个月以上的预测。它是制订月、旬计划和明确规定近期经济活动具体任务的依据。

（2）短期预测，一般指3个月以上1年以下的预测。它是制订年度计划、季度计划和明确规定短期经济发展具体任务的依据。

（3）中期预测，一般指1年以上5年以下的预测。它是制订经济发展五年计划，规划经济五年发展任务的依据。

（4）长期预测，一般指5年以上的预测。它是制订经济发展长期计划、远景规划，规定经济长期发展任务的依据。

4．按预测方法的特征分类

预测按预测方法的特征可分为定性预测和定量预测。

（1）定性预测也叫经验预测，是凭借预测人员的某些专业经验，以及掌握的历史资料和直观材料，对事物的未来发展做出性质和程度上的主观的粗略判断，然后再通过一定的形式综合各方面的意见,作为预测未来的主要依据。这种方法简单易行,节省时间,但是只能对事物的发展做出大概的估计,准确性差,主要取决于预测者的经验、理论、业务水平和分析判断的能力。尽管如此,在进行定量预测时,对得到的结果还是要用定性的预测结果进行评判和修正。

(2)定量预测是注重事物发展在数量方面的分析,重视对事物发展变化的程度作数量上的准确描述。它更多地依据历史统计资料,较少受主观因素的影响,以利用计算机进行大量的计算处理。定量预测技术分为因果关系预测、时间序列预测和结构关系预测三种。预测的方法很多,在具体使用时应视不同问题选择不同的方法。一般在选择方法时应考虑三个主要问题,即合适性、费用和精确性。要想提高预测精度,应同时使用多种方法进行预测,然后进行综合比较,以确定最理想的预测结果。

5.2 定性预测技术

定性预测也称意向预测,是依靠经验、知识、技能、判断和直觉对事物性质和规定性的预测,是一种直观性预测。当我们对预测对象尚未掌握足够的历史数据资料,或者社会与环境因素的影响是主要的,因而难以进行定量预测时,就应采用定性预测的方法。定性预测主要用来预测某个事件或某些事件集合发生的可能性,它主要根据预测人员的经验和判断能力,不用或仅用少量计算,即可从对被预测对象过去和现在有关资料及相关因素的分析中,揭示出事物的发展规律,求得预测结果。定性预测的方法很多,常用的有头脑风暴法、德尔菲法、主观概率法和交叉概率法。

5.2.1 头脑风暴法

在群体决策中,由于群体成员的心理相互作用,易屈从于权威或大多数人的意见,形成所谓"群体思维"。群体思维削弱了群体的批判精神和创造力,损害了决策的质量。为了保证群体决策的创造性,提高决策质量,管理上发展了一系列改善群体决策的方法,头脑风暴法是较为典型的一种。

头脑风暴法(brain storming)又称集思广益法、智力突击法、自由思考法或畅谈法,是团体决策的重要方法之一。此法是由美国创造学家奥斯本于 1939 年首次提出,1953 年正式发表的一种激发思维的方法。它把一个组的全体成员都组织在一起,使每个成员都毫无顾忌地发表自己的观念,既不怕别人的讥讽,也不怕别人的批评和指责。它适合于解决那些比较简单、严格确定的问题,比如研究产品名称、广告口号、销售方法、产品的多样化策略等,以及需要大量构思、创意的行业,如广告业。

头脑风暴法又可分为直接头脑风暴法(通常简称为头脑风暴法)和质疑头脑风暴法(也称反头脑风暴法)。前者是在专家群体决策下尽可能激发创造性,产生尽可能多的设想的方法;后者则是对前者提出的设想、方案逐一质疑,分析其现实可行性的方法。

采用头脑风暴法组织群体决策时,要集中有关专家召开专题会议,主持者以明确的方式向所有参与者阐明问题,说明会议的规则,尽力创造融洽轻松的会议气氛。一般主持者不发表意见,以免影响会议的自由气氛,由专家们"自由"提出尽可能多的方案。

下面介绍头脑风暴法的操作程序。

1. 组织形式

参加人数一般为 5~10 人(课堂教学也可以班为单位),最好由不同专业或不同岗位者组成;会议时间控制在 1 小时左右;设主持人一名,主持人只主持会议,对设想不作评论;设记录员 1~2 人,要求认真将与会者每一设想不论好坏都完整地记录下来。

2. 会议类型

设想开发型:这是为获取大量的设想、为课题寻找多种解题思路而召开的会议,因此,要求参与者要善于想象,语言表达能力要强。设想论证型:这是为将众多的设想归纳转换成实用型方案召开的会议,要求与会者善于归纳、善于分析判断。

3. 会前准备工作

会议要明确主题。会议主题应提前通报给与会人员,让与会者有一定准备;选好主持人,主持人要熟悉并掌握该方法的要点和操作要素,摸清主题现状和发展趋势;参与者要有一定的训练基础,懂得该会议提倡的原则和方法;会前可进行柔化训练,即对缺乏创新锻炼者进行打破常规思考、转变思维角度的训练活动,以减少思维惯性,使其从单调的紧张工作环境中解放出来,以饱满的创造热情投入激励设想活动。

4. 会议原则

为使与会者畅所欲言,互相启发和激励,达到较高效率,必须严格遵守下列原则。

(1)禁止批评和评论,也不要自谦。对别人提出的任何想法都不能批判、不得阻拦,即使自己认为是幼稚的、错误的,甚至是荒诞离奇的设想,也不得予以驳斥;同时也不允许自我批判,在心理上调动每一个与会者的积极性,彻底防止出现一些"扼杀性语句"和"自我扼杀语句"。诸如"这根本行不通""你这想法太陈旧了""这是不可能的""这不符合××定律"以及"我提一个不成熟的看法""我有一个不一定行得通的想法"等语句,禁止在会议上出现。只有这样,与会者才可能在充分放松的心境下,在别人设想的激励下,集中全部精力开拓自己的思路。

(2)目标集中,追求设想数量,越多越好。在智力激励法实施会上,只强制大家提设想,越多越好。会议以谋取设想的数量为目标。

(3)鼓励巧妙地利用和改善他人的设想。这是激励的关键所在。每个与会者都要从他人的设想中激励自己，从中得到启示，或补充他人的设想，或将他人的若干设想综合起来提出新的设想等。

（4）与会人员一律平等，各种设想应全部记录下来。与会人员，不论是该方面的专家、员工，还是其他领域的学者，以及该领域的外行，一律平等；各种设想，不论大小，甚至是最荒诞的设想，记录人员也要认真地将其完整记录下来。

（5）主张独立思考，不允许私下交谈，以免干扰别人的思维。

（6）提倡自由发言，畅所欲言，任意思考。会议提倡自由奔放、随便思考、任意想象、尽量发挥，主意越新、越怪越好，因为它能启发人推导出好的观念。

（7）不强调个人的成绩，应以小组的整体利益为重，注意和理解别人的贡献，人人创造民主环境，不以多数人的意见阻碍个人新的观点的产生，激发个人追求更多、更好的主意。

5. 会议实施步骤

会前准备：参与人、主持人和课题任务三落实，必要时可进行柔性训练。

设想开发：由主持人公布会议主题并介绍与主题相关的参考情况；突破思维惯性，大胆进行联想；主持人控制好时间，力争在有限的时间内获得尽可能多的创意性设想。

设想的分类与整理：一般分为实用型和幻想型两类。前者是指目前技术工艺可以实现的设想，后者是指目前技术工艺还不能完成的设想。

完善实用型设想：对实用型设想，再用脑力激荡法去进行论证、进行二次开发，进一步扩大设想的实现范围。

幻想型设想再开发：对幻想型设想，再用脑力激荡法进行开发，通过进一步开发，就有可能将创意的萌芽转化为成熟的实用型设想。这是脑力激荡法的一个关键步骤，也是该方法质量高低的明显标志。

6. 主持人技巧

主持人应懂得各种创造思维和技法，会前要向与会者重申会议应严守的原则和纪律，善于激发成员思考，使场面轻松活跃而又不失脑力激荡的规则；可轮流发言，每轮每人简明扼要地说清楚一个创意设想，避免形成辩论会和发言不均；要以赏识激励的词句及语气和微笑点头的行为语言，鼓励与会者多出设想，如说："对，就是这样！""太棒了！""好主意！这一点对开阔思路很有好处！"等；禁止使用下面的话语："这点别人已说过了！""实际情况会怎样呢？""请解释一下你的意思。""就这一点有用。""我不赞赏那种观点。"等。经常强调设想的数量，比如平均 3min 内要发表 10 个设想；遇到才穷计短时，可采取一些措施，如休息几分钟，自选休息方法（散步、唱歌、喝水等），再进行几轮脑力激荡，或发给每人一张与问题无关的图画，要求讲出从图画中所获得的灵感。

根据课题和实际情况需要，引导大家掀起一次又一次脑力激荡的"激波"。如课题是某产品的进一步开发，可以将从产品改进配方思考作为第一激波、从降低成本思考作为第二激波、从扩大销售思考作为第三激波等。又如，对某一问题解决方案的讨论，引导大家掀起"设想开发"的激波，及时抓住"拐点"，适时引导进入"设想论证"的激波。

要掌握好时间，会议持续 1h 左右，形成的设想应不少于 100 种。但最好的设想往往是会议要结束时提出的，因此，当预定结束的时间到了时可以根据情况再延长 5min，这是人们容易提出好的设想的时候。在 1min 时间里再没有新主意、新观点出现时,智力激励会议可宣布结束或告一段落。

在决策过程中,对上述直接头脑风暴法提出的系统化的方案和设想,还经常采用质疑头脑风暴法进行质疑和完善。这是头脑风暴法中对设想或方案的现实可行性进行估计与评价的一个专门程序。

在这一程序中,第一阶段就是要求参加者对每一个提出的设想都要提出质疑,并进行全面评论。评论的重点,是研究有碍设想实现的所有限制性因素。在质疑过程中,可能产生一些可行的新设想。这些新设想,包括对已提出的设想无法实现的原因的论证,存在的限制因素,以及排除限制因素的建议。其结构通常是:"××设想是不可行的,因为……如要使其可行,必须……"

第二阶段,是对每一组或每一个设想,编制一个评论意见一览表,以及可行设想一览表。质疑头脑风暴法应遵守的原则与直接头脑风暴法一样,只是禁止对已有的设想提出肯定意见,而鼓励提出批评和新的可行设想。在采用质疑头脑风暴法时,主持者应首先简明介绍所探讨问题的内容,扼要介绍各种系统化的设想和方案,以便把参加者的注意力集中于对所论问题进行全面评价上。质疑过程一直进行到没有问题可以质疑为止。质疑中抽出的所有评价意见和可行设想,应记录下来。

第三阶段,是对质疑过程中抽出的评价意见进行估计与评价,以便形成一个对解决所讨论问题实际可行的最终设想一览表。对于评价意见的估计与评价,与对所讨论设想的质疑一样重要。因为在质疑阶段,重点是研究有碍设想实施的所有限制因素,而这些限制因素即使在设想产生阶段也是放在重要地位予以考虑的。由分析组负责处理和分析质疑结果。分析组要吸收一些有能力对设想实施做出较准确判断的专家参加。如果必须在很短时间就重大问题做出决策时,吸收这些专家参加尤为重要。

实践经验表明,头脑风暴法可以排除折中方案,对所讨论问题通过客观、连续的分析,找到一组切实可行的方案,因而该法在军事决策和民用决策中得到了较广泛的应用。例如在美国国防部制订长远科技规划过程中,曾邀请 50 名专家采取头脑风暴法开了两周会议。参加者的任务是对事先提出的长远规划提出异议。通过讨论,得到一个与原规划文件相协调一致的报告,在原规划文件中,只有 25%～30% 的意见得到保留。由此可以看出头脑风暴法的价值。当然,头脑风暴法实施的成本(时间、费用等)是很高的,另外,要求参与者有较好的素质。这些因素是否满足会影响头脑风暴法实施的效果。

5.2.2　德尔菲法

德尔菲(Delphi)是古希腊的一个城市名,曾是预言家们活动的场所。德尔菲法(Delphi method)又称专家规定程序调查法,是依据系统的程序,采用匿名的通信方式征询专家小组成员的预测意见,即团队成员之间不得互相讨论,不发生横向联系,只能与调查人员发生关系,经过几轮征询,使专家小组的预测意见趋于集中,最后做出符合市场未来发展趋势的预测结论。德尔菲法是在 20 世纪 40 年代由赫尔姆和达尔克首创,经戈登和美国兰德公司

(RAND Corporation)于40年代末创立并于60年代广泛使用的一种预测方法。当时,兰德公司受美国空军委托实施一项预测,称为"德尔菲计划"。该计划的研究内容是:"从一个苏联战略计划者的观点看,应如何选择美国工业体系中的最佳轰炸目标,并且估计出使美国工业产量减少到某一预定数量所需的原子弹数目。"在50年代初期,用其他方法对该问题进行预测需要花费大量的时间和资金来收集资料,还需要编写极其复杂的计算程序,建立庞大的数学模型,当时的电子计算机很难胜任。即使使用了电子计算机,仍然需要对苏联的政策和谍报工作做出许多主观估计,这些主观估计对预测结果仍有举足轻重的影响。在这种情况下,兰德公司用德尔菲法进行预测,事实表明此方法代价小而可靠性较高。德尔菲法当前已成为全球120多种预测法中使用比例最高的一种,它是通过函询调查的形式,反复背靠背地征求专家的意见,并对每次调查的结果进行汇总,再发给专家,直到得出满意的结果为止。这种方法的大致步骤如下。

第一步,明确预测目标,挑选有关专家,发放调查提纲。调查提纲要目标明确,向专家提出问题,提供必要的历史资料,并询问专家需要什么资料。

第二步,收集整理专家们的意见。对专家们提出的种种预测意见、论据,分别加以归纳整理,提出初步预测方案。

第三步,将初步整理的预测意见再发给有关专家,进一步征求专家们的意见。如果有不明确的地方,可再补充调查表,请专家们填写。

第四步,再次收集整理专家们的意见,如果专家们的意见差别较大,再经过若干次反复的调查,直到得出令人满意或意见较为一致的预测结果为止。

德尔菲法的优点是可以更广泛地收集各方面的意见,同时可以在很大程度上消除心理因素的影响,便于得到独创性的见解。其缺点是,缺少思想沟通交流,可能存在一定的主观片面性;易忽视少数人的意见,可能导致预测的结果偏离实际;存在组织者主观影响;调查提纲容易出现不细致、不具体,最终的一致意见具有强制性,不能完全消除"随大流"倾向。

5.2.3 主观概率法

为了进一步消除德尔菲法中"随大流"的倾向,可以不要求专家对某一事件的发生做出肯定或否定的回答,而只要求做出概率性的估计。每位专家对某一事件发生的程度做出的概率估计称为主观概率(subjective probability),也叫个人概率。主观概率也必须符合概率论的基本公理,即每一事件发生的概率大于等于零,小于等于1;必然发生的事件概率等于1,必然不发生的事件概率等于零;两个互斥事件之和的概率等于它们的概率之和。主观概率法是对市场调查预测法、专家评估法的不同定量估计进行集中整理的常用方法。主观概率是指在一定条件下,个人对某一事件在未来发生或不发生可能性的估计,反映个人对未来事件的主观判断和信任程度。主观概率法是以若干专家的主观概率的平均值作为某事件发生的概率估计,用公式可表示为

$$\bar{p} = \frac{1}{N}\sum_{i=1}^{N} p_i \tag{5-1}$$

式中, $\bar{p}$——事件发生的概率;

$\quad\quad p_i$——第 i 个专家的主观概率;

$\quad\quad N$——专家人数。

5.2.4 交叉概率法

交叉概率法,是美国于 20 世纪 60 年代在德尔菲法和主观概率法基础上发展起来的一种新的预测方法。它是主观估计每种新事物在未来出现的概率,以及新事物之间相互影响的概率,对事物发展前景进行预测的方法。一系列事件 $A_1, A_2, \cdots, A_n$ 发生的概率分别为 $p_1, p_2, \cdots, p_n$,它们之间存在相互影响关系。当其中某一事件 A_i 发生的概率为 p_i 时,对其他事件发生的概率会产生影响。事件 A_i 发生使另一事件发生的概率增加称为正影响,事件 A_i 发生使另一事件发生的概率减小称为负影响。另外,还存在事件 A_i 发生对另一事件发生的概率无影响的情况。交叉概率法是根据专家经验确定不同事件之间相互影响关系的一种研究程序。

例 5-1 由德尔菲法和主观概率法得知,事件 A_1、A_2、A_3、A_4 发生的概率分别为: $p_1 = 0.8, p_2 = 0.3, p_3 = 0.5, p_4 = 0.2$。并且通过调查得知,这些事件的相互影响关系如表 5-1 所示。

表 5-1 事件 A_1、A_2、A_3、A_4 间相互影响关系表

事件	发生概率	对诸事件的影响			
		A_1	A_2	A_3	A_4
A_1	0.8	—	↑	—	↓
A_2	0.3	↓	—	↓	↑
A_3	0.5	—	↓	—	↑
A_4	0.2	↑	↑	↓	—

注:表中"↑"表示正影响,"↓"表示负影响,"—"表示无影响。

如果通过进一步调查得到每一事件发生时,对其余诸事件影响程度的数值大小,即可对各种事件发生的概率进行修正。

下面介绍交叉概率法的优缺点。

1. 交叉概率法的优点

(1) 能考虑事件之间的相互影响及其程度和方向。

(2) 能把有大量可能结果的数据,系统地整理成易于分析的形式。

2. 交叉概率法的缺点

（1）根据主观判断的数据，利用公式将初始概率转变成校正概率，有相当的主观任意性。

（2）交叉影响因素的定义还须更加明确、具体、严格地确定。

德尔菲法是对专家经验的一种匿名收集程序，主观概率法是对专家经验的一种定量化程序。这两种方法一起使用可以预测出各种事件发生的概率，但不能明确指出各种事件之间的相互关系。交叉概率法则是把专家经验用于寻求不同事件之间相互影响关系的一种研究程序。

5.3 因果关系预测方法

因果关系预测是定量预测的一种，可用来研究影响因素与预测目标之间的因果关系及其影响程度。如商品房销售预测的因果模型可包括广告预算、竞争对手的价格、家庭平均收入水平等因素。这种方法采用数理统计中的回归模型进行预测，使用时必须具备过去的数据资料，且这些数据资料能够清楚地表明预测目标与诸影响因素之间的关系。

根据影响因素的多少，回归模型可以分为一元回归和多元回归；根据影响因素与预测目标之间的关系，可以分为线性回归和非线性回归。各种回归模型在数理统计中都有详细的介绍，这里仅从应用的角度对一些结论性的内容进行介绍。

回归分析是一种数理统计方法，其操作步骤如下：

（1）从一组数据出发，确定因变量和自变量之间的关系式；

（2）对关系式中的参数进行估计，并进行统计检验；

（3）筛选自变量，即从大量自变量中找出影响显著的，剔除不显著的；

（4）用求得的回归模型进行预测；

（5）对预测结果进行分析、评价。

5.3.1 一元线性回归预测

一元线性回归预测法是指成对的两个变量数据分布大体上呈直线趋势时，运用合适的参数估计方法，求出一元线性回归模型，然后根据自变量与因变量之间的关系，预测因变量的趋势。

设随机变量 y(预测目标)随自变量 x(影响因素)而变化。给定一批观测数据 (x_i, y_i)，$i = 1, 2, \cdots, n$，对该批数据进行一元线性回归的数学模型为

$$\hat{y} = a + bx \tag{5-2}$$

式中，a、b 称为回归系数。

按最小二乘法，求得其计算公式如下：

$$a = \bar{y} - b\bar{x} \tag{5-3}$$

$$b = \frac{\sum x_i y_i - \bar{x} \sum y_i}{\sum x_i^2 - \bar{x} \sum x_i} = \frac{L_{xy}}{L_{xx}} \tag{5-4}$$

$$\bar{x} = \frac{1}{n} \sum x_i \tag{5-5}$$

$$\bar{y} = \frac{1}{n} \sum y_i \tag{5-6}$$

$$L_{xy} = \sum (x_i - \bar{x})(y_i - \bar{y}) = \sum x_i y_i - \bar{x} \sum y_i \tag{5-7}$$

$$L_{xx} = \sum (x_i - \bar{x})^2 = \sum x_i^2 - \bar{x} \sum x_i \tag{5-8}$$

上列各式中，$\sum$ 为 $\sum\limits_{i=1}^{n}$ 的简写形式，下同。

为了检验两个变量 x、y 之间是否具有显著的线性关系，下面主要介绍两种有关一元线性回归效果的检验。

1. 相关系数检验（简称 r 检验）

变量 x 与 y 之间的相关系数 r 可按下式计算：

$$r = \frac{\sum (x_i - \bar{x})(y_i - \bar{y})}{\sqrt{\sum (x_i - \bar{x})^2}\ \sqrt{\sum (y_i - \bar{y})^2}} = \frac{L_{xy}}{\sqrt{L_{xx} L_{yy}}} \tag{5-9}$$

式中

$$L_{yy} = \sum (y_i - \bar{y})^2 = \sum y_i^2 - \bar{y} \sum y_i$$

相关系数 r 的取值范围是 $-1 \leqslant r \leqslant 1$。当 $r > 0$ 时，称 x 与 y 为正相关；$r < 0$ 时，称 x 与 y 为负相关；$r = 0$ 时，称 x 与 y 为不相关。当 $|r| = 1$ 时，称 x 与 y 为完全相关。当 $0 < |r| < 1$ 时，称 x 与 y 为相关，且 $|r|$ 越大，相关程度越高，那么相关系数 $|r|$ 究竟大到多少为好呢？这可用相关系数检验表来检验（见附表1）。

相关系数检验表给出了不同自由度 $(n-2)$ 及显著水平 α（也称置信水平）下的最低相关系数值 $r_\alpha(n-2)$。若 $|r| > r_\alpha(n-2)$，说明有 $100(1-\alpha)\%$ 的把握认为 x 与 y 线性相关显著，此时建立的回归方程可用于预测；否则，说明 x 与 y 线性相关不显著，回归方程不能用于预测。

2. F 统计量检验

对 n 个观测数据 (x_i, y_i)，$i = 1, 2, \cdots, n$，进行以下定义：

(1) $S_{总} = L_{yy} = \sum (y_i - \bar{y})^2$，并称 $S_{总}$ 为该批观测数据的总偏差平方和；

(2) $S_{回} = U = \sum (\hat{y}_i - \bar{y})^2$，并称 $S_{回}$ 为该批观测数据的回归偏差平方和；

（3）$S_剩 = Q = \sum(y_i - \hat{y}_i)^2$，并称 $S_剩$ 为该批观测数据的剩余偏差平方和。

通过分析可知，观测数据的总偏差平方和 $S_总$ 与回归偏差平方和 $S_回$ 和剩余偏差平方和 $S_剩$ 之间的关系为 $S_总 = S_回 + S_剩$。它们的自由度分别为 $f_总 = n-1$，$f_回 = 1$，$f_剩 = n-2$，且有 $f_总 = f_回 + f_剩$。

利用偏差平方和 $S_总$、$S_回$、$S_剩$ 及它们的自由度，即可构造 F 统计量。计算公式如下：

$$F = \frac{S_回/f_回}{S_剩/f_剩} = \frac{U}{Q/(n-2)} \sim F_a(1, n-2) \tag{5-10}$$

利用统计量 F 可以检测回归效果的好坏。给定一显著水平 α，查 F 分布表（见附表 3）上的临界值 $F_a(1, n-2)$。若 $F > F_a(1, n-2)$，说明回归效果显著，可以用于预测；否则，回归方程不能用于预测。

实际上，相关系数检验和 F 检验是一致的，这是因为

$$F = \frac{r^2}{1-r^2}(n-2) \tag{5-11}$$

因此，在进行回归效果检验时，只需用两者之一就行了。

若回归方程经检验是有效的，就可以用它进行预测和控制。

对任一给定的自变量 x_0，由回归方程可求得相应的回归值或预测值为

$$\hat{y}_0 = a + bx_0 \tag{5-12}$$

在利用回归方程进行预测时，仅求出任一预测点 x_0 处的预测值是不够的，还必须对预测值的置信区间进行估计。如果置信区间很宽，就失去了预测的意义。为了求得置信区间，必须先求出实际观测值 y_0 与估计值 $\hat{y}_0$ 的偏差 $y_0 - \hat{y}_0$ 的均方差 S_e。S_e 按下式计算：

$$S_e = \left[\frac{\sum(y_i - \hat{y}_i)^2}{n-2}\right]^{\frac{1}{2}}\left[1 + \frac{1}{n} + \frac{(x_0 - \bar{x})^2}{\sum(x_i - \bar{x})^2}\right]^{-\frac{1}{2}} \tag{5-13}$$

当给定显著水平 α，y_0 在置信度为 $100(1-\alpha)\%$ 下的置信区间为

$$\hat{y}_0 - t_a(n-2)S_e < y_0 < \hat{y}_0 + t_a(n-2)S_e \tag{5-14}$$

其中 $t_a(n-2)$ 可通过查附表 2 得到。

上式表明，利用回归方程预测 y_0 的偏差为 $\delta = t_a(n-2)S_e$。显然 δ 与显著水平 α 有关，α 越小，δ 就越大；与观测数据数量 n 有关，n 越大，δ 就越小；而且与预测点 x_0 也有关，x_0 越靠近 $\bar{x}$，δ 就越小，否则 δ 越大。假如作出曲线 $y = \hat{y} \pm \delta(x)$，则这两条曲线把回归直线 $\hat{y} = a + bx$ 夹在中间，在 $x = \bar{x}$ 处最窄，两头呈喇叭形，如图 5-1 所示。

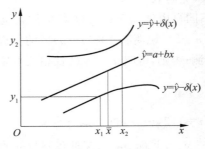

图 5-1 置信区间图

置信区间越小,表明回归方程的预测精度越高。因此可以用 δ 来表示回归方程的精度。但考虑到 δ 的数值与置信水平及预测点的位置有关,所以通常采用剩余标准差

$$\hat{\sigma} = \sqrt{S_{剩} / f_{剩}} = \sqrt{\frac{\sum (y_i - \hat{y}_i)^2}{n - 2}} \tag{5-15}$$

作为评价回归方程精度的指标。$\hat{\sigma}$ 越小,回归方程精度越高,预测精度也越高。

下面讨论控制问题。所谓控制问题实质上是预测的反问题,即要求观测值 y 以一定的置信度保持在区间 (y_1, y_2) 内,应该如何控制自变量 x 的取值范围 (x_1, x_2)。由图 5-1 可知,x_1 和 x_2 应满足

$$\begin{cases} \hat{y}_1 - \delta(x_1) = y_1 \\ \hat{y}_2 - \delta(x_2) = y_2 \end{cases}$$

即

$$\begin{cases} a + b x_1 - \delta(x_1) = y_1 \\ a + b x_2 - \delta(x_2) = y_2 \end{cases}$$

由上式可求得 x_1 和 x_2。

原则上,用回归方程进行预测和控制的问题至此已经解决了。但由于 δ 的计算十分复杂,所以实际应用时还要把它进一步简化。当 n 相当大,且 x_0 取值在 $\bar{x}$ 附近时,有

$$S_e = \sqrt{\frac{\sum (y_i - \hat{y}_i)^2}{n - 2}} = \hat{\sigma} \tag{5-16}$$

所以在这种情况下,可以近似地认为 $(y_0 - \hat{y}_0) \sim N(0, \hat{\sigma}^2)$。此时 $t_a(n-2)$ 可以用正态分布的双侧分位点 u_0 近似。于是 y_0 的 $100(1-\alpha)\%$ 置信区间近似地为

$$\hat{y}_0 - u_a \hat{\sigma} < y_0 < \hat{y}_0 + u_a \hat{\sigma} \tag{5-17}$$

特别地,y_0 在置信度为 95% 时的置信区间为 $\hat{y}_0 \pm 1.96 \hat{\sigma}(u_a = 1.96)$;$y_0$ 在置信度为 99% 时的置信区间为 $\hat{y}_0 \pm 2.57 \hat{\sigma}(u_a = 2.57)$;$y_0$ 在置信度为 99.7% 时的置信区间为 $\hat{y}_0 \pm 3 \hat{\sigma}(u_a = 3)$。

同样,原式也可近似表示为

$$\begin{cases} a + b x_1 - u_a \hat{\sigma} = y_1 \\ a + b x_2 + u_a \hat{\sigma} = y_2 \end{cases}$$

由此式得 x_1 和 x_2,只要 x 控制在区间 (x_1, x_2) 内,就有 $100(1-\alpha)\%$ 的把握使 y 保持在区间 (y_1, y_2) 内。

5.3.2 多元线性回归预测

首先,我们对回归方程进行确定。设影响因变量 y 的自变量为 $x_1, x_2, \cdots, x_m$。给定一批观测数据 $(x_{k1}, x_{k2}, \cdots, x_{km}, y_k)$,$k = 1, 2, \cdots, n$,对该批数据进行多元线性回归的数学模型为

$$\hat{y}_0 = b_0 + b_1 x_1 + b_2 x_2 + \cdots + b_m x_m \tag{5-18}$$

式中，$b_0, b_1, \cdots, b_m$——回归系数。

由最小二乘法知道，$b_0, b_1, \cdots, b_m$ 应使全部观察值 y_k 与回归值 $\hat{y}_k$ 的偏差平方和 Q 达到最小，即

$$\min Q = \sum_{k=1}^{n}(y_k - \hat{y}_k)^2 = \sum_{k=1}^{n}(y_k - b_0 - b_1 x_{k1} - \cdots - b_m x_{km})^2$$

根据微积分的极值原理，$b_0, b_1, \cdots, b_m$ 应满足

$$\frac{\partial Q}{\partial b_i} = 0, \quad i = 0, 1, 2, \cdots, m$$

于是得到如下方程和方程组：

$$b_0 = \bar{y} - b_1 \bar{x}_1 - b_2 \bar{x}_2 - \cdots - b_m \bar{x}_m$$

$$\begin{cases} L_{11}b_1 + L_{12}b_2 + \cdots + L_{1m}b_m = L_{1y} \\ L_{21}b_1 + L_{22}b_2 + \cdots + L_{2m}b_m = L_{2y} \\ \qquad\qquad \vdots \\ L_{m1}b_1 + L_{m2}b_2 + \cdots + L_{mn}b_m = L_{my} \end{cases}$$

式中

$$\bar{y} = \frac{1}{n}\sum y_k \quad (\sum 为 \sum_{k=1}^{n} 的缩写，下同)$$

$$\bar{x}_i = \frac{1}{n}\sum x_{ki}, i = 1, 2, \cdots, m$$

$$L_{ij} = L_{ji} = \sum(x_{ki} - \bar{x}_i)(x_{kj} - \bar{x}_j)$$
$$= \sum x_{ki}x_{kj} - \bar{x}_i \sum x_{kj}, \quad i, j = 1, 2, \cdots, m$$

$$L_{iy} = \sum(x_{ki} - \bar{x}_i)(y_k - \bar{y})$$
$$= \sum x_{ki}y_k - \bar{x}_i \sum y_k, \quad i = 1, 2, \cdots, m$$

求解上面方程组即可求得 $b_1, \cdots, b_m$，进而可求得 b_0，方程组可写成以下矩阵形式：

$$\begin{bmatrix} L_{11} & L_{12} & \cdots & L_{1m} \\ L_{21} & L_{22} & \cdots & L_{2m} \\ \vdots & \vdots & & \vdots \\ L_{m1} & L_{m2} & \cdots & L_{mn} \end{bmatrix} \begin{bmatrix} b_1 \\ b_2 \\ \vdots \\ b_m \end{bmatrix} = \begin{bmatrix} L_{1y} \\ L_{2y} \\ \vdots \\ L_{my} \end{bmatrix}$$

令

$$L = \begin{bmatrix} L_{11} & L_{12} & \cdots & L_{1m} \\ L_{21} & L_{22} & \cdots & L_{2m} \\ \vdots & \vdots & & \vdots \\ L_{m1} & L_{m2} & \cdots & L_{mn} \end{bmatrix}$$

若 L 为满秩矩阵，则 L 的逆矩阵存在，且设

$$C = L^{-1} = \begin{bmatrix} C_{11} & C_{12} & \cdots & C_{1m} \\ C_{21} & C_{22} & \cdots & C_{2m} \\ \vdots & \vdots & & \vdots \\ C_{m1} & C_{m2} & \cdots & C_{mn} \end{bmatrix}$$

则有

$$
\begin{bmatrix} b_1 \\ b_2 \\ \vdots \\ b_m \end{bmatrix} = \begin{bmatrix} C_{11} & C_{12} & \cdots & C_{1m} \\ C_{21} & C_{22} & \cdots & C_{2m} \\ \vdots & \vdots & & \vdots \\ C_{m1} & C_{m2} & \cdots & C_{mn} \end{bmatrix} \begin{bmatrix} L_{1y} \\ L_{2y} \\ \vdots \\ L_{my} \end{bmatrix} \tag{5-19}
$$

其次,对回归方程的显著性进行检验。与一元线性回归类似,有

$$
\begin{cases} S_{总} = S_{回} + S_{剩} \\ f_{总} = f_{回} + f_{剩} \end{cases} \tag{5-20}
$$

式中

$$ S_{总} = L_{yy} = \sum (y_k - \bar{y})^2, \quad f_{总} = n-1 $$

$$ S_{回} = U = \sum (\hat{y}_k - \bar{y})^2 = \sum_{i=1}^{m} b_i L_{iy}, \quad f_{回} = m $$

$$ S_{剩} = Q = \sum (y_k - \hat{y}_k)^2 = L_{yy} - U, \quad f_{剩} = n-m-1 $$

计算统计量

$$
F = \frac{U/m}{Q/(n-m-1)} \sim F(m, n-m-1) \tag{5-21}
$$

在给定显著水平 α 下,查 F 的临界值 $F_\alpha(m, n-m-1)$。若 $F > F_\alpha(m, n-m-1)$,说明回归方程效果显著,否则回归方程效果不显著。

在多元线性回归中,也可检验 $x_1, x_2, \cdots, x_m$ 与 y 的线性相关程度,这可用复相关系数来表示,即

$$
R = \sqrt{\frac{S_{回}}{S_{总}}} = \sqrt{\frac{U}{L_{yy}}} = \sqrt{1 - \frac{Q}{L_{yy}}} \tag{5-22}
$$

R 与 F 的关系为

$$
F = \frac{R^2}{1-R^2} \left(\frac{n-m-1}{m} \right) \tag{5-23}
$$

因此,多元线性回归的效果也可以用复相关系数进行检验。

如果希望了解变量与变量之间的相关关系,可用偏相关系数来描述。自变量 x_i 与因变量 y 的偏相关系数为

$$
\gamma_{iy} = \frac{L_{iy}}{\sqrt{L_{ij}L_{yy}}}, \quad i=1,2,\cdots,m \tag{5-24}
$$

自变量 x_i 与自变量 x_j 的偏相关系数为

$$
\gamma_{ij} = \frac{L_{ij}}{\sqrt{L_{ii}L_{jj}}}, \quad i,j=1,2,\cdots,m \tag{5-25}
$$

如果 $i=j$,则 $\gamma_{ij}=1$,说明变量与它本身的相关程度为 100%。

在多元回归中,回归方程显著性并不意味着每个自变量对因变量的影响都是重要的。因此从回归方程中剔除那些次要的、可有可无的变量,重新建立更为简单的回归方程,更有利于对 y 进行预测和控制。而检验自变量 x_i 的显著程度等价于检验 x_i 的回归系数 b_i 的显著性。b_i 的显著性可用以下统计量来检验,即

$$
F_i = \frac{b_i^2/C_{ii}}{Q/(n-m-1)} \sim F(1, n-m-1), \quad i=1,2,\cdots,m \tag{5-26}
$$

或

$$t_i = \left[\frac{b_i^2/C_{ii}}{Q/(n-m-1)} \right]^{\frac{1}{2}} \sim t(n-m-1), \quad i=1,2,\cdots,m \tag{5-27}$$

其中，C_{ii} 为矩阵 $\boldsymbol{C} = \boldsymbol{L}^{-1}$ 中对角线上第 i 个元素。

当所计算的 F_i 或 t_i 都大于其临界值 $F_\alpha(1, n-m-1)$ 或 $t_\alpha(n-m-1)$ 时，说明所有变量都是显著的，可以用所求回归方程进行预测；否则，相应的变量 x_i 就被认为在回归方程中作用不大，应剔除掉，然后重新建立更为简单的线性回归方程。

若回归方程及其系数经检验都是显著的，就可以用它进行预测。对任意给定的一组变量 $(x_{01}, x_{02}, \cdots, x_{0m})$，由回归方程可得相应的预测值为

$$\hat{y}_0 = b_0 + b_1 x_{01} + b_2 x_{02} + \cdots + b_m x_{0m} \tag{5-28}$$

观测值 y_0 与估计量 $\hat{y}_0$ 的均方差为

$$S_e = \left[\frac{\sum (y_k - \hat{y}_k)^2}{n-m-1} \right]^{\frac{1}{2}} \left[1 + \frac{1}{n} \sum C_{ij} (x_{0i} - \bar{x}_i)(x_{0j} - \bar{x}_j) \right]^{\frac{1}{2}} \tag{5-29}$$

当 n 比较大，而且 x_{0i} 分别接近于 $\bar{x}_i$ 时，可近似认为

$$y - \hat{y} \sim N(0, \hat{\sigma}^2)$$

于是 S_e 可近似认为等于剩余标准差 $\hat{\sigma}$，即

$$S_e = \hat{\sigma} = \left[\frac{\sum (y_k - \hat{y}_k)^2}{n-m-1} \right]^{\frac{1}{2}} \tag{5-30}$$

因此，y_0 的 $100(1-\alpha)\%$ 置信区间为

$$\hat{y}_0 - u_\alpha \hat{\sigma} < y_0 < \hat{y}_0 + u_\alpha \hat{\sigma} \tag{5-31}$$

特别地，y_0 的 95% 的置信区间为 $y_0 \pm 1.96 \hat{\sigma}$，$y_0$ 的 99% 的置信区间为 $y_0 \pm 2.576 \hat{\sigma}$。

5.3.3　非线性回归预测

在实际问题中，变量之间的回归关系大多数是非线性的。但在许多情况下，非线性回归问题可以通过某些简单的变量代换转化为线性回归问题。经过这样的处理之后，可按线性回归的方法求出回归系数，并进行检验，然后再还原为非线性回归模型进行预测。

下面介绍如何将一些常用非线性函数曲线转化为线性函数曲线。

1. 双曲线函数

$$y = \frac{x}{a+bx} \tag{5-32}$$

式(5-32)可变为 $\dfrac{1}{y} = b + \dfrac{a}{x}$，令 $y' = \dfrac{1}{y}$，$x' = \dfrac{1}{x}$，则有

$$y' = b + ax'$$

2. 幂函数

$$y = ax^b \tag{5-33}$$

当 $b > 0$ 时，$y = ax^b$ 称为抛物线型；当 $b < 0$ 时，称为双曲线型。对上式两边取自然对数，有

$$\ln y = \ln a + b \ln x$$

令 $y' = \ln y, a' = \ln a, x' = \ln x$，则有

$$y' = a + bx'$$

求出 a'、b 之后，作逆变换 $y = e^a(e^x)^b$。

3. 指数函数

指数函数有式(5-34)和式(5-35)两种：

$$y = a(e^{x'})^b \tag{5-34}$$

对上式两边取对数，有

$$\ln y = \ln a + bx$$

令 $y' = \ln y, a' = \ln a$，则有

$$y' = a' + bx$$

还原后得

$$y = e^{a'} e^{bx} = e^{a'+bx}$$

$$y = ae^{\frac{b}{x}} \tag{5-35}$$

对上式两边取对数，有

$$\ln y = \ln a + \frac{b}{x}$$

令 $y' = \ln y, a' = \ln a, x = \frac{1}{x}$，则有

$$y' = a' + bx'$$

还原后得

$$y = e^{a'+\frac{b}{x}}$$

4. 对数函数

$$y = a + b \ln x \tag{5-36}$$

令 $x' = \ln x$，则有

$$y = a + bx'$$

5. 三角函数

$$y = a + b \sin x \tag{5-37}$$

令 $x' = \sin x$，则有

$$y = a + bx'$$

6. 罗吉斯蒂函数

$$y = \frac{1}{a+be^{-x}} \tag{5-38}$$

两边取倒数,上式变为

$$\frac{1}{y} = a + be^{-x}$$

令 $y' = \dfrac{1}{y}$,$x' = e^{-x}$,则有

$$y' = a + bx'$$

7. 一元多项式函数

$$y = b_0 + b_1 x + b_2 x^2 + \cdots + b_m x^m \tag{5-39}$$

令 $x_1 = x, x_2 = x^2, \cdots, x_m = x^m$,则有

$$y = b_0 + b_1 x_1 + b_2 x_2 + \cdots + b_m x_m$$

8. 多元多项式函数

$$y = b_0 + b_1 x_1 + b_2 x_2 + b_3 x_1^2 + b_4 x_1 x_2 + b_5 x_2^2 + \cdots \tag{5-40}$$

令 $x_3 = x_1^2, x_4 = x_1 x_2, x_5 = x_2^2, \cdots$,则有

$$y = b_0 + b_1 x_1 + b_2 x_2 + b_3 x_3 + b_4 x_4 + b_5 x_5 + \cdots$$

可以化为线性回归函数的非线性回归函数还有很多,这里不再一一列举。

5.4 平滑预测技术

平滑预测技术用于时间序列数据。所谓平滑方法是将不规则的历史数据加以平滑,以便分析事件的发展方向和趋势,进而预测未来。平滑预测技术可分为不同的层次:当资料数据不具有某种持续增长(或下降)趋势,而是单纯围绕某一水平线作随机跳动时,采用一次平滑预测模型;当资料数据具有持续的线性增长(或下降)趋势时,采用二次平滑预测模型;当资料数据具有持续的曲线增长(或下降)趋势时,采用三次平滑预测模型。更高阶次的平滑预测模型很少采用。

平滑预测技术在数学上比较简单,适合于对经济管理活动进行近期预测或短期预测。平滑预测方法又分为移动平均法与指数平滑法,后者是前者的改进与发展。本节中,用 x_t

表示第 t 期的资料数据,即实际值,用 y_{t+T} 表示在第 t 期计算的第 $(t+T)$ 期预测值;用 M_t 表示第 t 期的移动平均值;用 S_t 表示第 t 期的指数平滑值,并且在右上角加注数字以表示阶次,如 $M_t^{(1)}$、$M_t^{(2)}$、$S_t^{(3)}$ 等,其中阶次(1)往往省略不写。M_t 与 S_t 都是中间计算结果,不直接作为预测值使用。

5.4.1　移动平均法

移动平均法(moving average method)是根据时间序列逐项推移,依次计算包含一定项数的序时平均数,以此进行预测的方法。移动平均法包括加权移动平均法、一次移动平均法和二次移动平均法。

1. 加权移动平均法

加权移动平均法对观察值分别给予不同的权数,按不同权数求得移动平均值,并以最后的移动平均值为基础,确定预测值的方法。采用加权移动平均法,是由于近期观察值对预测值影响较大,它更能反映近期市场变化的趋势。所以,对于接近预测期的观察值给予较大权数值,对于距离预测期较远的观察值则相应给予较小的权数值,以不同的权数值调节各观察值对预测值所起的作用,使预测值能够更近似地反映市场未来的发展趋势。加权移动平均法的计算公式为

$$y_{n+1} = \frac{\sum_{i=1}^{n} y_i \times x_i}{\sum_{i=1}^{n} x_i} \tag{5-41}$$

式中,y_{n+1} 为第 $n+1$ 期加权平均值;y_i 为第 i 期实际值;x_i 为第 i 期的权数(权数的和等于1);n 为本期数。

如果一组数据有明显的季节性影响时,用加权移动平均法所得到的预测值可能会出现偏差。因此,有明显的季节性变化因素存在时,最好不要采用加权移动平均法。

2. 一次移动平均法

用一次移动平均法进行预测的具体做法是:确定项数 N,依次计算出资料数据系列中 N 项实际值的平均值 M_t;在第 t 期要进行第 $(t+T)$ 期的预测,就把第 t 期的计算值 M_t 直接作为第 $(t+T)$ 期的预测值 y_{t+T},其公式为

$$y_{t+T} = M_t = \frac{1}{N}(x_t + x_{t-1} + \cdots + x_{t-N+1}) \tag{5-42}$$

式中,N——移动平均数所取数据项数;

x_t——第 t 期的资料数据。

对于上式可作如下推理:

$$M_t = \frac{1}{N}(x_t + x_{t-1} + x_{t-2} + \cdots + x_{t-N+1})$$

$$= \frac{1}{N}(x_{t-1} + x_{t-2} + \cdots + x_{t-N+1} + x_{t-N}) + \frac{1}{N}(x_t - x_{t-N})$$

$$= M_{t-1} + \frac{1}{N}(x_t - x_{t-N}) \tag{5-43}$$

由此可知：若已知 M_{t-1}，只需计算 $\frac{1}{N}(x_t - x_{t-N})$，就可得 M_t，整个计算过程为一次迭代过程。在计算 M_t 时，不但利用上一步计算的 M_{t-1}，而且利用了新获得的实际值 x_t，从而既能保留资料数据序列原有的特征，又能反映预测对象产生的新信息。

使用移动平均法的关键在于适当选取项数 N。N 越大，对随机因素的"抹平"作用越强，而对新数据的反映就越不灵敏。

3. 二次移动平均法

二次移动平均模型为

$$y_{t+T} = a_t + b_t T \tag{5-44}$$

式中 a_t、b_t 称为平滑系数，其计算公式为

$$a_t = 2M_t^{(1)} - M_t^{(2)} \tag{5-45}$$

$$b_t = \frac{2}{N-1}(M_t^{(1)} - M_t^{(2)}) \tag{5-46}$$

上两式中，$M_t^{(1)}$ 为一次移动平均值，$M_t^{(2)}$ 为二次移动平均值。$M_t^{(2)}$ 的计算公式为

$$M_t^{(2)} = \frac{1}{N}(M_t^{(1)} + M_{t-1}^{(1)} + M_{t-2}^{(1)} + \cdots + M_{t-N+1}^{(1)})$$

$$= M_{t-1}^{(2)} + \frac{1}{N}(M_t^{(1)} - M_{t-N}^{(2)}) \tag{5-47}$$

很显然，二次移动平均模型是关于时间变量 T 的一元线性函数，但是它与一元线性回归模型不同，其平滑系数 a_t 与 b_t 是随着计算期 t 的改变而改变的。

当资料数据具有曲线趋势时，不能用一次移动预测模型或二次移动预测模型进行预测，可以用更高次的移动平均预测模型。但由于用三次以上移动平均模型预测时，需要处理的数据量很大，因此，在实际预测中一般采用后边将要介绍的三次指数平滑预测模型。

例 5-2 设有资料数据如表 5-2 所示，在周期 10 以前数据是稳定的，在周期 10 以后出现了线性趋势。试建立二次移动平均模型并加以分析。

解： 取 $N=5$，分别计算平均值 $M_t^{(1)}$、$M_t^{(2)}$，平滑系数 a_t、b_t；然后取 $T=1$，计算预测值 y_{t+1}。将计算结果填入表 5-2 中，并且作图 5-2。

表 5-2 用二次移动平均模型预测的数据表

T	x_t	$M_t^{(1)}$	$M_t^{(2)}$	a_t	b_t	y_{t+1}
1	20					
2	20					
3	20					

续表

T	x_t	$M_t^{(1)}$	$M_t^{(2)}$	a_t	b_t	y_{t+1}
4	20					
5	20	20.00				
6	20	20.00				
7	20	20.00				
8	20	20.00				
9	20	20.00	20.00	20.00	0	
10	20	20.00	20.00	20.00	0	20.00
11	23	20.60	20.12	21.08	0.24	20
12	26	21.80	20.48	23.12	0.66	21.32
13	29	23.60	21.20	26.00	1.20	23.78
14	32	26.00	22.40	29.60	1.80	27.20
15	35	29.00	24.20	33.80	2.40	31.40
16	38	32.00	26.48	37.52	2.76	36.20
17	41	35.00	29.10	40.88	2.94	40.28
18	44	38.00	32.00	44.00	3.00	43.28
19	47	41.00	35.00	47.00	3.00	47.00
20	50	44.00	38.00	50.00	3.00	50.00
						53.00

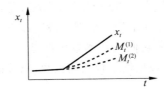

图 5-2 时间序列 x_t、$M_t^{(1)}$、$M_t^{(2)}$ 变化趋势图

由表 5-2 的计算结果可以看出:当资料数据 x_t 稳定时,移动平均值 $M_t^{(1)}$、$M_t^{(2)}$ 稳定,平滑系数 a_t 稳定,且 b_t 为 0,故预测值 y_{t+T} 不受 T 的影响,呈现常值;当资料数据 x_t 呈线性趋势时,$M_t^{(1)}$ 滞后 $(N-1)$ 个周期才呈线性趋势,而 $M_t^{(2)}$ 滞后 $2(N-1)$ 个周期才呈线性趋势。当 $M_t^{(2)}$ 呈现线性趋势时,即可建立二次移动平均预测模型。该题中,从 $t=18$ 开始,$M_t^{(2)}$ 呈现线性趋势,$t=18$ 以后的预测模型建立如下:

$$y_{18+T} = 44 + 3T$$

如果取 $t=20$,则可建立以下模型:

$$y_{20+T} = 50 + 3T$$

用 $t=18$ 的模型和用 $t=20$ 的模型进行预测,结果是一样的。例如,取 $T=2$,用 $t=18$ 的模型预测:

$$y_{18+2} = y_{20} = 44 + 3 \times 2 = 50$$

用 $t=20$ 的模型预测：

$$y_{20}=y_{20+0}=50+3\times0=50$$

再如取 $T=7$，用 $t=18$ 的模型预测：

$$y_{18+7}=y_{25}=44+3\times7=65$$

用 $t=20$ 的模型预测：

$$y_{25}=y_{20+5}=50+3\times5=65$$

由此可知，该模型能较好地反映线性趋势，因而可用于预测。

5.4.2　指数平滑法

指数平滑（exponential smoothing，ES）法是由布朗（Robert G. Brown）提出的，布朗认为时间序列的态势具有稳定性或规则性，所以时间序列可被合理地顺势推延；他认为最近的过去态势在某种程度上会持续到未来，所以对最近的资料赋予较大的权数。

指数平滑法是生产预测中常用的一种方法，也用于中短期经济发展趋势预测。所有预测方法中，指数平滑法是用得最多的一种。简单平均法是对时间数列的过去数据一个不漏地全部加以同等利用；移动平均法则不考虑较远期的数据，并在加权移动平均法中给予近期资料更大的权重；而指数平滑法则兼容了简单平均和移动平均的所长，不舍弃过去的数据，但是仅给予逐渐减弱的影响程度，即随着数据的远离，赋予逐渐收敛为零的权数。也就是说指数平滑法是在移动平均法基础上发展起来的一种时间序列分析预测法，它是通过计算指数平滑值，配合一定的时间序列预测模型对现象的未来进行预测。其原理是任一期的指数平滑值都是本期实际观察值与前一期指数平滑值的加权平均。根据平滑次数不同，分为一次指数平滑法、二次指数平滑法和三次指数平滑法等。但它们的基本思想都是：预测值是以前观测值的加权和，且对不同的数据给予不同的权数，新数据给予较大的权数，旧数据给予较小的权数。

1. 一次指数平滑预测模型

一次指数平滑预测模型为

$$\hat{y}_{t+T}=s_t^{(1)}=\alpha x_t+(1-\alpha)s_{t-1}^{(1)} \tag{5-48}$$

式中，$s_t^{(1)}$——第 t 期的一次指数平滑值；

　　x_t——第 t 期的资料数据；

　　α——权系数，通常取 $0.1\sim0.3$；

　　$\hat{y}_{t+T}$——第 $t+T$ 期的预测值。

式（5-48）可以递推下去：

$$
\begin{aligned}
s_t^{(1)} &=\alpha x_t+(1-\alpha)s_{t-1}^{(1)}\\
&=\alpha x_t+(1-\alpha)\left[ax_{t-1}+(1-\alpha)s_{t-2}^{(1)}\right]\\
&=\alpha x_t+\alpha(1-\alpha)x_{t-1}+(1-\alpha)^2 s_{t-2}^{(1)}\\
&=\alpha x_t+\alpha(1-\alpha)x_{t-1}+\alpha(1-\alpha)^2 x_{t-2}+\cdots+(1-\alpha)^t s_0^{(1)}
\end{aligned}
$$

可见,在计算 $s_t^{(1)}$ 时,所有的资料数据 x_t 都利用到了。但是,各个 x_t 在 $s_t^{(1)}$ 中发挥的作用是不一样的。近期数据的权大,远期数据的权则依据 $1-\alpha$ 成等比收敛。

预测时初始值的选取:当资料数据较多时(如多于 50 个),可取 $s_0^{(1)}=x_1$ 或 $s_0^{(1)}=\bar{x}$。

上面已经给出了 α 的取值范围。由式(5-48)可知,α 的取值越大,近期数据对预测结果的影响越大,算得的 s_t 反映了较多的新信息。预测理论和经验表明,当 α 的取值较大时预测结果受随机因素干扰的程度也较大,因此在进行预测时既要重视近期信息,又要注意 α 取值大时随机因素影响大的问题。

同一次移动平均预测模型相类似,一次指数平滑预测模型适用于资料数据中不包括某种持续的增长或下降趋势的情况。如果数据资料中含有线性趋势,应采用二次指数平滑预测模型;如果资料数据含有曲线趋势,则采用三次指数平滑预测模型。

2. 二次指数平滑预测模型

当时间序列没有明显的趋势变动时,使用第 t 期一次指数平滑就能直接预测第 $t+1$ 期之值。但当时间序列的变动出现直线趋势时,用一次指数平滑法来预测仍存在着明显的滞后偏差,因此,也需要对其进行修正。修正的方法也是在一次指数平滑的基础上再做二次指数平滑,利用滞后偏差的规律找出曲线的发展方向和发展趋势,然后建立直线趋势预测模型。故称之为二次指数平滑法。

二次指数平滑预测模型为

$$y_{t+T}=a_t+b_t T \tag{5-49}$$

式中,a_t、b_t 称为二次指数平滑系数,其计算公式为

$$a_t=2s_t^{(1)}-s_t^{(2)} \tag{5-50}$$

$$b_t=\frac{\alpha}{1-\alpha}(s_t^{(1)}-s_t^{(2)}) \tag{5-51}$$

式中,$s_t^{(1)}$ 为一次指数平滑值;$s_t^{(2)}$ 为二次指数平滑值。$s_t^{(2)}$ 的计算公式为

$$s_t^{(2)}=\alpha s_t^{(1)}+(1-\alpha)s_{t-1}^{(2)} \tag{5-52}$$

3. 三次指数平滑预测模型

三次指数平滑预测模型为

$$y_{t+T}=a_t+b_t T+c_t T^2 \tag{5-53}$$

式中,a_t、b_t、c_t 称为三次指数平滑系数,其计算公式为

$$\begin{cases} a_t=3s_t^{(1)}-3s_t^{(2)}+s_t^{(3)} \\ b_t=\frac{\alpha}{2(1-\alpha)}[(6-5\alpha)s_t^{(1)}-2(5-4\alpha)3s_t^{(2)}+(4-3\alpha)s_t^{(3)}] \\ c_t=\frac{\alpha^2}{2(1-\alpha)}(s_t^{(1)}-2s_t^{(2)}+s_t^{(3)}) \end{cases} \tag{5-54}$$

式中,$s_t^{(1)}$ 为一次指数平滑值;$s_t^{(2)}$ 为二次指数平滑值;$s_t^{(3)}$ 为三次指数平滑值,计算公式为

$$s_t^{(3)}=\alpha S_t^{(2)}+(1-\alpha)S_{t-1}^{(3)} \tag{5-55}$$

三次指数平滑预测模型几乎适用于各种实际问题。二次指数平滑预测模型可以看成是三次指数平滑预测模型的特例,即 $c_t=0$。

应用指数平滑模型,要用到初始平滑值 $s_0^{(1)}$、$s_0^{(2)}$、$s_0^{(3)}$。如果资料数据点较多(在 50 个以上),可以用 x_1 来代替。因为初始值 s_0 经过较多次平滑后对 s_t 实际的影响很小,可以忽略不计。如果数据点较小,则初始值的影响较大,不容忽视,此时可以采用前几个数据的平均值作为初始值。下面结合例题,介绍初始值的一种估算法。

例 5-3 设有资料数据如表 5-3 左边所列,试建立指数平滑预测模型。

表 5-3 三次指数平滑预测实例表

t	x_t	$s_t^{(1)}$	$s_t^{(2)}$	$s_t^{(3)}$
0	—	51.478	55.134	60.967
1	50.7	51.245	53.967	58.867
2	51.8	51.411	53.200	57.167
3	53.3	51.978	52.834	55.867
4	55.2	52.944	52.867	54.967
5	57.5	54.311	53.300	54.467
6	60.2	56.078	54.133	54.367
7	63.3	58.244	55.367	54.667
8	66.8	60.811	57.000	55.367
9	70.7	63.778	59.033	56.467
10	75.0	67.144	61.467	57.967

解:将资料数据点在平面坐标系中标出,这些点呈曲线趋势,如图 5-3 所示。故采用三次指数平滑法建立其数学模型。

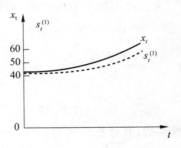

图 5-3 时间序列 t 与 x_t、$s_t^{(1)}$ 趋势图

步骤 1:估算平滑系数。采用 $\hat{a}_t$、$\hat{b}_t$、$\hat{c}_t$ 来表示平滑系数的估算值。以 $y_i = x_i (i = 1,2,3)$ 代入模型,得

$$
\begin{cases}
\hat{a}_t + \hat{b}_t + \hat{c}_t = 50.7 \\
\hat{a}_t + 2\hat{b}_t + 4\hat{c}_t = 51.8 \\
\hat{a}_t + 3\hat{b}_t + 9\hat{c}_t = 53.3
\end{cases}
$$

解之,得 $\hat{a}_t=50,\hat{b}_t=0.5,\hat{c}_t=0.2$。

步骤2:估算初始值 $s_0^{(1)}$、$s_0^{(2)}$、$s_0^{(3)}$。将以上结果代入以下公式:

$$\begin{cases} s_0^{(1)}=\hat{a}_t-\dfrac{1-\alpha}{\alpha}\hat{b}_t+\dfrac{(1-\alpha)(2-\alpha)}{\alpha^2}\hat{c}_t \\[3mm] s_0^{(2)}=\hat{a}_t-\dfrac{2(1-\alpha)}{\alpha}\hat{b}_t+\dfrac{2(1-\alpha)(3-2\alpha)}{\alpha^2}\hat{c}_t \\[3mm] s_0^{(3)}=\hat{a}_t-\dfrac{3(1-\alpha)}{\alpha}\hat{b}_t+\dfrac{3(1-\alpha)(4-3\alpha)}{\alpha^2}\hat{c}_t \end{cases}$$

取 $\alpha=0.3$,经计算得

$$s_0^{(1)}=51.478, \quad s_0^{(2)}=55.134, \quad s_0^{(3)}=60.967$$

步骤3:计算 $s_t^{(1)}$、$s_t^{(2)}$、$s_t^{(3)}$。将以上初始值估算结果填入表5-3,根据一次公式计算 $s_t^{(1)}$,根据二次公式计算 $s_t^{(2)}$,根据三次公式计算 $s_t^{(3)}$,如表5-3所示。

步骤4:计算平滑系数。根据公式,利用数据 $s_t^{(1)}$、$s_t^{(2)}$、$s_t^{(3)}$ 计算平滑系数 a_t、b_t、c_t。例如取 $t=10$,计算得到

$$a_{10}=3s_{10}^{(1)}-3s_{10}^{(2)}+s_{10}^{(3)}=3\times67.144-3\times61.467+57.967=75.0$$

$$b_{10}=\frac{\alpha}{2(1-\alpha)}\left[(6-5\alpha)s_{10}^{(1)}-2(5-4\alpha)s_{10}^{(2)}+(4-3\alpha)s_{10}^{(3)}\right]$$

$$=\frac{0.3}{2\times0.7}(4.5\times67.144-7.6\times61.467+3.1\times57.967)=3.15$$

$$c_{10}=\frac{\alpha^2}{2(1-\alpha)}(s_{10}^{(1)}-2s_{10}^{(2)}+s_{10}^{(3)})$$

$$=\frac{0.3^2}{2\times0.7}(67.144-2\times61.467+57.967)=0.14$$

于是,建立三次平滑预测模型

$$y_{10+T}=75.0+3.15T+0.14T^2$$

步骤5:利用模型进行预测。设 $T=1,2,3$,代入模型得

$$y_{10+1}=y_{11}=78.29$$

$$y_{10+2}=y_{12}=81.86$$

$$y_{10+3}=y_{13}=85.71$$

在图5-3上还表示了一次平滑值 $s_t^{(1)}$,可以看到,$s_t^{(1)}$ 对于 x_t 存在较大的滞后偏差。$s_t^{(2)}$、$s_t^{(3)}$ 的滞后偏差更严重。必须建立模型,才能较好地反映原资料数据 x_t 的曲线趋势,进而用于预测。

5.4.3 预测技术的比较

1. 指数平滑法与移动平均法的比较

指数平滑法是移动平均法的改进与发展,下面的推导可以说明这一点。根据一次移动平均公式可得

$$M_{t-1}^{(1)}=\frac{1}{N}(x_{t-1}+x_{t-2}+\cdots+x_{t-N})$$

就是说，$M_{t-1}^{(1)}$是对含有 x_{t-N} 在内的 N 个数据所取的平均值。不妨用 $M_{t-1}^{(1)}$ 作为 x_{t-N} 的近似值，代入上式得

$$M_t^{(1)}=M_{t-1}^{(1)}+\frac{1}{N}(x_t-x_{t-N})\approx M_{t-1}^{(1)}+\frac{1}{N}(x_t-M_{t-1}^{(1)})$$

令 $\alpha=\dfrac{1}{N}$，$s_t^{(1)}=M_t^{(1)}$，$s_{t-1}^{(1)}=M_{t-1}^{(1)}$，则上式可以改写为

$$s_t^{(1)}\approx\alpha x_t+(1-\alpha)s_{t-1}^{(1)}$$

再把近似等号改写为等号，就得到了一次指数平滑公式。

二次指数平滑法与二次移动平均法也有类似的关系。

在实际应用中，往往是取几个不同的 α 值或 N 值进行计算，比较计算结果，从而选定一个合适的 α 值或 N 值。一般来说，如果资料数据点的基本图形经常改变，应该选用较大的 α 或较小的 N；否则反之。

在运算过程中，指数平滑法所需要的数据资料比移动平均法要少，特别在高阶次模型中更是如此。

2. 平滑预测技术与回归预测技术的比较

回归模型既适用于因果关系，也适用于时间序列。平滑模型只适用于时间序列。对于时间序列，平滑技术比回归方法更适用、更简单。回归方法对于时间序列的每一个数据点都予以同等重视，而平滑方法则按数据点的近远赋予大小不等的权系数，这是平滑方法的优点。

但是平滑系数是根据经验整理出来的，具有一定的主观随意性。而回归系数是根据统计学原理推导出来的，具有公式化的特点。回归方法可以对预测模型与预测值进行统计检验与分析，平滑方法则不能。

5.5 马尔可夫链分析法预测

在预测分析中，常常需要根据当前的状态和发展趋向预测未来的状态发生的可能性，也就是状态实现的概率，马尔可夫分析法就是这样一种预测方法。马尔可夫(A. Markov，1856—1922)是俄国数学家，1878 年大学毕业于彼得堡大学数学系，1884 年获物理数学博士学位，1886 年成为教授，1896 年当选为彼得堡院士。他对概率论、数理统计、数论、函数逼近论、微分方程、数的几何等都有建树。他开创了一种无后效性随机过程的研究，即在已知当前状态的情况下，过程的未来状态与其过去状态无关，这就是现在大家熟悉的马尔可夫过

程。马尔可夫的工作极大地丰富了概率论的内容,促使它成为自然科学和技术直接有关的最重要的数学领域之一。在生产实际中,应用马尔可夫分析法可以对企业的规模、市场占有率、服务点的选择、设备的更新等问题进行预测。

5.5.1　马尔可夫链的概念

马尔可夫过程是一类重要的随机过程。它的特点是,当过程在时刻 t_0 所处的状态为已知时,过程在时刻 $t(t>t_0)$ 所处的状态与过程在 t_0 时刻之前的状态无关。马尔可夫过程的这个特性称为无后效性。如果马尔可夫过程的状态和时间都是离散的,则这样的过程称为马尔可夫链,这里"链"的含义是指,只有在顺序相邻的两个随机变量之间具有相关关系,因而只要表达这两个随机变量之间的联合分布或条件分布,就足以说明该随机过程的性质和特征,从而避免了对过程中所有随机变量相关性的分析。但是这种简化并不妨碍对实际生活中各类问题的描述和研究。例如,对于某地区每年的气候按一定的指标可分为旱、涝两种状态,这样根据多年记录的气候资料就可形成一个以年为时间单位,每一时间只出现旱、涝两种状态之一的时间离散、状态离散的随机时间序列,即马尔可夫链。当然在实际问题中时间可以以年、月、日、时、分、秒等为单位,状态也可能有多种形式,对于本例,也可以按一定的指标将每年的气候划分为轻旱、旱、大旱、正常、轻涝、涝、大涝等七种状态。

在马尔可夫链中,一个重要的概念就是状态的转移。如果过程由一个特定的状态变化到另一个特定的状态,就说过程实现了状态转移。例如上面的问题有旱、涝两种状态,则状态的转移就有四种情形,即由旱到旱、由旱到涝、由涝到旱以及由涝到涝。究竟在某时刻 t_n 发生哪一种状态,完全是随机的。这种过程可用图 5-4 所示的状态转移图来表示。显然,在这种状态转移过程中,第 t_n 时刻的状态只与第 t_{n-1} 时刻的状态有关,而与 t_{n-1} 时刻以前的状态转移无关。

图 5-4　旱涝状态转移图

5.5.2　状态转移概率矩阵及其基本性质

既然状态的转移是一种随机现象,那么为了对状态转移过程进行定量描述,必须引入状态转移概率的概念。所谓状态转移概率,是指由状态 i 转移到状态 j 的概率,记为 p_{ij}。以图 5-4 所示的状态转移过程为例,假设状态 1 为旱,状态 2 为涝,则由旱转移到旱的状态转移概率可记为 p_{11},由旱转移到涝的转移概率可记为 p_{12},同理,由涝转移到旱和由涝转移到涝的转移概率可分别记为 p_{21} 和 p_{22}。

如果把上述状态转移概率用矩阵表示,即

$$\boldsymbol{P}=\begin{bmatrix} p_{11} & p_{12} \\ p_{21} & p_{22} \end{bmatrix}$$

则 P 称为状态转移概率矩阵,简称概率矩阵。若有 n 个状态,则概率矩阵为

$$P = \begin{bmatrix} p_{11} & p_{12} & \cdots & p_{1n} \\ p_{21} & p_{22} & \cdots & p_{2n} \\ \vdots & \vdots & & \vdots \\ p_{n1} & p_{n2} & \cdots & p_{nn} \end{bmatrix}$$

其中,$p_{ij} \geqslant 0$,$i,j = 1,2,\cdots,n$,$\sum\limits_{j=1}^{n} p_{ij} = 1$,第 i 行的向量 $p_{i1}, p_{i2}, \cdots, p_{in}$ 称为概率向量。

概率矩阵有以下两个基本性质。

性质 1 若 $U = (u_1, u_2, \cdots, u_n)$ 是一个 n 维向量,$P = [p_{ij}]_{n \times n}$ 为一 n 阶概率矩阵,则 UP 也是一个 n 维概率向量。

性质 2 若 $A = [a_{ij}]_{n \times n}$,$B = [b_{ij}]_{n \times n}$ 都是 n 阶概率矩阵,则 AB 也是一个 n 阶概率矩阵。

例 5-4 设 $U = (0.4, 0.6)$,$P = \begin{bmatrix} 0 & 1 \\ 0.3 & 0.7 \end{bmatrix}$,则有 $UP = (0.4, 0.6) \begin{bmatrix} 0 & 1 \\ 0.3 & 0.7 \end{bmatrix} = (0.18, 0.82)$,显然,$UP$ 为一概率向量(因为 $0.18 + 0.82 = 1$)。

例 5-5 设 $A = \begin{bmatrix} 0.2 & 0.8 \\ 0.5 & 0.5 \end{bmatrix}$,$B = \begin{bmatrix} 1 & 0 \\ 0.4 & 0.6 \end{bmatrix}$,则有 $AB = \begin{bmatrix} 0.52 & 0.48 \\ 0.70 & 0.30 \end{bmatrix}$,显然 AB 为一概率矩阵。

5.5.3 k 步状态转移概率矩阵

马尔可夫链是一个离散的随机状态时间序列,序列中的每个状态可以认为是过程的一个阶段,第 k 阶段状态发生的概率可以根据第 $k-1$ 阶段状态发生的概率来确定。因此,可以根据概率论中条件概率的运算法则,由第 $k-1$ 阶段的状态概率去推算第 k 阶段的状态概率,然后可由第 k 阶段的状态概率推算第 $k+1$ 阶段的状态概率,依次类推,这样的过程称为马尔可夫链分析。因此,马尔可夫链分析的关键在于确定从第 i 个状态,中间经过 k 个阶段(即 k 步转移)后,到达第 j 个状态的概率 $p_{ij}^{(k)}$。于是马尔可夫链的第 k 步状态转移概率矩阵可表示为

$$P^{(k)} = \begin{bmatrix} p_{11}^{(k)} & p_{12}^{(k)} & \cdots & p_{1n}^{(k)} \\ p_{21}^{(k)} & p_{22}^{(k)} & \cdots & p_{2n}^{(k)} \\ \vdots & \vdots & & \vdots \\ p_{n1}^{(k)} & p_{n2}^{(k)} & \cdots & p_{nn}^{(k)} \end{bmatrix} \tag{5-56}$$

下面通过一个具体的实例说明 k 步状态转移概率矩阵的求法。

例 5-6 某机床的使用情况有正常和不正常两种状态。根据以往资料,若该机床当天运转正常,则下一天运转正常的概率为 0.8,变为不正常的概率为 0.2;若该机床当天运转不正常,则下一天转为正常的概率为 0.6,仍为不正常的概率为 0.4。

根据题意,可得到该问题的概率矩阵为

$$P = \begin{bmatrix} 0.8 & 0.2 \\ 0.6 & 0.4 \end{bmatrix}$$

若用 C_i、$N_i(i=1,2,\cdots)$ 分别表示机床第 i 天运转正常和不正常两种状态,则由第 i 天到第 $i+1$ 天的 1 步状态转移概率矩阵为

$$\boldsymbol{P}^{(1)} = \boldsymbol{P} = \begin{bmatrix} 0.8 & 0.2 \\ 0.6 & 0.4 \end{bmatrix}$$

现在计算由第一天到第三天的 2 步状态转移概率矩阵。欲由第一天的状态概率推算出第三天的状态概率,必须先求第二天的状态概率。由前面的公式知,在 C_1 和 N_1 分别发生的条件下,C_2 和 N_2 发生的概率分别为

$$p(C_2 \mid C_1) = 0.8$$
$$p(N_2 \mid C_1) = 0.2$$
$$p(C_2 \mid N_1) = 0.6$$
$$p(N_2 \mid N_1) = 0.4$$

同样,在 C_2 和 N_2 分别发生的条件下,C_3 和 N_3 发生的概率分别为

$$p(C_3 \mid C_2) = 0.8$$
$$p(N_3 \mid C_2) = 0.2$$
$$p(C_3 \mid N_2) = 0.6$$
$$p(N_3 \mid N_2) = 0.4$$

根据条件概率的运算法则,在 C_1 和 N_1 分别发生的条件下,C_3 和 N_3 分别发生的概率为

$$p(C_3 \mid C_1) = p_{11}^{(2)} = p(C_2 \mid C_1)p(C_3 \mid C_2) + p(N_2 \mid C_1)p(C_3 \mid N_2)$$
$$= 0.8 \times 0.8 + 0.2 \times 0.6 = 0.76$$
$$p(N_3 \mid C_1) = p_{12}^{(2)} = p(C_2 \mid C_1)p(N_3 \mid C_2) + p(N_2 \mid C_1)p(N_3 \mid N_2)$$
$$= 0.8 \times 0.2 + 0.2 \times 0.4 = 0.24$$
$$p(C_3 \mid N_1) = p_{21}^{(2)} = p(C_2 \mid N_1)p(C_3 \mid C_2) + p(N_2 \mid N_1)p(C_3 \mid N_2)$$
$$= 0.6 \times 0.8 + 0.4 \times 0.6 = 0.72$$
$$p(N_3 \mid N_1) = p_{22}^{(2)} = p(C_2 \mid N_1)p(N_3 \mid C_2) + p(N_2 \mid N_1)p(N_3 \mid N_2)$$
$$= 0.6 \times 0.2 + 0.4 \times 0.4 = 0.28$$

于是可得第一天到第三天的 2 步状态转移概率矩阵为

$$\boldsymbol{P}^{(2)} = \begin{bmatrix} p_{11}^{(2)} & p_{12}^{(2)} \\ p_{21}^{(2)} & p_{22}^{(2)} \end{bmatrix} = \begin{bmatrix} 0.76 & 0.24 \\ 0.72 & 0.28 \end{bmatrix}$$

事实上,2 步状态转移概率矩阵可以通过概率矩阵 $\boldsymbol{P}^{(2)}$ 的二次方得到,这是因为

$$\boldsymbol{P}^2 = \begin{bmatrix} 0.8 & 0.2 \\ 0.6 & 0.4 \end{bmatrix}\begin{bmatrix} 0.8 & 0.2 \\ 0.6 & 0.4 \end{bmatrix} = \begin{bmatrix} 0.76 & 0.24 \\ 0.72 & 0.28 \end{bmatrix}$$
$$= \begin{bmatrix} p_{11}^{(2)} & p_{12}^{(2)} \\ p_{21}^{(2)} & p_{22}^{(2)} \end{bmatrix} = P^{(2)}$$

一般地,有

$$\boldsymbol{P}^{(k)} = \boldsymbol{P}^k$$
$$\boldsymbol{P}^{(k)} = \boldsymbol{P}^{(k-1)}\boldsymbol{P}, \quad k=1,2,\cdots \tag{5-57}$$

例如,上面的问题中由第一天到第四天的 3 步状态转移概率矩阵为

$$\boldsymbol{P}^{(3)} = \boldsymbol{P}^3 = \boldsymbol{P}^{(2)}\boldsymbol{P} = \begin{bmatrix} 0.76 & 0.24 \\ 0.72 & 0.28 \end{bmatrix}\begin{bmatrix} 0.8 & 0.2 \\ 0.6 & 0.4 \end{bmatrix} = \begin{bmatrix} 0.752 & 0.248 \\ 0.744 & 0.256 \end{bmatrix}$$

由此可见,只要已知系统的概率矩阵 P,则从某一状态经 k 步后的状态转移概率矩阵 $P^{(k)}$ 即可求得,由此便可对系统状态的发展趋势做出预测。

5.5.4 稳定状态概率向量

马尔可夫 k 步状态转移概率矩阵有一个重要的特征,就是当转移步数 k 逐步增高时,状态转移概率矩阵逐步趋于稳定。例如上面的问题中,

$$P^{(1)} = \begin{bmatrix} 0.8 & 0.2 \\ 0.6 & 0.4 \end{bmatrix}, \quad P^{(2)} = \begin{bmatrix} 0.76 & 0.24 \\ 0.72 & 0.28 \end{bmatrix}, \quad P^{(3)} = \begin{bmatrix} 0.752 & 0.248 \\ 0.744 & 0.256 \end{bmatrix}$$

$$P^{(4)} = \begin{bmatrix} 0.752 & 0.248 \\ 0.744 & 0.256 \end{bmatrix} \begin{bmatrix} 0.8 & 0.2 \\ 0.6 & 0.4 \end{bmatrix} = \begin{bmatrix} 0.7504 & 0.2496 \\ 0.7488 & 0.2512 \end{bmatrix}$$

$$P^{(5)} = \begin{bmatrix} 0.7504 & 0.2496 \\ 0.7488 & 0.2512 \end{bmatrix} \begin{bmatrix} 0.8 & 0.2 \\ 0.6 & 0.4 \end{bmatrix} = \begin{bmatrix} 0.75008 & 0.24992 \\ 0.74976 & 0.25024 \end{bmatrix}$$

显然,经过四步转移之后已大致趋于稳定,也就是说,状态转移次数再增大,状态转移概率矩阵的变化很小,并逐渐趋于稳定。状态转移概率矩阵为

$$S = \lim_{\substack{k \to +\infty \\ \text{且为整数}}} P^{(k)} = \begin{bmatrix} 0.75 & 0.25 \\ 0.75 & 0.25 \end{bmatrix}$$

由此可见,稳定状态转移矩阵的概率向量相同。我们把这样的概率向量称为稳定状态概率向量。上面的结果表明,不管初始状态如何,经过若干阶段以后,各状态发生的概率趋于稳定,即机床正常运转的概率为 0.75,不正常的概率为 0.25。

为了确定状态概率向量,现引入正规概率矩阵的概念。

设 $P = (p_{ij})_{n \times n}$ 是一个概率矩阵,且存在一个正整数 k 使矩阵 p^k 中的每个元素均是正数,则称 P 为一个正规概率矩阵。

例 5-7 设有概率矩阵

$$A = \begin{bmatrix} 0 & 1 \\ \dfrac{1}{2} & \dfrac{1}{2} \end{bmatrix}, \quad B = \begin{bmatrix} 1 & 0 \\ \dfrac{1}{2} & \dfrac{1}{2} \end{bmatrix}$$

则有

$$A^2 = \begin{bmatrix} \dfrac{1}{2} & \dfrac{1}{2} \\ \dfrac{1}{4} & \dfrac{3}{4} \end{bmatrix}, \quad B^2 = \begin{bmatrix} 1 & 0 \\ \dfrac{3}{4} & \dfrac{1}{4} \end{bmatrix}, \quad B^3 = \begin{bmatrix} 1 & 0 \\ \dfrac{15}{16} & \dfrac{1}{16} \end{bmatrix}, \quad \cdots, \quad B^k = \begin{bmatrix} 1 & 0 \\ \dfrac{2^k - 1}{2^k} & \dfrac{1}{2^k} \end{bmatrix}$$

根据上述定义可知,矩阵 A 是正规概率矩阵,而矩阵 B 不是正规概率矩阵。

在马尔可夫链分析中,要用到下列重要结论。

设 P 为一正规概率矩阵,则:

(1) 一定存在一个概率向量 $X = (x_1, x_2, \cdots, x_n)$,使得 $XP = X$,且有 $x_j > 0, j = 1, 2, \cdots, n$;

(2) 当 $k \to +\infty$,且为整数时, $\boldsymbol{P}^k \to \boldsymbol{S}$,且 $\boldsymbol{S}$ 的每一行向量相同,均等于向量 $\boldsymbol{X}$;

(3) 对于任一 n 维概率向量 $\boldsymbol{U}=(u_1,u_2,\cdots,u_n)$,当 $n \to +\infty$,且为整数时,总有 $\boldsymbol{U}\boldsymbol{P}^k \to \boldsymbol{X}$。

上述结论可以用上面的机床运转正常与不正常这个例子加以验证。

设概率向量 $\boldsymbol{X}=(x_1,x_2)$ 满足 $\boldsymbol{X}\boldsymbol{P}=\boldsymbol{X}$,则有

$$(x_1,x_2)\begin{bmatrix} 0.8 & 0.2 \\ 0.6 & 0.4 \end{bmatrix}=(x_1,x_2)$$

即

$$\begin{cases} 0.8x_1+0.6x_2=x_1 \\ 0.2x_1+0.4x_2=x_2 \end{cases}$$

可以看出,这两个方程不是相互独立的。事实上,两方程相加可得到如下恒等式:

$$x_1+x_2=x_1+x_2$$

同样,对于一般的 n 阶概率矩阵 $\boldsymbol{P}$,方程 $\boldsymbol{X}\boldsymbol{P}=\boldsymbol{X}$ 中的 n 个方程也不是相互独立的。然而我们可以用概率向量 $\boldsymbol{X}$ 应满足的条件

$$x_1+x_2+\cdots+x_n=1$$

来取代方程组 $\boldsymbol{X}\boldsymbol{P}=\boldsymbol{X}$ 中的任一个方程,组成另一个方程组,即可从中解出 $x_1,x_2,\cdots,x_n$。于是,用 $x_1+x_2=1$ 取代上面方程组中的第二个方程,故

$$\begin{cases} 0.8x_1+0.6x_2=x_1 \\ x_1+x_2=1 \end{cases}$$

解之得 $x_1=0.75,x_2=0.25$,故 $\boldsymbol{X}=(0.75,0.25)$。

显然 $\boldsymbol{X}=(0.75,0.25)$ 与 $\boldsymbol{P}$ 的稳定状态概率矩阵的每一行向量相同。

另一方面,设 $\boldsymbol{U}=(u_1,u_2)$ 为任一概率向量,由 $\boldsymbol{P}^k \to \boldsymbol{S}(k \to \infty,$ 且为整数) 可得

$$\boldsymbol{U}\boldsymbol{P}^k \to \boldsymbol{U}\boldsymbol{S}$$

即

$$\boldsymbol{U}\boldsymbol{S}=(u_1,u_2)\begin{bmatrix} 0.75 & 0.25 \\ 0.75 & 0.25 \end{bmatrix}=[0.75(u_1+u_2),0.25(u_1+u_2)]=(0.75,0.25)$$

5.5.5 马尔可夫链分析的预测应用

下面结合几个具体实例说明马尔可夫链分析在预测中的应用。

例 5-8 设某商品的月销售情况按一定的指数可分为畅销和滞销两种状态,且知过去 20 个月的销售状况如下:

时间/月:	1	2	3	4	5	6	7	8	9	10
状态:	畅	畅	滞	畅	滞	滞	畅	畅	畅	滞

时间/月:	11	12	13	14	15	16	17	18	19	20
状态:	畅	滞	畅	畅	滞	滞	畅	畅	滞	畅

解:从每月统计结果知道,畅销状态共出现了 11 次(除去第 20 月的状态),其中由畅销到畅销出现了 5 次,由畅销到滞销出现了 6 次。设畅销为状态 1,滞销为状态 2,于是可求得

由畅销到畅销和由畅销到滞销的状态转移概率分别为

$$p_{11} = 5/11 = 0.4545$$
$$p_{12} = 6/11 = 0.5455$$

同理可求得由滞销到畅销和由滞销到滞销的状态转移概率分别为

$$p_{21} = 6/8 = 0.75$$
$$p_{22} = 2/8 = 0.25$$

于是得到该问题的状态转移概率矩阵为

$$\boldsymbol{P} = \begin{bmatrix} p_{11} & p_{12} \\ p_{21} & p_{22} \end{bmatrix} = \begin{bmatrix} 0.4545 & 0.5455 \\ 0.75 & 0.25 \end{bmatrix}$$

根据 $\boldsymbol{P}$ 即可对系统状态发展的趋势进行预测。第 20 月商品正处于畅销状态,无滞销可言,于是第 20 月的状态概率向量为

$$\boldsymbol{P}(20) = (1, 0)$$

则第 21 月的状态概率向量为

$$\boldsymbol{P}(21) = \boldsymbol{P}(20)\boldsymbol{P} = (1, 0) \begin{bmatrix} 0.4545 & 0.5455 \\ 0.75 & 0.25 \end{bmatrix} = (0.4545, 0.5455)$$

由此可见,经过一步转移后,商品继续保持畅销的概率为 0.4545,而转入滞销的概率为 0.5455。同样还可对第 21 月后各个月的状态概率向量进行预测。

下面计算稳定状态概率向量 $\boldsymbol{X}$。设 $\boldsymbol{X} = (x_1, x_2)$,则有

$$\boldsymbol{XP} = \boldsymbol{X}$$

$$(x_1, x_2) \begin{bmatrix} \dfrac{5}{11} & \dfrac{6}{11} \\ \dfrac{6}{8} & \dfrac{2}{8} \end{bmatrix} = (x_1, x_2)$$

即

$$\begin{cases} \dfrac{5}{11}x_1 + \dfrac{6}{8}x_2 = x_1 \\ \dfrac{6}{11}x_1 + \dfrac{2}{8}x_2 = x_2 \end{cases}$$

考虑到 $x_1 + x_2 = 1$,得 $x_1 = 11/19 = 0.5789$,$x_2 = 8/19 = 0.4211$。就是说,该商品将来畅销的概率为 0.5789,滞销的概率为 0.4211。

例 5-9 颐和园游船出租部门决定设立三个租船点,即知春亭、石舫、龙王庙。游人可在任意租船点上租船和还船。根据统计资料,游人在各点上租船后,在不同点上还船的概率如表 5-4 所示。租船部门想了解经过长期租船活动以后,船只在各点上的分布情况。

表 5-4　还船概率统计表

租＼还	知春亭 (1)	石舫 (2)	龙王庙 (3)
知春亭(1)	0.80	0.10	0.10
石舫(2)	0.20	0.70	0.10
龙王庙(3)	0.30	0.05	0.65

解：根据题意，可得到该问题的状态转移概率矩阵为

$$\boldsymbol{P}=\begin{bmatrix} p_{11} & p_{12} & p_{13} \\ p_{21} & p_{22} & p_{23} \\ p_{31} & p_{32} & p_{33} \end{bmatrix}=\begin{bmatrix} 0.80 & 0.10 & 0.10 \\ 0.20 & 0.70 & 0.10 \\ 0.30 & 0.05 & 0.65 \end{bmatrix}$$

根据 $\boldsymbol{P}$ 即可对系统状态(也就是船只在各点上的分布情况)进行预测。下面计算船只的分布情况即稳定状态概率向量。

设稳定状态概率向量为 $\boldsymbol{x}$，$\boldsymbol{x}=(x_1,x_2,x_3)$，则有

$$(x_1,x_2,x_3)\begin{bmatrix} 0.80 & 0.10 & 0.10 \\ 0.20 & 0.70 & 0.10 \\ 0.30 & 0.05 & 0.65 \end{bmatrix}=(x_1,x_2,x_3)$$

由于 $x_1+x_2+x_3=1$，可得 $x_1=0.556,x_2=0.222,x_3=0.222$，即经过长期租还活动以后，将有 55.6% 的船在知春亭，而在石舫和龙王庙各有 22.2% 的游船。

5.6 预测中的数据处理与结果评判

本章前五节主要介绍了预测的数学模型和建立模型的方法。在实际预测中，确定了目标和影响因素之后，就要收集数据。值得注意的是，实际操作往往并不是直接利用原始数据去建立数学模型，而是要使用一些科学的数据处理方法对原始数据进行处理，得到合乎逻辑的目标和影响因素数据序列，然后用其建立起数学模型；利用建立的模型进行预测，其结果能否用于决策还需要进行评判，只有在确信预测结果符合事物的发展规律时，才能将其作为决策的依据。预测中对数据的处理与结果评判有很强的技巧性，且具有十分重要的意义。

5.6.1 数据的鉴别与处理

对数据的鉴别主要指鉴别其真实性和可比性，目的是采取适当的方法加以处理，以提高预测结果的可靠性和准确性。

1. 对数据真实性的鉴别与处理

数据真实与否有多方面的原因，如统计准确性、统计口径、采集数据时间范围内出现导致数据发生阶跃的情况等。在采集到原始数据后，要对其进行认真的分析和鉴别，确定其真实性，不能不加分析地直接使用。发现数据不准确时要进行修正。

例如,在进行钢材消费预测时,从国家统计局公布的资料中采集到的原始数据可知,1981 年的钢材消费量比 1980 年减少了 200 万 t 左右。但有关部门在进行全面调查后,发现 1981 年的钢材消费量比 1980 年实际增加了 100 多万 t。在实际应用时,就舍弃了从统计表中得到的原始数据,使用了调查得到的符合实际的数据。再如,某省在预测小麦种植面积时,从统计局得到了历年小麦种植面积的统计数据。研究小组经抽样调查发现,实际种植面积为上报数据的 90%。在预测时,研究人员将统计数据乘以 90%,得到一个修正的数据序列,建立了较为符合实际的预测模型。

有时对数据进行判别后确定序列中有一组数据不真实,但又难以找到合适的修正办法或依据,在此情况下,可以剔除该组数据,以免对预测结果产生不良影响。

2. 对数据可比性的鉴别与处理

统计数据中存在计量单位的差别,在使用时要注意统一计量单位。以货币单位为统计量的统计数据,往往以当年货币值进行统计,由于通货膨胀的影响,各年度的统计数据之间就没有可比性。在使用这类数据进行预测时,要将各年度的统计数据按其中一年的不变价格折算,得到新的数据序列,然后建立预测模型。进行国际的预测时,既要统一货币单位,又要以统一后的货币单位为基础按不变价格对有关数据进行折算。

3. 对异常数据的鉴别与处理

建立预测模型的假设条件之一是预测对象在一定时期按事物的内在发展规律而变化,所以采用的统计数据应该是反映预测目标或影响因素正常发展规律的数据。但是,经鉴别后确认是真实的数据,并不一定都是反映预测目标或影响因素正常发展规律的,有的可能是由偶然的或特殊的因素造成的。对由偶然的或特殊的因素影响产生的数据,在进行预测时要作适当处理。常用的处理方法有以下几种。

1)剔除法

如果统计数据较多或异常数据较少,则可将不反映预测目标或影响因素正常发展规律的数据组剔除。

2)平均值法

如原有统计数据较少,或异常数据较多,剔除异常数据后所剩数据样本量过小,不符合建立预测模型的样本量要求,则可从原数据序列中去掉异常数据,采用平均值法在同一位置补上符合规律的修正值。平均值法分为算术平均值法和几何平均值法。

(1)算术平均值法。在利用时间序列外推法建立趋势方程时,如果变量的发展趋势大致呈线性趋势,则可用异常数据前后的两个相邻的正常数据的算术平均值作为异常数据的修正值,即

$$x'_t = \frac{x_{t-1} + x_{t+1}}{2} \tag{5-58}$$

式中,x'_t——异常数据的修正值;

x_{t-1}——与异常数据相邻的前一个正常数据;

x_{t+1}——与异常数据相邻的后一个正常数据。

在利用因果关系建立一元回归模型时,如果预测目标与影响因素大致呈线性趋势,也可

用算术平均值作为异常数据的修正值,即

$$y'_k = \frac{y_{k-1}x_{k-1} + y_{k+1}x_{k+1}}{2x_k} \tag{5-59}$$

式中,y'_k——异常数据的修正值;

y_{k-1}——与异常数据相邻的前一个正常目标数据;

y_{k+1}——与异常数据相邻的后一个正常目标数据;

x_k——与异常目标数据对应的自变量数据;

x_{k-1}——与异常目标数据对应的自变量相邻的前一个正常自变量数据;

x_{k+1}——与异常目标数据对应的自变量相邻的后一个正常自变量数据。

(2)几何平均值法。如果变量发展趋势呈非线性,则可采用几何平均值作为异常数据的修正值。对于时间序列的模型,几何平均值为

$$x'_t = \sqrt{x_{t-1}x_{t+1}} \tag{5-60}$$

对于因果关系的回归模型,几何平均值为

$$y'_k = \frac{\sqrt{y_{k-1}x_{k-1}y_{k+1}x_{k+1}}}{x_k} \tag{5-61}$$

式(5-60)和式(5-61)中的各变量表示的意义分别与式(5-58)和式(5-59)中的各变量表示的意义相同。

3)对条件变化的处理方法

由于条件的变化,前后的数据往往会发生阶跃,用变化前的数据就不能反映变化后的发展趋势。此种情况下,要分析条件变化对目标值的影响,用适当的方法将预测目标的统计数据折算为变化后条件下的数值。常用的方法有拉平法和比例法。

(1)拉平法

例5-10 某企业水泵年产量历史统计数据如表5-5所示。从1991年到1998年的水泵产量数据序列中,1994年到1995年有阶跃性变化。经了解,发生产量大幅提高,是由于企业新增生产设备,提高了生产能力。由于生产条件改变了,用1994年以前的数据建立时间序列外推模型预测生产条件改变后的1999年的产量显然不适用。如果去掉1994年以前的数据,则剩余的数据就太少,不符合预测对数据量的要求。对于这种情况,就可以用拉平法处理。1995年生产条件改变后,新增生产能力2000台/年。将1994年以前的产量数据分别加上2000台,就相当于1994年以前的生产能力与1995年以后相同,"拉平"了生产条件。用拉平法处理后的数据如表5-6所示。由表5-6可见,用处理后的数据进行时间序列趋势外推,预测结果要比利用原始数据更为准确。

表5-5 某企业水泵年产量统计表

年份	1991	1992	1993	1994	1995	1996	1997	1998
产量/台	4100	4500	5000	5400	7300	7800	9300	9800

表5-6 用拉平法处理后某企业水泵年产量数据表

年份	1991	1992	1993	1994	1995	1996	1997	1998
产量/台	6100	6500	7000	7400	7300	7800	9300	9800

（2）比例法

例 5-11　企业销售条件发生变化时，产品市场占有率会发生相应的变化。某企业产品在一个地区的销售量和市场占有率如表 5-7 所示。在 1996 年以前，由于地方保护主义，该企业生产的汽车在本地区的市场占有率一直保持在 60% 左右，且销售量随地区经济和人口增长呈增加的趋势。1997 年，由于该地区顺应市场经济发展的要求，取消了地方保护主义，外地产品可以不受限制地进入该地区，形成了竞争，导致该企业汽车市场占有率大幅下降。从市场占有率看 1977 年的数据发生了阶跃下跌，但这种阶跃不是异常的，而是反映市场规律的，因此在建立预测模型时，不能将其作为异常数据处理，而应以此为重要参考，处理没有形成市场竞争以前的数据，以体现 1997 年以后的市场条件。处理时，先计算出该地区处理年份的销售总量，按 1997 年的市场占有率计算出市场条件下的销售量，并以该值作为处理值，计算公式如下：

$$t \text{ 年的销售量处理值} = \frac{t \text{ 年的实际销售量}}{t \text{ 年的市场占有率}} \times 1997 \text{ 年的市场占有率} \tag{5-62}$$

表 5-7　某企业在某地区汽车销售量及市场占有率统计表

年份	1990	1991	1992	1993	1994	1995	1996	1997
销售量/辆	6536	6438	8022	6206	7034	8633	8954	7008
市场占有率/%	61	58	63	57	63	57	59	43

例如，1996 年的销售量处理值 $= \frac{8954}{59\%} \times 43\%$ 万辆 $= 6526$ 万辆，采用比例法处理后的各年度销售量如表 5-8 所示。用表 5-8 所示的数据建立预测模型预测 1997 年以后的销售量，比用表 5-7 的数据更为准确。

表 5-8　采用比例法处理后的某企业在某地区汽车销售量数据表

年份	1990	1991	1992	1993	1994	1995	1996	1997
销售量/辆	4607	4773	5475	4750	4801	6513	6526	7008

5.6.2　无数量标志因素的数量化

除前面讨论的因素之外，预测目标经常会受到诸如用户爱好、消费习惯、政治导向、劳动积极性等无数量标志因素的影响。这些因素在前面的讨论中都是作为次要因素或异常因素来处理的。但是，有时这些因素对预测目标的变化起着重要作用，甚至决定着目标值的大小，与目标之间存在因果关系。然而，由于这些因素没有数量标志，无法直接用来建立预测模型，因此必须将其数量化。无数量标志因素数量化的常用方法有比值法和估计比较法。

1. 比值法

1）以固定时期统计数据作基准的比值法

如果无数量标志因素的影响能通过某一统计量的历史数据反映出来，则可选择一个相对较正常的时期作为基准时期,把这个时期的无数量标志因素定量为1,以其他时期的统计数据与基准数据的比值作为各时期无数量标志因素的值。

例5-12 某企业1988—1996年产值如表5-9所示。已知年产值的变化是受某一无数量标志因素影响的结果,经分析1991年这一无数量标志因素属正常年份,因此,确定1991年该无数量标志因素的值为1,第 t 年的无数量标志因素的值用下式计算:

$$t\ 年无数量标志因素量化值 = \frac{t\ 年的产值}{1991\ 年的产值} \tag{5-63}$$

用式(5-63)计算得到各年份该无数量标志因素的值如表5-10所示。

表 5-9　某企业 1988 年到 1996 年产值表

年份	1988	1989	1990	1991	1992	1993	1994	1995	1996
产值/万元	465	499	438	500	461	504	526	552	543

表 5-10　某企业 1988 年到 1996 年无数量标志因素量化表

年份	1988	1989	1990	1991	1992	1993	1994	1995	1996
影响因素值	0.926	0.998	0.876	1.000	0.922	1.008	1.052	1.104	1.086
产值/万元	465	499	438	500	461	504	526	552	543

2) 以正常趋势值作基准的比值法

通常统计数据除受无数量因素影响之外,本身还存在着发展趋势,或在其他因素影响下保持某种变化趋势。这时可先利用时间序列外推或回归法求出各时期的统计量的不包含无数量标志因素影响的正常趋势值,然后按式(5-64)求出无数量标志因素的数量化值:

$$t\ 时期无数量标志因素量化值 = \frac{t\ 时期的统计值}{t\ 时期正常趋势值} \tag{5-64}$$

这种方法与前一种方法的区别在于:这种方法的无数量标志因素的基准值不是一个固定时期的值,而是在每一个时期都找出正常值,并把该正常值作为同期的基准值,然后将同期的统计值除以正常值,得出无数量标志因素的量化值。

例5-13 某企业月销售收入统计数据如表5-11所示。已知这组统计数据除受某种无数量标志因素的影响外,还存在本身的发展趋势。可以用移动平均法(取 $N=5$)求出各期统计量的正常趋势值,将每一个时期的统计值除以同期的正常趋势值,即得出该无数量标志因素的量化值,如表5-12所示。

表 5-11　某企业月销售收入统计数据表

时间/月	1	2	3	4	5	6	7	8	9	10	11	12
统计数	161	135	121	137	143	146	153	210	166	209	206	145
时间/月	13	14	15	16	17	18	19	20	21	22	23	24
统计数	215	162	237	269	291	310	380	340	351	382	385	261

表 5-12　某企业月销售收入统计数、正常趋势值和无数量标志因素的量化值

时间/月	实际值	正常趋势值	无数量标志因素的量化值
1	161		
2	135		
3	121		
4	137		
5	143	139	1.03
6	146	136	1.07
7	153	140	1.09
8	210	158	1.33
9	166	163	1.01
10	209	177	1.19
11	206	189	1.09
12	145	187	0.77
13	215	188	1.14
14	162	187	0.86
15	237	193	1.23
16	269	205	1.31
17	291	235	1.24
18	310	254	1.22
19	380	298	1.28
20	340	318	1.07
21	351	335	1.05
22	382	353	1.08
23	385	368	1.05
24	261	344	0.76

2. 估计比较法

当无数量标志的影响因素的影响无法通过某个统计量来反映时,就不能采用比值法进行量化处理。例如,用户对产品爱好的变化就很难用某个统计量来反映。在这种情况下可请经验丰富的专家对市场调查所得到的资料进行分析、对比,对用户的影响作用进行估计、评价、打分,以一个相对稳定的时期作为基准,设基准期无数量标志因素的量值为 1,将其他时期与基准期进行比较,评估出各时期无数量标志因素的量值。

3. 无数量标志因素的量化方法在预测中的应用

在预测中,不仅需要对各历史时期的无数量标志的影响因素进行量化处理,而且还要对未来时期内无数量标志因素的量值进行预测。一般可用类比法和调查法估计出无数量标志

因素在未来时期的量值。如果要用比值法进行数量化处理,则可先对反映无数量标志因素变化的某个量加以预测,再用此预测值除以基准数据,就可得到无数量标志因素的预测值。

数量化之后的无数量标志的影响因素称为数量化因素。利用数量化因素进行预测时,可以把它们在未来时期内的估计值作为自变量,直接代入模型;也可以把它们的估算值作为预测值的修正系数。具体做法是:先利用它们对预测对象的历史数据进行修正,即将各期预测对象的实际值除以相应的数量化因素值,得到不包含无数量标志因素影响的正常值;然后利用这些正常值建立适当的预测模型,并得出未来时期的预测正常值;再将该预测正常值与数量化因素预测值相乘,得到的就是包含无数量标志因素影响的预测值。

例 5-14 某预测目标的历史数据、数量化因素值及修正值如表 5-13 所示。表中修正值为利用数量化因素对预测目标进行修正后的正常值。利用这些正常值,建立起时间序列预测模型,利用二次移动平均法预测出第 11 期的正常值为 250.2;用估计比较法得到第 11 期的数量化因素值在 1.03~1.07 之间,于是可得第 11 期的预测值为

$$250.2 \times 1.03 \approx 258$$
$$250.2 \times 1.07 \approx 268$$

即第 11 期的预测值在 258~268 之间。

表 5-13　某预测目标的历史数据、数量化因素值及修正值表

时期	历史数据	数量化因素值	修正值
1	188	0.957	196.5
2	198	0.998	200.5
3	206	1.010	204.0
4	203	1.021	198.8
5	238	1.270	211.3
6	228	1.042	218.8
7	231	1.027	225.0
8	221	0.963	229.5
9	259	1.103	234.8
10	273	1.110	246.0

5.6.3　对预测结果的评判

建立预测模型,利用模型求得预测值并进行检验,这只是预测工作的一部分,而不是全部。通过技术检验的预测结果,最好不要贸然用于决策,因为预测模型是建立在一种假设基础上的。换一种假设,建立另外的假设下的预测模型,得到的预测结果也可能通过技术检验。为此要从不同的角度、采用不同的方法对结果进行评判。预测结果的分析和评判是预测工作中较难掌握的问题,能否做出正确的评判,取决于预测人员是否掌握丰富的专业知识,是否具有较多的预测经验和预测信息量是否充足。

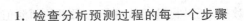

1. 检查分析预测过程的每一个步骤

预测工作步骤多、技术性强,每一个步骤对预测结果的正确性都有重要的影响。进行预测时,无论预测人员是否具有丰富的经验,都不能忽视任何一个环节。一般而言,需要注意以下方面:影响因素选择是否正确,数据采集是否准确,数据处理、预测模型及有关参数的选取是否恰当,由历史数据得到的发展规律是否适用于预测未来,等等。如果对各个步骤的检查分析都没有发现问题,一般来说预测结果是可信的;如果发现一个或几个步骤有疑问,则不能轻信预测结果。预测人员的责任是向决策者提供正确的结果,不能提供含糊的结果。

2. 采用不同的预测方法进行预测结果的比较

有经验的预测人员一般都有这样的体会:在进行预测时往往有几种预测技术可以选择,选择哪一种最好很难确定。这种情况下,建议采用至少两种最可能好的技术,建立不同的模型,然后分析各种模型对历史数据的拟合程度。因为预测主要是针对未来,所以在分析模型对历史数据的拟合程度时,要特别重视对最近历史目标值的拟合程度。一般采用与历史数据拟合好的模型,预测结果更准确。

调查法是预测的基本方法。从实际中调查得出的预测目标变化趋势,能比较可靠地反映事物按自身规律发展的基本趋势,一般不会出现预测目标变化趋势与目标按自身规律发展的趋势相悖的情况。用数理统计模型进行预测一般比较准确。如果模型选用不当,可能会出现按预测目标变化趋势与目标按自身规律发展的趋势相悖的情况。因此,调查法可以用来检验数学模型的变化趋势的方向性。另外,有经验的市场调查人员能够得出比较准确的调查预测结果。在进行预测时,同时采用数理统计法和调查法,然后把两种方法得到的结果进行比较,如果用两种方法得到的预测结果基本一致,可以认为预测结果比较可靠;如果用两种方法得到的预测结果出入较大,则应进一步分析,找出原因,重新预测。

3. 以需求量预测值判定产量预测值

在市场经济条件下,企业的产量受市场影响很大,在生产能力和原材料供应充足的情况下,企业的产量主要受需求量的制约。因此,在对企业进行产量预测时,可同时建立需求量预测模型,分别进行产量和需求量的预测,然后对两种预测结果进行比较。如果产量变化趋势与需求量变化趋势一致,产量预测值与需求量预测值接近,则可判定产量预测比较可靠;如果产量变化趋势与需求量变化趋势不一致,或产量预测值与需求量预测值相差较大,则不能把产量预测结果用于决策,应进行认真分析,找出两个预测出现差别的原因,重新建立预测模型进行预测。

5.6.4 预测的缺点

需要指出的是,我们必须认识到预测存在着缺陷。实际上,所有的预测都包含一定的不确定性,而我们又往往低估了这种不确定性,有时甚至严重低估。出现这种现象的原因可能是不确定性过于复杂,无法进行表示。我们所接受的教育,也是应对确定的将来,而不是应对包含诸多不确定因素的将来。即使假定不存在不确定性,也无法消除不确定性。我们既然无法消除不确定性,只能设法处理不确定性。有时,通过建立适当的预测模型,能够减少预测的不确定性,但大多数情况下,无论如何修改预测模型,都无法精确地了解某些变量的不确定性有多大。

本章介绍的方法为预测提供了基本的数学框架,利用这些数学方法能够尽可能地从实际中提取信息,并将得到的信息应用于预测中,从而量化不确定性的大小。但这些方法仅考虑了已知的不确定性,没有考虑未知的或隐含的不确定性。因此,这些方法往往低估了预测的不确定性。比较谨慎的方法是把这些方法估计的不确定性当作实际不确定性的下限,而实际的不确定性可能大得多。

5.7 案例分析

盖莫里公司是法国一家拥有 300 人的中小型私人企业,这一企业主要生产电器,有许多厂家和它竞争市场。该企业的销售负责人参加了一个关于发挥员工创造力的会议后大受启发,开始在自己公司谋划成立一个创造小组。在冲破了来自公司内部的层层阻挠后,他把整个小组(约 10 人)安排到了农村议价小旅馆里,在以后的三天中,每人都采取了一些措施,以避免受到外部的电话或其他干扰。

第一天进行训练,通过各种训练,组内人员开始相互认识,他们相互之间的关系逐渐融洽,开始还有人感到惊讶,但很快他们都进入了角色。第二天,他们开始创造力训练技能,开始涉及智力激励法以及其他方法。他们要解决的问题有两个,在解决了第一个问题——发明一种拥有其他产品没有的新功能电器后,他们开始解决第二个问题——为此新产品命名。

在第一、第二两个问题的解决过程中,都用到了智力激励法,但在为新产品命名这一问题的解决过程中,经过两个多小时的热烈讨论,共为它取了 300 多个名字,主管则暂时将这些名字保存起来。第三天一开始,主管便让大家根据记忆默写出昨天大家提出的名字。在 300 多个名字中,大家记住了 20 多个。然后主管又在这 20 多个名字中筛选出了 3 个大家认为比较可行的名字,再将这 3 个名字征求顾客意见,最终确定了一个。结果,新产品一上市,便因为其新颖的功能和朗朗上口、让人回味的名字,而受到了顾客的热烈欢迎,迅速占领了大部分市场,从而在竞争中击败了对手。

由上例可见,所谓头脑风暴会,实际上是一种智力激励法。奥斯本借用这个词来形容会议的特点是让与会者敞开思想,使各种设想在相互碰撞中激起脑海的创造性"风暴"。发明创造的实践表明,真正有天资的发明家,他们的创造性思维能力远较平常人要优越得多。但对天资平常的人,如果能相互激励、相互补充,引起思维"共振",也会产生出不同凡响的新创意或新方案。俗话说,"三个臭皮匠,顶个诸葛亮",这也就是奥斯本头脑风暴法的"中国式"译义,即集思广益。集思广益,并没有什么高深的道理,问题在于如何去做到这点。开会是一种集思广益的方法,但并不是所有形式的会都能达到让人敞开思想、畅所欲言的效果。奥斯本的贡献,就在于找到了一种能有效地实现信息刺激和信息增值的操作规程。因此,奥斯本在20世纪30年代发明这种集思广益的创造技法后,马上在美国得到推广,日本人也相继效法,使企业的发明创造与合理化建议活动硕果累累。员工的创造潜力是巨大的,一个优秀的领导者应该懂得如何发掘和运用这一潜力。

此案例带给我们的启示:

智力激励法适合于解决那些比较简单、严格确定的问题,比如研究产品名称、广告口号、销售方法、产品的多样化等,以及需要大量的构思、创意的行业,如广告业。

在企业中,领导是最主要的决策者,但对领导来说,一个人的智慧和力量、经历和观察问题的视角都是有限的,因此,领导常常会出现一些困惑。如企业在开展某项活动时,因为思维上形成了一定的定式,在制订方案时始终跳不出固有的模式,这就给员工以厌烦之感,调动不起激情来,活动也因此而显得一般化;再如,领导在管理工作中往往遇到一些棘手的事情,常常是冥思苦想也没有好的办法,这时,就可以听听广大员工的意见,试着使用头脑风暴法来帮助解决一些问题,因为这既可集思广益,充分体现民主,又很好地调动起了全体员工管理的积极性,且能在一定程度上减少决策的失误。领导在具体操作时,可以给员工们营造一个机会,在有意无意间提出需要讨论的话题,鼓励大家放开胆子尽情地说,让讨论者的思维大门洞开,让一些新的想法在讨论中迸发出来。我们常常有这样的体验:一个人在一个热烈的环境中,当看到别人发表新奇的意见时,思维受到刺激,情绪受到感染,潜意识被自然地唤醒,巨大的创造智慧也就自然地迸发了出来,大量的信息不断地充斥着人的大脑,奇思妙想就会喷涌而出;这时,在场的人就会压抑不住自己内心的激动,争着抢着想把自己要说的话说出来。场面越是热烈,争着发言的人就会越多;发言的人越多,形成的点子就会越多,于是,一个个好的方案就这样形成了。

这种议事形式可以在正式场合中进行,也可在较为自由的非正式场合中进行。在非正式场合因为环境宽松,可以少生顾忌,便于畅所欲言,大胆说话。无意识中,一些创意或方案的雏形形成,再经过正式研究或论证,就逐步地形成了一系列经得起检验的成果。

实践证明,在企业管理中,灵活而巧妙地使用"头脑风暴法",能使领导和员工关系更加融洽,最大限度地使大家智慧的火花得以迸发,进而最终形成一个个好的创意或方案,制订出一些切实可行的工作措施,寻找到一些解决疑难问题的办法。

头脑风暴法要解决的议题应从大家关注的问题着手,如是平日悬而未决的,则以参与者们一直期待解决的问题为最佳。这种议事方法的特点是:参加者提出的方案说得越离奇越好,以此激发与会者的创意及灵感,使要解决的问题思路逐渐明晰起来。在议事中采用头脑风暴法要遵循五大原则:一是禁止评论他人构想的好坏;二是最狂妄的想象是最受欢迎的;三是重量不重质,即为了探求最大量的灵感,任何一种构想都可被接纳;四是鼓励利用别人的灵感加以想象、变化、组合等以激发更多、更新的灵感;五是不准参加者私下交流,以免打断别人的思维活动。不断重复以上五大原则进行智力激励法的培训,就可以使参加者渐渐养成弹性思维方式,涌现出更多全新的创意。在众多创意出来后,管理者再进行综合和筛选,最后形成可供实践的最佳方案。

思 考 题

5-1 德尔菲法的调查步骤是怎样的?

5-2 按预测的角度不同,预测都分为哪几大类?

5-3 2010—2015年我国原油产量如表5-14所示。

表5-14 原油产量统计表

年份	2010	2011	2012	2013	2014	2015
时间 x / 年	1	2	3	4	5	6
原油产量 y / 10^7 t	3	4	4.5	5	6.5	7.5

求一元线性回归模型,预测2019年原油产量。

5-4 某厂产品销售情况如表5-15所示。

表5-15 某厂产品的销售额统计表

月份	1	2	3	4	5	6
实际销售 / 万元	50	52	47	51	49	48

(1) 用一次移动平均法预测4—6月销售额($N=3$)。

(2) 用一次指数平滑法预测7月份销售额($\alpha=0.3$)。

5-5 设任意相继两天中,雨天转晴天的概率为1/3,晴天转雨天的概率为1/2,任一天晴或雨互为逆事件,以0表示晴天状态,以1表示雨天状态,x_n表示第 n 天的状态(0或1)。试写出马尔可夫链的一步转移概率矩阵;又已知5月1日为晴天,问5月3日为晴天、5月5日为雨天的概率各等于多少?

第 6 章

系 统 评 价

6.1 系统评价概述

　　系统评价(systematic reviews)是系统科学研究评价理论的一个重要分支,它在系统工程中是一个非常重要的问题,也是一项非常困难的工作,同时也是系统决策的基础。系统工程是一门解决问题的技术,也就是说,在系统开发过程中,通过系统工程的思想、程序和方法的应用,不仅能提出许多开发系统的替代方案,而且还要通过系统评价技术从众多的替代方案中找出所需的最优方案。然而要决定哪一个方案"最优"却未必容易。因为对于复杂的大系统或内容不详的问题来说,"最优"这个词含义并不十分明确,而且评价是否为"最优"的尺度(标准)也是随着时间而变化和发展的。如以城市交通系统为例,原来只是从交通工具的动力等技术方面以及交通路线的建设费用和日常经营费用等经济方面来进行评价,但近年来除了上述方面的评价外,还要求从交通工具的方便性、舒适性、安全性、美观性等使用方面进行评价,以及从环境保护、能源政策等国家利益方面进行评价,等等。由此可见系统评价的难度和重要性。

6.1.1 系统评价与决策

　　评价是指按照明确的目标测定对象的属性,并把它变成主观效用(满足主体要求的程度)的行为,即明确价值的过程。系统评价的前提条件是熟悉方案和确定评价指标。前者指确切掌握评价对象的优缺点,充分估计各项系统各个目标、功能要求的实现程度,方案实现的条件和可能性;后者指确定系统的评价指标,并用指标反映项目和系统要求,常用的指标包含政策指标、技术指标、经济指标、社会指标、进度指标等。

在系统评价时会涉及价值的问题,系统评价就是评定系统的价值。简单地说,系统评价是对系统分析过程和结果的鉴定,是根据确定的目的,利用最优化的结果和各种资料,用技术经济的观点对比各种替代方案,考虑成本与效果之间的关系,权衡各个方案的利弊得失,选择出技术上先进、经济上合理、现实中可行的或满意的方案。其主要目的是判别设计的系统是否达到了预定的各项技术经济指标,从而为能否投入使用提供决策所需要的信息。系统评价是方案选优和决策的基础,评价的好坏影响着决策的正确性。由于各个国家的社会制度、资源条件、经济发展状况、教育水平和民族传统等各不相同,所以没有统一的系统评价模式,评价项目、评价标准和评价方法也不尽相同。

系统评价的主要任务就在于从评价主体根据具体情况所给定的、可能是模糊的评价尺度出发,进行首尾一贯的、无矛盾的价值测定,以获得对多数人来说均可以接受的评价结果,为正确决策提供所需的信息。

由此可见,系统评价和决策是密切相关的。为了在众多的替代方案中做出正确的选择,就需要有足够丰富的信息,其中包括足够的评价信息。所以说,系统评价只有和方案决策及行为决定联系起来才有意义。评价是为了决策,而决策需要评价,评价过程也是决策过程。"评价"和"决策"有时候可以作为同义词使用。自然,在实际问题上由于评价与决策的目的不同,两者仍有区别。

6.1.2 系统价值

在进行系统评价时,人们常常会不自觉地相信价值的存在。然而,价值的一般问题虽然自人类产生文化以来就在宗教、社会、经济、哲学等广泛领域内引起人们的普遍关注和议论,但至今价值问题仍是一个无法彻底解决的问题。有一个问题常被作为例子来提出,即:"一杯水和一颗钻石哪个更有价值?"由于评价者所处的环境不同(是在文明社会里还是在沙漠中),其答案就会截然不同。

所谓价值,如果从哲学意义上讲,就是评价主体(个人或集体)对某个评价对象(如待开发的系统、待评价的方案等)的认识(主观感受)和估计;如果从经济学上来说,则常被理解为根据评价主体的效用观点对于评价对象能满足某种需求的认识或估计。

价值是评估主体主观感受到的,是人们对客观存在的事物从各种各样的分析中主观抽象出来的。因此,就一具体评价问题来说,由于评价主体所处的立场、观点、环境、目的等不同,对价值评定也就会有所不同。即使对同一个评价主体来说,同一评价对象的价值也可能会随着时间的推移而发生变化,因而形成了个人的价值观。但另一方面,由于人类形成社会,过着群体生活,因此有机会经常交流对事物的认识,所以在价值观念上又会表现出某种程度的共同性和客观性,从而形成了所谓的社会价值观。如何把个人的价值观和社会价值观合理地统一和协调起来,就是系统评价的重要任务。

价值不是孤立地附属于某一评价对象的,也不应该有衡量价值的绝对尺度(标准)。也就是说,评价对象的价值不是对象本身所固有的,而是评价对象和它所处的环境条件的相互关系的属性。既然没有计量价值的绝对尺度,那么,在系统评价时采用多种尺度相对比较就是必不可少的。

系统价值是指系统的效果和目标的达成度。系统价值有以下两个特点。

（1）相对性。由于系统总是存在于一定的环境条件下，而评价主体在评价时的立场、观点、环境和目的等均有所不同，对价值评定也就会有所不同，即使对同一评价主体来说，随着时间的推移，对同一评价对象的评价值也会发生变化，因此造成了系统价值的相对性。

（2）可分性。系统价值包括许多组成因素，即价值因素。就设备系统而言，其价值因素主要有性能、生产率、寿命、可靠性、适应性、节能性、可维修性和外观等，它们共同决定着系统的总价值。因此，在系统评价时，通过对系统价值作合理的划分，将系统的价值进行多个方面的衡量与评价。

价值、评价、选择三者之间有着十分密切的关系。人类活动是一种对象性活动，也是一种有目的的活动，或者讲是一种具有选择性特点的活动。评价是人们了解和揭示已有价值关系的最重要手段，价值是人们做出各种选择的客观根据，评价结论是人们做出各种选择的主观根据。选择都是基于一定的评价而做出的，它是评价的外化或现实化，改变选择也往往以改变评价结论为前提。

6.1.3   系统评价尺度

系统评价是由评价对象、评价主体、评价目的、评价时期、评价地点等要素构成的一个综合性的问题，因此，对评价技术来说，就是首先引进和确定评价尺度（标准），然后通过评价尺度对评价对象进行测定，并确定其价值。所以，评价的基本过程是首先确定评价尺度，然后再依评价尺度来测定评价对象的价值。

常用的评价尺度大致可以分为四种：第一种称为绝对尺度，即规定其原点尺度不变，如物理学中通常采用的是绝对尺度。以此测得的量，其数值具有重要意义。有些场合只要求测得数值差才有意义，所以第二种尺度称为间隔尺度，例如测量加工零件名义尺寸的上、下偏差，评定学校教育的效果或文化的地区差别等。在这种场合下，绝对值就没有多大意义，而其数值差就能说明问题。第三种是顺序尺度，它可以用数字或反映顺序的字符来表示，如 $1,2,3,\cdots,$ Ⅰ, Ⅱ, Ⅲ, $\cdots, A, B, C, \cdots,$ 等等。这时需要的只是它的顺序关系。如运动员的比赛名次、产品评奖的等级等，就是用这种顺序尺度来进行评价的。第四种是名义尺度，这仅仅是为了识别或分类需要而用数字与对象相对应，如学校班级的编号或运动员的编号等就是这种名义尺度。在评价中，要根据评价的目的、评价对象的性质等来确定评价尺度。这是系统评价的重要工作之一。

6.1.4   系统评价原则

基于系统评价的重要性和复杂性，为了更好地做好系统评价工作，应遵循以下原则。

1．评价的客观性

系统评价的目的是为了以后的决策工作，因此评价过程与结果影响着决策的准确性。必须保证整个评价工作的客观性，为此需注意以下几点：

（1）保证评价资料的全面性和可靠性；

（2）防止评价人员的倾向性；

（3）评价人员的组成要有代表性、全面性；

（4）保证评价人员能自由发表观点；

（5）保证专家人数在评价人员中占有一定比例。

2．评价方案的可比性

所提出的替代方案在保证实现系统的基本功能前提下，应具有可比性和一致性。评价时绝不能以点盖面、一俊遮百丑。个别功能的突出只能说明其相关方面，不能代替其他方面的得分。可比性的另一方面是指对于某个标准，我们必须能够对方案做出比较，不能比较的方案当然谈不上评价，但实际上有很多问题是不能做出比较或者不容易做出比较的，对这点必须有所认识。

3．评价指标的系统性与合理性

评价指标自身应为一个系统，具有系统的一切特征。另外，评价指标必须反映系统目标，因此应包括系统目标所涉及的一切方面。由于系统目标是多元的、多层次的、多时序的，因此评价指标往往也具有多元、多层次、多时序的特点。但这些指标并不是杂乱无章的，而是一个有机的整体。因此制订评价指标时必须注意它的系统性，即使对定性问题也应有恰当的评价指标或者规范化的描述，以保证评价不存在片面性。还有，评价指标必须与所在地区和国家的方针、政策、法令的要求相一致，不允许有相悖和疏漏之处。在实际应用中关于评价的原则问题，视具体问题不同应有所侧重。

6.1.5 系统评价的程序

图 6-1 所示为系统评价的一般步骤。由图 6-1 可知，一个较完整的系统评价的步骤一般包括从"评价系统分析（前提条件的探讨）"到"评价值的计算"和"综合评价"等几个阶段，下面分别对其作简要介绍。

按照系统评价的基本原则，一般的系统评价步骤主要有以下几个。

1．评价系统分析（将在 6.2 节中详细介绍）

这是在进行系统评价时必须进行的工作，以达到明确系统目标、熟悉系统方案的目的。主要包括评价目的、评价立场、评价范围、评价时期和其他。

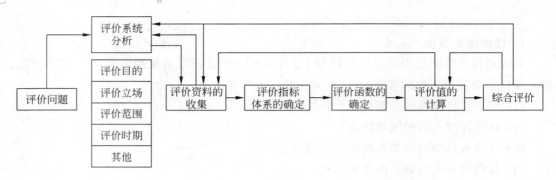

图 6-1 　 系统评价步骤

2. 评价资料的收集

对评价系统的功能、费用、时间及使用寿命进行预测和估计,为以后设定系统的评价尺度、建立评价函数等收集所需的相关资料。

3. 评价指标体系的确定(将在 6.3 节中详细介绍)

指标是衡量系统总体目标的具体标志。对于所评价的系统,必须建立能对照和衡量各个方案的统一尺度,即评价指标体系。评价指标体系必须科学地、客观地、尽可能全面地考虑各种因素,这样就可以明确地对各方案进行对比和评价。评价指标的选择是评价目标与实际情况共同决定的,具体选择时应注意以下几点。

(1) 评价指标必须与评价目的和目标密切相关。

(2) 评价指标应当构成一个完整的体系,即全面地反映所需评价对象的各个方面。

(3) 评价指标总数应尽可能地少,以降低评价负担。当评价对象较为复杂时,可以利用 ISM 之类的方法来理清评价指标间的结构关系。

4. 评价函数的确定

评价函数是使评价定量化的一种数学模型。不同问题使用的评价函数可能不同,而且同一个评价问题也可以使用不同的评价函数,因此,对选用的评价函数本身也必须做出相应的评价。一般的评价标准是选用能够更好地达到评价目的的评价函数或其他更适宜的评价函数。评价函数本身是多属性、多目标的。尤其当评价目的在于形成统一意见或进行群决策时,则在确定评价函数时会产生不同的看法。因此在进行系统评价之前,应该在有关人员之间进行充分的无拘束的讨论,否则难以获得有效的评价。

5. 评价值的计算

当评价函数确定后,评价尺度也随之而定。在评价值计算之前,还需确定各评价项目的权重。总之,评价尺度和评价项目的权重应保证评价的客观、正确和有效。

6. 综合评价

综合评价就是对系统进行技术、经济、社会等各方面的全面评价。一般是根据设立的指标体系,首先计算某大类指标下各单项指标的综合评价值,然后对各单项指标进行综合,得出对方案的总体结论。综合评价是最后判定方案优劣的依据,因此,在系统评价中占有重要地位。一个完整的综合评价体系大致包括以下几个方面(以新产品为例)。

(1) 经营管理方面。如新产品是否符合企业的发展战略,对企业今后发展有些什么贡献等方面进行评价。

(2) 技术方面。包括对新产品的设计原理、技术参数、性能、可靠性等是否先进、合理和可靠等方面的评价。另外,从企业现有技术、生产水平来看,是否有能力进行开发研制、能否进行正常生产等也需要进行评价。

(3) 市场方面。从新产品今后市场规模的大小、竞争能力的强弱、产品销路的好坏等方面进行预测和评价。

(4) 时间方面。如对新产品的开发动态(包括开发速度、开发周期长短等)、开发的紧迫程度、新产品处于生命周期的哪一个阶段等进行预测和评价。

(5) 经济方面。从新产品所需开发成本、生产费用、经营费用、机会成本、投资回收期、经济效益、无形收益等方面进行评价。

(6) 体制方面。在现有的研究开发体制、生产体制、销售体制下,从是否能满足开发、生产、销售等方面的要求进行评价。

(7) 社会方面。从是否能满足社会需要、促进国民经济发展、促进社会进步、保护环境等方面进行评价。

总之,综合评价的各个方面和评价项目不能一概而论,应根据具体评价对象而定。

6.2　评价系统分析

在正式进行系统评价前,有必要对评价系统进行分析,探讨和明确一系列前提条件,这是做好系统评价的首要工作。其内容如下。

1. 评价的目的

总的来说,评价的目的是为了更好地决策。具体来讲,评价目的大致可以区分为四个方面。

(1) 使评价系统达到最优。为了使系统结构或技术参数达到最优,有必要定量化评价系统各种替代方法的价值。

(2) 对决策的支持。当评价者或决策者在选择最优方案的过程中对替代方案的各自价值感到迷惑不解时,评价提供的信息可供决策参考。例如,对重大政策的选择、复杂情况的判断以及对未来的预测等,若有相应的评价信息,都是对决策的极大支持。

(3) 决定行为的说明。当决策人推行某项政策、决定开发某个系统或引进某项先进技术等时,对于决策人来说,为什么要决定采取这些行为可能是经过细致分析的,对这些行为

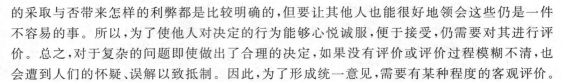

的采取与否带来怎样的利弊都是比较明确的,但要让其他人也能很好地领会这些仍是一件不容易的事。所以,为了使他人对决定的行为能够心悦诚服,便于接受,仍需要对其进行评价。总之,对于复杂的问题即使做出了合理的决定,如果没有评价或评价过程模糊不清,也会遭到人们的怀疑、误解以致抵制。因此,为了形成统一意见,需要有某种程度的客观评价。

（4）问题的分析。评价的过程往往是问题分析的过程。有许多评价问题,如风险分析、技术预测等,利用像关联树法等的评价方法,可以把复杂的问题分解成简单易懂的小问题,再通过对这些小问题的分析和评价,才能获得系统的综合评价。

从上述系统评价的目的来看,所谓评价,就是让自己和他人能更好地领会和认识某种人类行为的手段。

2. 评价系统范围的界定

它主要是确定系统的边界,即评价对象涉及多大范围,如评价问题涉及哪些领域、哪些部门等,如一项大型水利工程往往涉及水利、交通、电力、旅游、移民等部门。在评价中应充分考虑所有这些部门的利益,并尽可能地吸收各方人员参加评价。评价系统的范围不应过小,以免忽略重要影响部门而有失系统性;同时也不应过大,以免使评价问题过分复杂化。

3. 评价的立场

在进行系统评价中必须明确评价主体的立场,即明确评价主体是系统使用者还是开发者抑或第三者等,这对于以后评价方案的确定、评价项目的选择等都有直接的影响。这里以铁路交通系统的评价为例进行说明。如铁路乘客是评价主体,则其关心的评价项目主要有快速性、准时性、低廉性、舒适性等;而对铁路建设部门来说,则其评价项目主要有投资费用、制造费用、经营费用及收益等;若从铁路沿线居民角度出发,其关心的主要是环境污染程度、噪声的大小等评价项目;从区域立场出发,则主要是企业合理选点、沿线销售量的增加程度等;若从国家立场出发,则主要考虑经济发展平衡与否、费用负担的地区差距调整等评价项目。如果要对系统进行综合评价,那么就要选择上述的一些主要评价项目,构成一个综合评价的项目体系。

4. 评价的时期

它是指系统评价处于系统开发全过程的哪个时期。如以企业开发新产品为例,则其评价时期一般可以分为如下四个时期。

（1）初期评价。这是在制订新产品开发方案时所进行的评价,目的是为了及早沟通设计、制造、供销等部门的意见,并从系统总体出发来研讨与方案有关的各种重要问题。例如,新产品的功能结构等是否符合用户的需求或本企业的发展方向,新产品开发方案在技术上是否先进、经济上是否合理,以及所需开发费用及时间等,通过初期评价力求使开发方案优化并做到切实可行。

（2）期中评价。这是指新产品在开发过程中所进行的评价。当开发过程需要较长时间时,则期中评价一般要进行数次。通过期中评价可以验证新产品设计的正确性,并对评价中暴露出来的设计问题等采取必要的对策。

（3）终期评价。这是指新产品开发试制成功,并经鉴定合格后进行的评价。其重点是全面审查新产品各项技术经济指标是否达到原定的各项要求,同时,通过评价为正式投产做好技术上和信息上的准备,并预防可能出现的其他问题。

(4) 跟踪评价。为了考察新产品在社会上的实际效果,在其投产后的若干年内,每隔一定时间(半年或一年)对其进行一次评价,以提高该产品的质量,并为进一步开发同类新产品提供依据。

由此可见,不同时期的评价目的各不相同,同样,其评价方法也由初期评价的以定性分析为主逐步过渡到以定量分析为主。

5. 评价系统环境的分析

系统环境的分析是指对存在于系统外的物质的、经济的、信息的影响因素进行分析,以了解这些因素对评价系统的影响。系统环境的影响可分为三大类:技术的、经济的(经营管理)、社会的(人及集团)影响。

6.3 系统评价指标体系

许多属性决策问题的对象是复杂的社会、经济系统或处在社会经济系统环境中,这类决策问题大都包括政治、经济、技术和生态环境学等诸多方面的因素。由于涉及面广,加之所需学科知识缺乏,评价过程经常带有随机性、模糊性。为了将多层次、多因素的复杂的评价问题用科学计量方法进行量化处理,首先必须针对评价对象构造一个科学的评价指标体系。这个指标体系必须将被评价对象的相互关系、相互制约的复杂因素之间的关系层次化、条理化,并能区分它们各自对评价目标影响的重要程度,以及对那些只能定性评价的因素进行恰当的、方便的量化处理。

评价指标体系的制订是一个很困难的问题。一般来说,指标范围越宽、指标数量越多,则方案之间的差别越明显,越有利于判断和评价,但确定评价指标的大类和指标的重要程度也越困难,处理和建模过程也越复杂,因而歪曲方案的原定特征的可能性也越大。评价指标体系的确定要在全面分析系统的基础上进行,先拟定出指标草案,经过广泛征求专家意见、反复交换信息、统计处理和综合归纳等,最后进行确定。

6.3.1 评价指标体系的分类

评价指标体系的建立是一项复杂的工作,不同系统有不同的评价指标,同一系统在不同的环境下其指标也是不同的。一般从经济、社会、技术、资源、政策、风险、时间等方面来建立

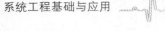

评价指标。

（1）经济性指标：包括方案成本、产值、利润、投资额、税金、流动资金占用额、投资回收期、建设周期、地方性的间接收益等。

（2）社会性指标：包括社会福利、社会节约、综合发展、就业机会、社会安定、生态环境、污染治理等。

（3）技术性指标：包括产品的性能、寿命、可靠性、安全性、工艺水平、设备水平、技术引进等，以及工程的地质条件、设施、设备、建筑物、运输等技术指标要求。

（4）资源性指标：包括项目所涉及的物资、水源、能源、信息、土地、森林等。

（5）政策性指标：包括政府的方针、政策、法令、法律约束、发展规划等方面的要求。这项指标对与国防相关及国计民生方面的重大项目或大型系统尤为重要。

（6）时间性指标：如工程进度、时间节点、周期等。

（7）其他指标：主要是指针对具体项目的某些指标。

6.3.2　确定评价体系的原则

评价指标是作为一种尺度来考核各备选方案的，并且要将考核的结果作为系统优选和决策的依据，因此确定指标体系应遵从一些普遍性的基本原则。

（1）整体性原则。指标体系是从总体上反映各个方案的效果，所以要构建层次清楚、结构合理、相互关联、协调一致的指标体系，以保证对方案评价的全面性和可信度。

（2）科学性原则。以科学理论为指导，按照统一标准将指标划分层次和类别，使得整体指标体系能将定性指标和定量指标相结合，正确反映系统整体和内部各要素之间的相互联系。

（3）可比性原则。指标体系的建立是为了系统评价，所以建立指标的时候要考察各个指标之间的可比性。

（4）实用性原则。建立的指标体系是为了进行方案评价，所以指标的含义必须明确，还要考虑数据资料的可得性，另外，指标设计必须符合国家和地方的方针、政策、法规。

6.3.3　建立系统评价指标体系

系统评价指标体系的建立过程如图 6-2 所示。

1. 目标分析

目标分析是建立指标体系的前提，确定系统的目标层次结构是建立指标体系层次结构的基础。所谓目标，就是系统所要达到的目的，是要求系统达到的期望状态。对系统的要求和期望是多方面的，这些要求和期望反映在目标上，就形成了不同类型的目标。目标主要包括：总体目标和分目标,战略目标和战术目标,近期目标和远期目标,单目标和多目标,主要目标和次要目标等。

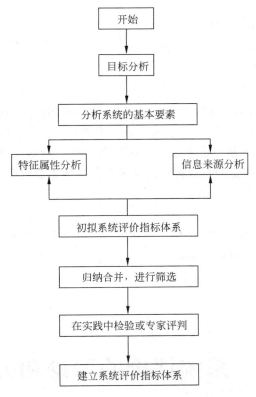

图 6-2　系统评价指标体系的建立过程

2. 分析系统基本要素

采用系统工程的观点和方法对系统进行分析,弄清系统形成的影响要素,澄清各要素之间的关系。

3. 特征属性分析

特征属性分析就是对各要素的特点进行分析,建立与之相适应的指标,弄清各指标的本质属性,为各指标建立数学模型、获取评价信息奠定基础。指标属性指每个指标是定性的还是定量的,是静态的还是动态的,具体定义如下:

(1)定性指标是指不可用数量描述的指标;

(2)定量指标是指可以通过分析、计算得到具体数量来描述的指标;

(3)静态指标是指不随时间、环境条件等因素变化而变化的指标;

(4)动态指标是指随时间、场合等条件变化而变化的指标。

4. 信息来源分析

对系统进行评价,离不开信息。通过对信息来源的分析,可以加深对系统的理解,也可以通过掌握的一手资料更准确地对系统进行分析。指标信息的来源通常有以下几种：有关数据库、公式计算、统计分析、专家咨询、主观估计等。

5. 初拟评价指标体系

上述各项工作完成后，便可以初拟评价指标体系。

6. 归纳筛选

在初拟指标所分解出来的各要素中，有的能反映系统的本质，有的则未必。各要素之间还可能出现交叉、重复、包含、矛盾、因果等关系。因此，必须对初拟指标体系进行归纳合并和筛选，以达到少而精的要求。经过这一程序，指标可以得到精简，指标质量可以提高，不仅便于实施评价，也能保证评价的有效性。这是设计指标体系过程中十分关键的一步。

7. 专家评判

经过归纳筛选后的指标体系，需广泛征求专家、业务机关和有关专业人员的意见和建议，形成较完善的系统评价指标体系。

6.4   系统评价的理论和方法

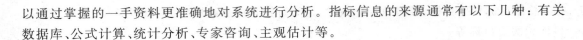

有关系统评价的理论和方法，归纳起来大致可以区分为三类。第一类是以数理为基础的理论，它通过数学理论和解析方法对评价系统进行严密的定量描述和计算。为了使评价能够正常进行而不会出现矛盾，经常需要在假定的条件下才能进行评价。但有些假定条件在评价实际问题时未必能够做到。因此，这类理论和方法不能完全照搬利用。但由于它整理了有关评价的问题所在，且评价目标和约束条件要清楚明了，因而系统评价人员必须理解和掌握它。第二类是以统计为主的理论和方法。通过统计数据来建立只能凭感觉而不能测量的评价项目的评价模型。例如菜肴的色、香、味，到目前为止还不能利用工程学上常用的测量手段对其进行测量，但如果有了经过人们判断的、足够的统计数据，则进行定量方面的评价也不是不可能的。可以说这是一种试验性的评价方法，也是心理学领域的常用方法。但由于是统计处理，所以还存在少数人行为在评价中不能反映的缺点。第三类方法是重现决策支持的方法。也就是说，与其想方设法对评价系统进行客观而正确的评价，倒不如研究如何才能比较容易地决定与目标一致的人类行为。目前常用的计算机系统仿真技术就是这一类的有效方法。

下面就评价理论和方法作扼要的介绍。

6.4.1 评价理论

归纳起来，评价理论大致有如下几种。

1. 效用理论

最早科学地提出评价问题的是冯·诺依曼（von Newmann）的效用理论。所谓效用，可以理解为当某个评价主体或决策主体在许多替代方案中选用某一替代方案时，总要把该方案说得很好、很重要。也就是说，这时该方案的效用为最大。所以，只能通过效用来对各替代方案进行相对比较。即"效用"只意味着选择顺序，既没有标准也不是数量，从这一点上来说，应用就很困难，故要考虑具有与效用相同的选择顺序的数量函数。这种函数就叫作效用函数，所谓效用理论就是用数学方法来描述效用与效用函数的关系。

由上述可知，效用尺度是一种顺序尺度。例如，某人对如何度过星期天下午拿不定主意，于是他考虑了午睡、打球和看电影三个替代方案，将其分别记作 X、Y、Z，则其评价就像图 6-3 所示的树形图，而 X、Y、Z 的效用，可以用自己喜爱的顺序来决定。

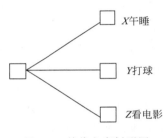

图 6-3 替代方案树形图

如果认为看电影比午睡好，而打球比看电影好，则 Y 的效用最大，X 的效用最小。其选择的顺序关系如下：

$$Y>Z, \quad Z>X$$

所以，在测量效用时，一定要与其他替代方案进行对比，只有一个方案是不能进行评价的。

若 X、Y 这两个替代方案具有完全相同的效用而无法排序时，即 X 和 Y 没有差别，这时可以写成

$$X \sim Y$$

如写成 $X > Y$，则表示 X 的效用大于 Y 的效用。这里考虑 X、Y 和 Z 的某一函数 U，则 $U(X)$、$U(Y)$ 和 $U(Z)$ 的值的大小与替代方案的选择顺序一致，可以用下式表示：

$$U(X)>U(Y)>U(Z)$$

这样的函数称为效用函数。若应用效用函数，则由于能用数值来表示替代方案的评价，所以使用方便。但其数值大小只表示顺序尺度，本身没有意义。U 的函数值如图 6-4 所示，将它们连接起来得到的曲线称为效用曲线。如果曲线具有单调性，则无论用什么函数都没有影响。

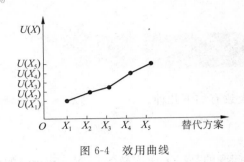

图 6-4　效用曲线

总之,效用理论本身是以评价主体个人的价值观为基础而建立起来的数学理论,其中包含了许多假定,因此,一般不能原封不动地应用到实际中去。对于如何构成实际需要的效用,还要在行为科学和心理学领域内开展实验研究。效用理论是评价理论的基础,从事评价研究的人应该很好地掌握它。

2. 确定性理论

确定性理论是指主要是用统计的方法使评价数量化,这时需要收集足够数量且有效的数据,同时要有能看透问题本质的敏锐眼力。因为在人的心理感觉方面没有客观的尺度,所以能相当自由地选择数据值;另一方面,由于统计的方法只要有数据就可使用,所以若机械地照搬这种方法,恐怕会得出错误的结论。

评价的数量化在数据选择方面怎么变化都有可能,这一点是与自然科学和工程学问题不相同的地方。因而在数据选择时,首先必须了解评价的目的,吃透问题的实质,这相当于设立假定或构造概念模型。其程序是:在确认使用统计方法的妥当性和有效性后,收集适当数据,以统计方法确认假定,并在数据通过检验后,能够在一定程度上建立起数量化的评价模型,进行属性评价或综合评价。即从许多认为是非独立的关于评价属性的数据中,找出任意两个属性之间的关系,然后,可以用相应的分析评价方法来进行评价。

3. 不确定性理论

不确定性理论是指使评价处于迷惑不解的困境,多数情况是发生在含有不确定因素的决策问题中。但如果已经掌握事件发生的概率,则可以用期望值作为评价函数,以便作为确定性问题来处理。即使在缺乏数据的情况下,也可凭借专家的经验和直观判断,以及以往发生的概率,对事件发生的可能性做出定量估计。这种估计称为主观概率,随着主观概率信息的增加,便逐步接近客观概率。

4. 非精确理论

除了事件发生的不确定性以外,还有人的认识所固有的模糊性(非精确性)。例如,用语言描述的"大""红""好"等概念以及审判、诊断、人物评价等综合判定,本质上都是定性的东西。为了进行这种评价,需要应用非精确理论。

5. 最优化理论

评价对象的数学模型本身也可能成为评价函数,例如数学规划方法就是一个典型的例子。数学规划本身具有普遍性和严密性,得到的评价也是比较客观的。

6.4.2 评价方法

评价方法发展到今天,已不下数十种之多。这里仅列举较为常用的几种方法,在以后各节将作较为详细的介绍。

1. 费用-效益分析

这是系统评价的经典方法之一。美国政府部门将费用-效益分析作为评价政策的工具,始于 1902 年的《河川江湾法》。这个法律规定,在制订河川与江湾的投资规划时,必须有有关部门的专家提供关于费用与效益的报告,即在可能的领域内,要进行包括费用与效益在内的经济评价。这种评价方法后来逐步渗透到各种经济领域,而且要求所投资的工程项目给社会提供财富和服务的价值与效益必须超过其费用,作为工程项目投资合理性的依据。在学术界,在福利经济学理论的基础上,则要求从经济总体上考虑费用和效益的关系,以达到资源的最优化分配。实现这种评价方法的困难在于如何正确地测定效益,以及如何估计长期投资和效益的社会折现率。现在已经有了几种可供实用的方法。

采用这种评价方法的问题是,仅仅从经济观点考虑效益,不能被从社会观点考虑效益的人们所完全采纳。为了弥补对社会效益考虑不足的问题,有人提出了有效度观点和费用-有效度分析的概念。

例如,假定 A 地区是一个旧区,工业和人口密集,而 B 地区是待开发的新区,工业和人口还较稀疏。现在计划在 A 地区或 B 地区修建公路,如果以费用-效益为基准,则在费用一定下选择 A 地区修建;如果考虑到社会对工业和人口布局的均衡化要求后,采用费用-有效度基准,则应选择 B 地区修建为佳。

费用-有效度分析最初是由美国兰德公司等于 20 世纪 70 年代提出的,是用来对武器系统和国防问题进行系统分析的一种方法,随后又应用到了各个领域之中。

把效果从经济观点扩大到社会观点是费用-有效度分析的优点。问题是如何测定有效度,因为建立有效度的尺度非常困难。观点之一是建立社会指标体系,这就是 1970 年提出"经济增长本身不是目的,而是建立更好生活环境的一种手段"的经济合作与发展组织(OECD)的观点。现在社会指标体系已成为具有 9 个目标领域、23 个社会关心项目、39 个子项目、48 个指标的多级递阶指标体系,用这些指标群表示社会系统的状态和属性。其中 9 个目标领域是健康、个人的学习与发展、就业与生活质量、时间分配与余暇、个人的经济状况、物质环境、社会环境、个人安全与法制、社交机会及参加程度等。

显然社会指标的确定及其系统化不是唯一的,应该根据社会制度和实际情况以及将来的目标而不断改进。同时,按照像全国范围这种宏观系统算出平均指标,意义并不太大,应该按照人们日常生活圈的层次或地区来测定。

2. 关联矩阵法

通常系统是多目标的,因此,系统评价项目也不是唯一的,而且衡量各个评价项目的评价尺度一般也是不相同的,系统评价问题的困难就在于此。

据此,切斯纳提出的综合方法是,根据具体评价系统,确定系统评价项目及其相应的权重,然后对评价系统的各个替代方案计算其综合评价值,即各评价项目评价值的加权和。

关联矩阵法就是用矩阵形式来表示各替代方案有关评价项目的平均值,然后计算各方案评价值的加权和,再通过分析比较,综合评价值的加权和最大的方案即为最优方案。

应用关联矩阵法的关键,在于确定各评价项目的重要度(权重),以及各评价项目的价值尺度。对此,目前还没有普遍适用的方法。

3. 层次分析法

层次分析法作为一种评价方法,和上述的关联矩阵法属于同一类型。它是 1973 年由美国学者萨迪最早提出的。层次分析法是一种定性分析和定量分析相结合的评价决策方法,它将评价者对复杂系统的评价思维过程数学化。其基本思路是评价者通过将复杂问题分解为若干层次和若干要素,并在同一层次的各要素之间简单地进行比较、判断和计算,得出不同替代方案的重要度,从而为选择最优方案提供决策依据。层次分析法的特点是:能将人们的思维过程数学化、系统化,便于人们接受;所需定量数据信息较少,但要求评价者对评价问题的本质、包含的要素及其相互之间的逻辑关系能掌握得十分透彻。这种方法尤其可用于对无结构特性的系统评价以及多目标、多准则、多时期等的系统评价。由于上述这些特点,这种方法目前已在各个领域获得广泛应用。

4. 模糊评价法

这是运用模糊集理论对系统进行综合评价的一种方法。通过模糊评价,能获得系统各替代方案优先顺序的有关信息,应用模糊评价法确定评价项目及其权重和评价尺度,在对各评价项目进行评定时,用对第 f_i 评价项目做出第 e_i 评价尺度的可能程度的大小来表示,这种评定是一种模糊映射,其可能程度的大小用隶属度 r_{ij} 来反映。近年来,模糊评价法成为常用的一种综合评价方法。

6.5　费用-效益分析

这是系统评价的经典方法之一,当费用和效益都可以用货币或其他某种尺度度量时,就可以使用费用-效益分析方法。

6.5.1 费用、效益和有效度的基本概念

1. 费用

费用是指为了实现某个工程项目或事业的目的而投入的资源（如资金、劳动力、材料、能源……）的价值。费用不仅仅局限于实现方案的货币支出，还应理解为达到目的所必须付出的代价或牺牲。这些费用包括以下四种。

（1）货币费用与非货币费用。如机场周围的居民遭到的噪声污染的损失是难以用货币度量的，就构成了非货币费用。

（2）实际费用与机会费用。实际费用是指为达到某个目的所实际支付的费用。机会费用的含义是：当一项资源用于某个用途时，也就失去了该项资源本来可以用于其他方面的用途和由之所带来的价值，在所失去了的用途中的最优用途所带来的价值，就是该项资源的机会费用。

当对各替代方案进行权衡时，仅仅用实际费用所产生的价值还不能评价替代方案的价值。例如，在桥梁建设和房屋建设方面存在着关于水泥资源的权衡，比较用于两者的价值孰大孰小后，才能得到合理的评价。

（3）内部费用和外部费用。既要考虑到系统内部的费用，还必须考虑系统外部所发生的费用。如减少公共交通工具可以减少公交公司的内部费用，但系统外部必须增加自行车费用或企事业单位自派的交通车的费用。

（4）一次投资费用和日常经营费用。既要考虑一次性投资费用的大小，还要考虑日常经营费用（包括维修费用）的大小等。

2. 效益

当实现某个工程项目或企业的目的后，即当开发的系统运用以后，就可以获得一定的效果，其中能够换算成货币价值的那部分效果就称作效益。效益又可分为主要效益和次生效益两种，前者是由系统本身直接产生的效益，后者是由于实现系统的结果而间接派生出来的效益。

3. 有效度

评价系统的效果时，虽然通过一定方法可以将效果进行数量化，但不一定都能换算成货币。用货币以外的数量尺度所表示的效果称为有效度。

效果的测定，无论是用效益还是有效度，都需要把效果作为替代方案的价值属性和外部环境的评价属性的函数而公式化。替代方案的价值属性表现为价值要素，例如，系统功能和可靠性等。外部环境的属性则表现为各评价项目对于系统价值的权重。

6.5.2 费用和效果的关系

系统费用和效果之间，一般存在着如图 6-5（a）所示的 S 形曲线关系。当费用 C 达到一定程度后，效果才能明显表现出来，当费用 $C < C_L$ 时，效果几乎为零（见图 6-5（a））。此后，

效果随着费用增加而迅速增加,这是非常值得研究的一个阶段。但当费用超过 C_H 之后,效果趋于不变,曲线呈平稳现象。此后边际效用 $\left(\dfrac{\partial V}{\partial C}\right)$ 过小,形成浪费。边际效用可用偏导数表示,以便进行多目标分析。

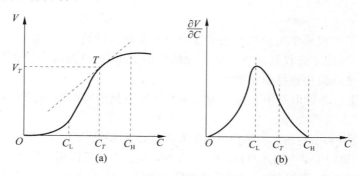

图 6-5　费用和效果的关系

边际效用曲线如图 6-5(b)所示。若出现 $C_L=0$,边际效用就会在整个费用范围内呈下降趋势,在图 6-5(a)中所示的 T 点上,费用 C_T 对效果 V_T 之比为最小,因此,用这个费用建立系统的投资效率为最大。对多目标的系统进行费用-效果分析时,可以做到合理的预算分配和目标达成度的最佳组合。

6.5.3　费用分析

费用分析是进行费用-效果分析的基础,它是研究系统开发全过程中的一切费用及系统使用期内所发生的经营费用和收益。系统费用和收益的发生按时间的顺序如图 6-6 所示。当进行费用计算和效益计算时,首先要将不同时间发生的费用和效益换算成同一时间基准来进行比较。

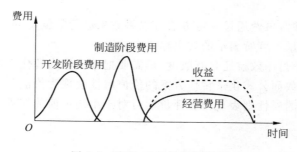

图 6-6　费用、收益的时间序列

1. 终值系数和现值系数

例如有 P 元资金,其年利率为 r,则 n 年后的本金和利息总计为 C 元,即

$$C=P(1+r)^n \tag{6-1}$$

这里,C 是 P 经过 n 年后的最终价值,简称终值。系数 $(1+r)^n$ 叫作终值系数。

反之,在 n 年以后若能获得 C 元资金,年利率仍为 r,那么折合成现在资金 P 为

$$P=\frac{C}{(1+r)^n} \tag{6-2}$$

这里,P 是 C 的现在价值,简称现值。系数 $\frac{1}{(1+r)^n}$ 叫作现值系数。

根据上述终值系数和现值系数的换算,即可将不同时期发生的费用按同一时间标准来进行计算。

2. 费用和效益计算

设某系统的投资费用换算成系统开始运用的时间时为 K 元($K=K_n(1+r)^{n-1}+K_{n-1}(1+r)^{n-2}+\cdots+K_1(1+r)^0$),系统使用期限为 T 年,投入使用后每年的经营费用分别为 $C_1,C_2,\cdots,C_T$ 元,而年收益分别为 $R_1,R_2,\cdots,R_T$ 元,T 年后系统的残值为 S 元,年利率为 r,则 T 年后预计总收益折算成开始使用年的现值 R 为

$$R=\frac{R_1}{1+r}+\frac{R_2}{(1+r)^2}+\cdots+\frac{R_T}{(1+r)^T}+\frac{S}{(1+r)^T} \tag{6-3}$$

T 年预计经营费用总额和投资现值之和 C 为

$$C=\frac{C_1}{1+r}+\frac{C_2}{(1+r)^2}+\cdots+\frac{C_T}{(1+r)^T}+K \tag{6-4}$$

若

$$R_1=R_2=\cdots=R_T=\overline{R}$$
$$C_1=C_2=\cdots=C_T=\overline{C}$$

即年收益及年经营费用分别取平均值 $\overline{R}$ 和 $\overline{C}$,则以上两式可以简化为

$$R=\frac{\overline{R}}{r}\left[1-\left(\frac{1}{1+r}\right)^T\right]+\frac{S}{(1+r)^T} \tag{6-5}$$

$$C=\frac{\overline{C}}{r}\left[1-\left(\frac{1}{1+r}\right)^T\right]+K \tag{6-6}$$

由此可见,要进行投资必须使

$$R>C \tag{6-7}$$

要保证 $R>C$ 的要求,必须使

$$\overline{R}>\overline{C} \tag{6-8}$$

同时,因

$$K>S$$
$$T>1$$

所以,在上述条件下,要保证 $R>C$,必须使 $\overline{R}\gg\overline{C}$,即年平均收益 $\overline{R}$ 要比年平均经营费用 $\overline{C}$ 大得多,只有这样才值得投资。

设 $\overline{R}=(2\sim3)\overline{C}$,$T=50$,$r=0.1$,$S=0$,代入式 $R-C>0$,则得

$$R-C=\left[1-\left(\frac{1}{1+r}\right)^{50}\right]\left[\frac{(2\sim3)\overline{C}-\overline{C}}{r}\right]-K>0 \tag{6-9}$$

化简后近似可得

$$K < (10 \sim 20)\overline{C} \tag{6-10}$$

即当 $\overline{R} = (2 \sim 3)\overline{C}$ 时，投资额 K 可达平均一年经营费用的 $10 \sim 20$ 倍。

3. 投资回收期计算

在投资终值为 K、年利率为 r 的条件下，1 年后尚未回收的投资余额 F_1 为

$$F_1 = K(1+r) - R_1 \tag{6-11}$$

2 年后尚未回收的投资余额 F_2 为

$$F_2 = K(1+r)^2 - R_1(1+r) - R_2 \tag{6-12}$$

同理，n 年后尚未回收的投资余额 F_n 为

$$F_n = K(1+r)^n - R_1(1+r)^{n-1} - R_2(1+r)^{n-2} - \cdots - R_{n-1}(1+r) - R_n \tag{6-13}$$

设 $R_1 = R_2 = \cdots = R_n = \overline{R}$，则对 F_n 化简后可得

$$F_n = \left(K - \frac{\overline{R}}{r}\right)(1+r)^n - \frac{\overline{R}}{r} \tag{6-14}$$

由此可见，进行投资回收的必要条件为

$$F_n < S$$

即到 n 年后尚未回收的投资余额要小于残值 S。

如 $n = T$，则

$$F_r < S$$

由 F_n 的表达式可见，当 $K > \frac{\overline{R}}{r}$ 时，随着 K 值的增加 F_n 也增大；反之，当 $K < \frac{\overline{R}}{r}$ 时，随着 K 值的减少 F_n 也减少。

所以，使投资回收的必要条件为

$$K < \frac{\overline{R}}{r}$$

否则，投资就无法回收。

当 $F_n \leqslant 0$ 时，即当 n 年后投资全部回收完，则

$$K_n = \left(K - \frac{\overline{R}}{r}\right)(1+r)^n - \frac{\overline{R}}{r} \leqslant 0$$

$$\left(K - \frac{\overline{R}}{r}\right)(1+r)^n \leqslant \frac{\overline{R}}{r} \tag{6-15}$$

化简后可得

$$(1+r)^n \geqslant \frac{\overline{R}}{\overline{R} - Kr} \tag{6-16}$$

两端取对数，得

$$n\lg(1+r) \geqslant \lg\left(\frac{\overline{R}}{\overline{R} - Kr}\right)$$

$$n \geqslant \frac{1}{\lg(1+r)}\lg\left(\frac{\overline{R}}{\overline{R} - Kr}\right) \tag{6-17}$$

设 $K = 10, r = 0.1, \overline{R} = 2$，则

$$n \geqslant \frac{1}{\lg(1+0.1)}\lg\left(\frac{2}{2 - 10 \times 0.1}\right)\text{年} = 7.283 \text{ 年} \tag{6-18}$$

取整数，则回收期 $n = 8$ 年。

6.5.4 费用-效益分析的评价基准

通常仅仅经过费用和效益的计算和分析,虽然清楚了替代方案的费用和效益,但还不能说就知道了系统的价值,因此,还需要根据评价基准,把费用和效益综合起来考虑。

当费用和效益都可以用货币或其他某个尺度度量时,使用费用效益-分析就比较简单。常用的评价基准有下面三种。

(1) 效率性基准。即在一定费用条件下,效益大的替代方案其价值就高。这可以作为能负担的费用有限时选择替代方案的手段。如图 6-7 中,当 $C=C_1$ 时,效益 $E(A_2)>E(A_1)$;当 $C=C_2$ 时,$E(A_1)>E(A_2)$;当 $C=C_0$ 时,则 $E(A_1)=E(A_2)$。

(2) 经济性基准。即要求在一定的效益条件下,费用小的替代方案其价值就高。当事先给定的收益目标达到时,应从可以达到目标的若干替代方案中选取费用最小的方案。在图 6-7 中,当 $E=E_1$ 时,$C(A_2)<C(A_1)$;当 $E=E_0$ 时,$C(A_2)=C(A_1)$;当 $E=E_2$ 时,则 $C(A_2)>C(A_1)$。

(3) 纯效益基准。所谓纯效益,就是效益减去费用后的余额。纯效益基准就是指纯效益大的替代方案价值高。这种评价基准适用于费用不加限制的情况。

如果给出了两个具有特定费用和效益的替代方案,尤其当某些效益不能转换为货币形式时,要评价它们的价值大小,通常可以按照追加效益与追回费用相比是否合算的原则进行处理。例如,图 6-8 所示 A、B 两个方案,要求做出价值评定。这时,可以按照追加效益对于追加费用是否合算来考虑替代方案的取舍。具体做法如下。

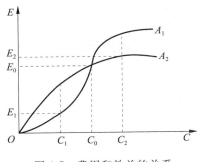

图 6-7　费用和效益的关系

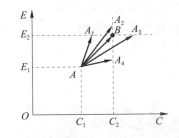

图 6-8　纯效益基准的费用和效益关系

(1) 等效益分析(即效益一定分析)。以效益作为基准,为了达到系统必须发挥的效益,考虑如何用最少费用把效益自 E_1 提高到 E_2,由图 6-8 可知,A_1 优于 B,B 优于 A_2,即

$$A_1>B>A_2 \tag{6-19}$$

(2) 等费用分析(即费用一定分析)。设系统不能超过一定费用限度,如 C_2,则必须在这个范围内谋求提高系统的效益。由图 6-8 可知,A_3 优于 B,B 优于 A_4,即

$$A_3>B>A_4 \tag{6-20}$$

6.6　关联矩阵法

关联矩阵法是常用的综合评价方法。它主要是用矩阵形式来表示各替代方案有关评价指标及其重要度与方案关于具体指标的价值定量之间的关系。

设 $A_1, A_2, \cdots, A_i, A_m$ 为某评价对象的 m 个替代方案 $(i=1,2,\cdots,m)$，$x_1, x_2, \cdots, x_n$ 为评价替代方案的 n 个评价指标，$w_1, w_2, \cdots, w_n$ 为 n 个评价指标的权重，$v_{i1}, v_{i2}, \cdots, v_{ij}(j=1,2,\cdots,n)$ 为第 i 个替代方案 A_i 的关于 x_j 指标的价值评定量，相应的关联矩阵表如表 6-1 所示。

表 6-1　关联矩阵表

v_{ij}　w_j / x_j A_i	x_1 w_1	x_2 w_2	$\cdots$	x_j w_j	$\cdots$	x_n w_n	v_i
A_1	v_{11}	v_{12}	$\cdots$	v_{1j}	$\cdots$	v_{1n}	$v_1 = w_1 v_{11} + w_2 v_{12} + \cdots + w_n v_{1n}$
A_2	v_{21}	v_{22}	$\cdots$	v_{2j}	$\cdots$	v_{2n}	$v_2 = w_1 v_{21} + w_2 v_{22} + \cdots + w_n v_{2n}$
$\vdots$	$\vdots$	$\vdots$		$\vdots$		$\vdots$	$\vdots$
A_m	v_{m1}	v_{m2}	$\cdots$	v_{mj}	$\cdots$	v_{mn}	$v_m = w_1 v_{m1} + w_2 v_{m2} + \cdots + w_n v_{mn}$

应用关联矩阵评价方法的关键，在于确定各评价指标的相对重要度，即权重 w_i，以及由评价主体给定的评价指标的评价尺度。下面结合一实际例子来介绍两种确定权重及评价尺度的方法。

6.6.1　逐对比较法

利用多元评价指标对替代方案进行综合评价时，最简便的方法就是逐对比较法。逐对比较法就是利用所有评价指标对替代方案按照一定的基准进行评分，再利用加权的方法对替代方案的各种评价指标的评价值进行综合的评价方法。现以某紧俏产品的生产方案选择为例加以说明。

例 6-1　某企业为生产某紧俏产品制订了三个生产方案，分别为：

A_1：自行设计一条新的生产线。

A_2：从国外引进一条自动化程度较高的生产线。

A_3：在原有设备的基础上改装一条生产线。

通过技术部门和评价部门讨论，决定评价指标为五项，分别为：①期望利润；②产品成品率;③市场占有率;④投资费用;⑤产品外观。

根据有关人员的预测和估计,实施这三种方案后关于五个评价项目的结果如表 6-2 所示。

表 6-2 方案实施结果例表

替代方案	评价项目				
	期望利润/万元	产品成品率/%	市场占有率/%	投资费用/万元	产品外观
自行设计	650	95	30	110	美观
国外引进	730	97	35	180	较美观
改建	520	92	25	50	不美观

下面介绍评价过程。

首先,用逐对比较法求出各评价指标的权重,结果如表 6-3 所示。如表中的期望利润与产品成品率相比,前者重要,则得 1 分,后者得零分。余可类推,最后根据各评价项目的累计得分计算权重,如表 6-3 最后一列所示。

表 6-3 逐对比较法例表

评价项目	比较次数										累计得分	权重
	1	2	3	4	5	6	7	8	9	10		
期望利润	1	1	1	1							4	0.4
产品成品率	0				1	1	1				3	0.3
市场占有率		0			0			0	1		1	0.1
投资费用			0			0		1		1	2	0.2
产品外观				0			0		0	0	0	0.0

随后由评价主体确定评价尺度,如表 6-4 所示,以使方案在不同指标下的实施结果能统一度量,便于求加权和。根据评价尺度表,对各替代方案的综合评定如下。

表 6-4 评价尺度例表

评价项目	评价尺度得分				
	5	4	3	2	1
期望利润/万元	800 以上	701~800	601~700	501~600	500 以下
产品成品率/%	97 以上	96~97	91~95	86~90	85 以下
市场占有率/%	40 以上	35~39	30~34	25~29	25 以下
投资费用/万元	20 以下	21~80	81~120	121~160	160 以上
产品外观	非常美观	美观	比较美观	一般	美观

对替代方案 A_1,有

$$v_1 = 0.4 \times 3 + 0.3 \times 3 + 0.1 \times 3 + 0.2 \times 3 = 3.0$$

对替代方案 A_2,有

$$v_2 = 0.4 \times 4 + 0.3 \times 4 + 0.1 \times 4 + 0.2 \times 1 = 3.4$$

对替代方案 A_3,有

$$v_3 = 0.4 \times 2 + 0.3 \times 3 + 0.1 \times 2 + 0.2 \times 4 = 2.7$$

以上计算结果可用关联矩阵表示,见表 6-5。

表 6-5　关联矩阵例表(逐对比较法)

v_{ij} ＼ w_j ＼ A_i ＼ x_j	期望利润	产品成品率	市场占有率	投资费用	产品外观	v_i
	0.4	0.3	0.1	0.2	0.0	
自行设计	3	3	3	3	4	3.0
国外引进	4	4	4	1	3	3.4
改　　建	2	3	2	4	4	2.7

由表 6-5 可知,替代方案 A_2 的综合评价值最大。

在只需对产品项目进行初步评估的场合,也可用逐对比较法来确定不同方案对具体评价指标的价值评定量(v_{ij})。

6.6.2　古林法

当对各评价项目间的重要性可以做出定量估计时,古林(A. J. Klee)法比逐对比较法优越,它是确定指标权重和方案价值评定量的有效方法。现仍以上述评价问题为例来介绍此方法。

例 6-2　首先,按下述步骤确定评价项目的权重。

(1)确定评价指标的相对重要度 R_j。如表 6-6 所示,按评价项目自上而下地两两比较其重要性,并用数值表示其重要程度,然后填入表 6-6 的 R_j 一列中。由表 6-6 可知,期望利润的重要性是产品成品率的 3 倍;同样,产品成品率的重要性是市场占有率的 3 倍。由于投资费用的重要性是市场占有率的 2 倍,故反之,市场占有率的重要性是投资费用的 0.5 倍;又投资费用的重要性是产品外观的 4 倍。最后,由于产品外观已经没有别的项目与之比较,故它没有 R 值。

(2)R_j 的基准化处理。设基准化处理的结果为 K_j,以最后一个评价指标作为基准,令其 K 值为 1,自下而上计算其他评价项目的 K 值。如表 6-6 所示,K_j 列中最后一个 K 值为 1,用 1 乘上一行的 R 值,得 $1 \times 4 = 4$,即为上一行的 K 值(表中箭线所示),然后再用 4 乘上一行的 R 值,得 $4 \times 0.5 = 2$ 等,直至求出所有的 K 值。

表 6-6 古林法求 w_j 例表

序号	评价项目	R_j	K_j	w_j
1	期望利润	3	18	0.580
2	产品成品率	3	6	0.194
3	市场占有率	0.5	2	0.065
4	投资费用	4	4	0.129
5	产品外观	—	1	0.032
合计			31	1.000

（3）K_j 的归一化处理。将 K_j 列的数值相加，分别除以各行的 K 值，所得结果即分别为各评价项目的权重 w_j，显然有 $\sum_{j=1}^{n} w_j = 1$（即归一化）。由表 6-6 可知 $\sum K_j = 31$，则 $w_1 = \dfrac{K_1}{\sum K_j} = 0.580$，余可类推。

算出各评价项目的权重后，可按同样计算方法对各替代方案逐项进行评价。这里，方案 A_i 在指标 x_j 下的重要度 R_{ij} 不需再予估计，可以按照表 6-7 中各替代方案的预计结果按比例计算出来。如对期望利润（x_1）的 R 值（R_{i1}），因 A_1 的期望利润为 650 万元，A_2 的期望利润为 730 万元，则在表 6-7 中，$R_{11} = \dfrac{650}{730} = 0.890$，$R_{21} = \dfrac{730}{520} = 1.404$，等等。然后按计算 K_j 和 w_j 的同样方法计算出 K_{ij} 和 w_{ij}（$i=1,2,3, j=1,2,3,4,5$）列入表 6-7 中。各方案在第一个评价指标下经归一化处理的评价值为

$$v_{11} = \frac{K_{11}}{\sum K_{i1}} = \frac{1.250}{3.654} = 0.342$$

$$v_{21} = \frac{K_{21}}{\sum K_{i1}} = \frac{1.404}{3.654} = 0.384$$

$$v_{31} = \frac{K_{31}}{\sum K_{i1}} = \frac{1}{3.654} = 0.274$$

对于表 6-7 有两点需要说明。

（1）在计算投资费用时，希望它越小越好，故其比例取倒数，即

$$R_{14} = \frac{180}{110} = 1.636$$

$$R_{24} = \frac{50}{180} = 0.278$$

（2）在计算产品外观时，参照表 6-4，美观为 4 分，比较美观为 3 分，所以

$$R_{15} = \frac{4}{3} = 1.333$$

$$R_{25} = \frac{3}{4} = 0.750$$

表 6-7　古林法求 w_{ij} 例表

序号	评价项目	替代方案	R_{ij}	K_{ij}	w_{ij}
1	期望利润	A_1	0.890	1.250	0.342
		A_2	1.404	1.404	0.384
		A_3	—	1	0.274
2	产品成品率	A_1	0.979	1.032	0.334
		A_2	1.054	1.054	0.342
		A_3	—	1	0.324
3	市场占有率	A_1	0.857	1.200	0.333
		A_2	1.400	1.400	0.389
		A_3	—	1	0.278
4	投资费用	A_1	1.636	0.455	0.263
		A_2	0.278	0.278	0.160
		A_3	—	1	0.577
5	产品外观	A_1	1.333	1.000	0.364
		A_2	0.750	0.750	0.272
		A_3	—	1	0.364

综合表 6-6 和表 6-7 的结果，即可计算三个替代方案的综合评定结果，见表 6-8。由表 6-8 可知，替代方案 A_2 所对应的综合评价值 v_2 为最大。

表 6-8　关联矩阵例表（古林法）

x_i / v_{ij} / w_j / A_j	期望利润	产品成品率	市场占有率	投资费用	产品外观	v_i
	0.580	0.194	0.065	0.129	0.032	
A_1	0.342	0.334	0.333	0.263	0.364	0.330
A_2	0.384	0.342	0.389	0.160	0.272	0.344
A_3	0.274	0.324	0.278	0.557	0.364	0.326

6.7 层次分析法

一般情况下,系统的评价多为多目标、多判据的评价。如果仅仅依靠评价者的定性分析和逻辑判断,缺乏定量分析依据来评价方案的优劣,显然是十分困难的。同时,对于社会经济评价项目难以做出精确的定量分析。如果能在评价中引入定量分析,并吸收人们在两两比较中所获得的粗略的量化评价,那么,就有可能获得较为科学的评价结果。

鉴于此,美国数学家萨迪(T. L. Saaty)在 20 世纪 70 年代提出了一种数学模型决策方法,它是一种综合和整理人们主观判断的客观方法,把定性分析与定量分析相结合,它也是一种系统分析决策的方法,适用于多准则、多目标、多层次的复杂问题的决策。

在进行层次分析之前,首先要弄清楚问题的范畴,了解问题所包含的因素,确定因素之间的关联和隶属关系。根据对问题的分析和了解,将问题所包含的因素按照是否具有某些共同的特征而归纳成组,并把它们之间的共同特性看成是系统中新的层次中一些因素,而这些因素本身也按照另外一组特性组合起来,形成更高层次的因素,直到最终形成单一的最高层次因素。这样便构成由最高层、若干中间层、最底层组合排列的层次分析结构模型。

最高层称为总目标层,它反映系统要达到的总目标。总目标一般只有一个,如果有多个目标时,可以建立一个分目标层;中间层称为准则层,表示实现总目标所要求的各项准则;最底层称为方案层,表示候选的各个方案。

6.7.1 原理

人们在日常生活中经常要从一堆同样大小的物品中挑选出最重的物品,这时,往往利用两两比较的方法来达到目的。假设有 n 个物品,其真实重量为 $w_1, w_2, \cdots, w_n$,如果人们可以精确地判断两两物品之重量比,那么就可以得到一个重量比矩阵 A:

$$A = \begin{bmatrix} w_1/w_1 & w_1/w_2 & \cdots & w_1/w_n \\ w_2/w_1 & w_2/w_2 & \cdots & w_2/w_n \\ \vdots & \vdots & & \vdots \\ w_n/w_1 & w_n/w_2 & \cdots & w_n/w_n \end{bmatrix}$$

如果用矩阵 A 左乘物品重量向量 $W^{\mathrm{T}} = \begin{bmatrix} w_1 & w_2 & \cdots & w_n \end{bmatrix}$,则有

$$AW = \begin{bmatrix} w_1/w_1 & w_1/w_2 & \cdots & w_1/w_n \\ w_2/w_1 & w_2/w_2 & \cdots & w_2/w_n \\ \vdots & \vdots & & \vdots \\ w_n/w_1 & w_n/w_2 & \cdots & w_n/w_n \end{bmatrix} \begin{bmatrix} w_1 \\ w_2 \\ \vdots \\ w_n \end{bmatrix} = nW$$

注意到,上式中 n 是 A 的特征值,W 是 A 的特征向量,这就提示我们可以利用求重量比判断矩阵特征向量的方法来求得物品真实的重量向量 W。如果 A 是精确比值矩阵,则其特征值 $\lambda_{max} = n$,即 $AW = \lambda W$。但一般情况下 A 是近似估值,故有 $\lambda_{max} \geqslant n$,因此可以用 λ_{max} 与 n 的误差来判断 A 的准确性。

应用层次分析法进行系统评价,其主要步骤如下。

（1）对构成评价系统的目的、评价指标（准则）及替代方案等要素建立多级递阶的结构模型。

（2）对同属一级的要素以上一级的要素为准则进行两两比较,根据评价尺度确定其相对重要度,据此建立判断矩阵。

（3）计算判断矩阵的特征向量以确定各要素的相对重要度。

（4）最后通过综合重要度的计算,对各种方案进行排序,从而为决策提供依据。

6.7.2 多级递阶结构

一般来说,构成评价系统各要素的多级递阶结构可以根据如解释结构模型（ISM）法等方法来建立。就多级递阶结构类型来说,可以有三种类型,如下所述。

1. 完全相关性结构

图 6-9 所示即为完全相关性结构。其结构特点是上一级的每一要素与下一级的全部要素相关,即上一级每一要素都作为下一级的评价项目而起作用。例如图 6-9 中所示企业购买机器,有三种产品可供选择（图中第三级）,而对任一种产品,企业均以第二级中价格、功能、维护性三种评价指标来评价,即价格、功能和维护性都与三种产品有关。

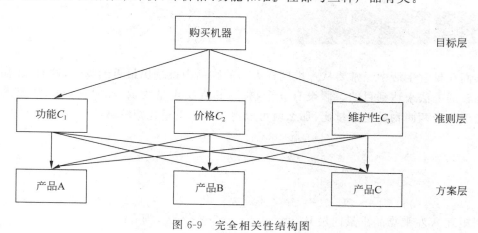

图 6-9　完全相关性结构图

2. 完全独立性结构

完全独立性结构的特点是上一级要素都各自有独立的、完全不相同的下级要素。

3. 混合结构

混合结构是上述两种结构的结合,即是一种既非完全相关,又非完全独立的结构。不同类型的多级递阶结构,在建立判断矩阵和计算各要素的相对重要度时有所不同。

6.7.3　判断矩阵

判断矩阵是层次分析法的基本信息,也是进行相对重要度计算的重要依据。

如上所述,判断矩阵 A 中元素 a_{ij} 表示 i 元素与 j 元素的相对重要度之比,且有下述关系(即为反对称阵):

$$a_{ij} = \frac{1}{a_{ij}}, \quad a_{ii} = 1, \quad i,j = 1,2,\cdots,n$$

显然比值越大, i 的重要度就越高。为了方便,一般采用这样的尺度:规定用 1、3、5、7、9 分别表示 i 元素与 j 元素同样、比较重要、重要、很重要、极重要。当然也可以根据实际需要取其他值。

例 6-3　为购买机器,选定的三个评价标准为功能、价格和维护性。假定以购买机器为比较基准,对这三个指标两两比较的结果如下:

重要度	C_1	C_2	C_3
C_1	1	5	3
C_2	1/5	1	1/3
C_3	1/3	3	1

上述矩阵表明:对购买机器而言,功能比价格重要($a_{ij}=5$)、比维护性较重要($a_{ij}=3$),而维护性比价格较重要($a_{ij}=3$),其他可以类推。

6.7.4　相对重要程度的计算

理论上讲,对以某个上级要素为准则所评价的同级要素的相对重要程度可以由计算比较矩阵 A 的特征值获得。但因其计算方法较为复杂,而且实际上只能获得对 A 粗略的估计(从评价值的尺度上可以看到这一点),因此计算其精确特征值是没有必要的。实践中可以采用求和法或求根法来计算特征值的近似值。

1. 求和法

(1) 将矩阵按列归一化(即使列和为 1): $b_{ij} = \dfrac{a_{ij}}{\sum a_{ij}}$ 。

（2）按行求和：$v_i = \sum_j^i b_{ij}$。

（3）归一化：$w_i^0 = \dfrac{v_i}{\sum v_i}, i=1,2,\cdots,n$，所得 $w_i^0(i=1,2,\cdots,n)$ 即为 A 的特征向量的近似值。

2. 求根法

（1）对矩阵按行开方：$v_i = \sqrt[n]{\prod_j a_{ij}}$。

（2）归一化：$w_i = \dfrac{v_i}{\sum v_i}, \quad i=1,2,\cdots,n$。

下面以 $A = \begin{bmatrix} 1 & 5 & 3 \\ 1/5 & 1 & 1/3 \\ 1/3 & 3 & 1 \end{bmatrix}$ 为例进行计算。

求和法：$B = \begin{bmatrix} 0.652 & 0.556 & 0.692 \\ 0.130 & 0.111 & 0.077 \\ 0.218 & 0.333 & 0.231 \end{bmatrix}, V = \begin{bmatrix} 1.900 \\ 0.318 \\ 0.782 \end{bmatrix}, W = \begin{bmatrix} 0.633 \\ 0.106 \\ 0.261 \end{bmatrix}$

求根法：$V = \begin{bmatrix} 2.466 \\ 0.405 \\ 1 \end{bmatrix}, W = \begin{bmatrix} 0.637 \\ 0.105 \\ 0.258 \end{bmatrix}$

6.7.5　一致性检验

在实际评价中评价者只能对 A 进行粗略判断，甚至有时会犯不一致的错误，如已判断 C_1 比 C_2 重要，C_2 比 C_3 较重要，那么，C_1 应当比 C_3 更重要，如果判断 C_3 比 C_1 较重要或者同样重要就犯了逻辑错误。为了检验判断矩阵的一致性（相容性），根据 AHP 的原理，可以利用 $\lambda_{\max}$ 与 n 之差进行检验。定义计算一致性指标

$$CI = \frac{\lambda_{\max} - n}{n-1}$$

$\lambda_{\max}$ 可由下式求出：

$$\lambda_{\max} = \frac{1}{n} \sum_i \left(\frac{(AW)_i}{w_i} \right)$$

本例中：

$$AW = \begin{bmatrix} 1 & 5 & 3 \\ 1/5 & 1 & 1/3 \\ 1/3 & 3 & 1 \end{bmatrix} \begin{bmatrix} 0.637 \\ 0.105 \\ 0.258 \end{bmatrix} = \begin{bmatrix} 1.936 \\ 0.318 \\ 0.785 \end{bmatrix}$$

$$\lambda_{\max}=\frac{1}{3}\left[\frac{1.936}{0.637}+\frac{0.318}{0.105}+\frac{0.785}{0.258}\right]=3.037$$

$$\mathrm{CI}=\frac{3.037-3}{3-1}=0.0185$$

显然,随着 n 的增加判断误差就会增加,因此判断一致性时应当考虑 n 的影响,使用随机性一致性比值 $\mathrm{CR}=\dfrac{\mathrm{CI}}{\mathrm{RI}}$,式中 RI 为平均随机一致性指标。表 6-9 所示为 500 样本的平均值。

表 6-9 平均随机一致性指标

阶数	3	4	5	6	7	8	9	10	11	12	13	14	15
RI	0.52	0.89	1.12	1.26	1.36	1.41	1.46	1.49	1.52	1.54	1.56	1.58	1.59

当 CR<0.1 时,判断矩阵的一致性是可以接受的。

6.7.6 综合重要度的计算

在分层获得了同层各要素之间的相对重要程度后,就可以自上而下地计算各级要素关于总体的综合重要度。C 层为准则层,有 m 个要素 $C_1,C_2,\cdots,C_m$,其对目标层的重要度为 $w_1,w_2,\cdots,w_m$;它的下层方案层有 n 个要素 $P_1,P_2,\cdots,P_n,P_i$ 关于 C_j 的相对重要度为 v_{ij},则 P 层的要素 P_i 的综合重要度为

$$w'_i=\sum_j w_j v_{ij}$$

其计算过程如表 6-10 所示。

表 6-10 综合重要度

	C_1	C_2	$\cdots$	C_m	w'_i
	w_1	w_2	$\cdots$	w_m	
P_1	v_{11}	v_{12}	$\cdots$	v_{1m}	$w'_1=\sum_j w_j v_{1j}$
P_2	v_{21}	v_{22}	$\cdots$	v_{2m}	$w'_2=\sum_j w_j v_{2j}$
$\vdots$	$\vdots$	$\vdots$	$\vdots$	$\vdots$	$\vdots$
P_n	v_{n1}	v_{n2}	$\cdots$	v_{mn}	$w'_n=\sum_j w_j v_{nj}$

例如,在考评科研院所的工作时可把科研院所的工作指标分成 3～4 层(如图 6-10 所示)。

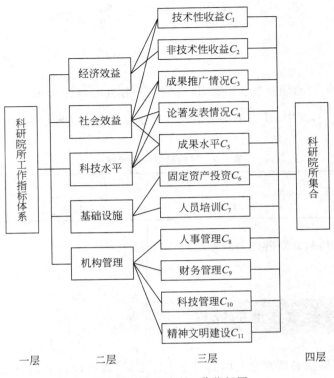

图 6-10　科研院所工作指标图

　　在考察科研院所的工作状况时,假定针对总目标而言,经济效益、社会效益、科技水平、基础建设和机构管理的判断矩阵为

$$\boldsymbol{B}=\begin{bmatrix} 1 & 3 & 2 & 2 & 1 \\ 1/3 & 1 & 1/2 & 1/2 & 1/2 \\ 1/2 & 2 & 1 & 1 & 1/2 \\ 1/2 & 2 & 1 & 1 & 1/2 \\ 1 & 2 & 2 & 2 & 1 \end{bmatrix}$$

则由乘积方根法可以得到 $w_1=0.307,w_2=0.099,w_3=w_4=0.163,w_5=0.268$。即是第一层指标向第二层指标分配的权重。

　　第三层指标的重要程度是通过第二层指标传递下来的,传递的比例是依据第二层指标对第三层指标的依赖程度。对此,也有相似的处理方法。以下用 $w_{ij}^{(k)}$ 记第 k 层的第 i 项指标向第 $k+1$ 层的第 j 项指标分配的权重。

　　假定,通过咨询,从经济效益的角度看,技术性收益和非技术性收益间的重要程度对应判断矩阵 $\boldsymbol{B}_{21}$:

$$\boldsymbol{B}_{21}=\begin{bmatrix} 1 & 3 \\ 1/3 & 1 \end{bmatrix}$$

则很容易得到 $w_{11}^{(2)}=3/4,w_{12}^{(2)}=1/4$。从社会效益的角度,技术性收益、成果推广、论著情况和成果水平的重要程度有对应的判断矩阵 $\boldsymbol{B}_{22}$:

$$\boldsymbol{B}_{22} = \begin{bmatrix} 1 & 5 & 7 & 6 \\ 1/5 & 1 & 6 & 4 \\ 1/7 & 1/6 & 1 & 1/4 \\ 1/6 & 1/4 & 4 & 1 \end{bmatrix}$$

可同样得到

$$w_{21}^{(2)}=0.61, \quad w_{23}^{(2)}=0.24, \quad w_{24}^{(2)}=0.05, w_{25}^{(2)}=0.10$$

同理,在分别得到 w_{23},w_{24},w_{25} 的情况下,用同样的方法可以求得

$$w_{33}^{(2)}=0.297, \quad w_{34}^{(2)}=0.163, \quad w_{35}^{(2)}=0.540$$

$$w_{46}^{(2)}=0.60, \quad w_{47}^{(2)}=0.40$$

$$w_{58}^{(2)}=0.290, \quad w_{59}^{(2)}=0.320, \quad w_{5,10}^{(2)}=0.246, w_{5,11}^{(2)}=0.144$$

相关层次间的权重分配结束后,可采取两种方式加以使用。

第一种方式是通过中间层次的传递,得到最高层到基层指标的权重分配结果。其过程如表 6-11 所示。

其中基层指标 C_1 的权重系数 0.29064 是通过表 6-11 中 C_1 行和第二层指标的权重组合而成,计算式为

$$0.307 \times 3/4 + 0.099 \times 0.61 = 0.29064$$

其他结果也由相同过程得到。表 6-11 的右列,就是综合评价的加权系数。

表 6-11　综合权重分配过程

上层权重 下层指标	B_1	B_2	B_3	B_4	B_5	基层 权重
	0.307	0.909	0.163	0.163	0.268	
C_1	3/4	0.61				0.29064
C_2	1/4					0.07675
C_3		0.24	0.297			0.07217
C_4		0.05	0.163			0.03152
C_5		0.10	0.540			0.0979
C_6				0.60		0.0978
C_7				0.40		0.0652
C_8					0.290	0.0777
C_9					0.320	0.08576
C_{10}					0.246	0.06593
C_{11}					0.144	0.03859

第二种方式是逐层递推评价式,这种方式可以用于分析各被考核对象的强、弱项。它是一种比较好的方式,其分析过程如下。

首先,以标准化后的基层指标作为各对应项的初始评价函数,记为 $z_j^{(3)}$,也即第三层第 j 项指标上的评价函数。

然后,令

$$z_j^{(1)} = \sum_{j=1}^{11} w_{ij}^{(2)} z_j^{(3)}$$

作为第二层第 i 项的评价函数,其中与第二层第 i 项指标无关的第三层指标所对应的权系数为零。

最后,得到综合评价函数

$$z^{(1)} = \sum_{j=1}^{5} w_j^{(1)} z^j$$

从上述过程可以看到,层次分析法是按分解的层次得到的判断矩阵所隐含的权重信息,并进行综合而得到指标层各项权重分配结果的。因此,处理判断矩阵的有关方法是层次分析法的基础。

6.8 模糊评价法

模糊评价法是利用模糊集理论进行评价的一种方法。由于模糊的方法更接近于东方人的思维习惯和描述方法,因此它更适合于对社会经济系统及工程技术的问题进行评价。

6.8.1 模糊的概念及度量

日常生活中,东方人谈论某人的身高时常用"高个子"或"矮个子"等语言来描述,虽然描述中并未指明该人身高有多少厘米,但听众可以大致了解该人的身高状况,并且很容易依据这些模糊的特征来找到此人。这种描述的不精确性就是模糊性。为了定量地刻画这种模糊概念,我们常用隶属函数 A 来表示。如对身高而言 $A = (1/180, 0.5/175, 0.2/170, 0/175)$ 表示身高 180 厘米为高个子,175 厘米身高者为高个子的程度仅为 0.5,等等,依次类推。显然隶属度表征了模糊性。

6.8.2 模糊变量的运算

由于模糊变量是用隶属度描述的,因此其运算应为模糊运算。设有模糊矩阵

$$R = \begin{bmatrix} 0.5 & 0.3 \\ 0.4 & 0.8 \end{bmatrix}, \quad S = \begin{bmatrix} 0.8 & 0.5 \\ 0.3 & 0.7 \end{bmatrix}$$

则 R 与 S 的并与交运算的规则与集合运算相似，并运算为两中取大，交运算为两中取小：

$$R \cup S = \begin{bmatrix} 0.5 \cup 0.8 & 0.3 \cup 0.5 \\ 0.4 \cup 0.3 & 0.8 \cup 0.7 \end{bmatrix} = \begin{bmatrix} 0.8 & 0.5 \\ 0.4 & 0.8 \end{bmatrix}$$

$$R \cap S = \begin{bmatrix} 0.5 \cap 0.8 & 0.3 \cap 0.5 \\ 0.4 \cap 0.3 & 0.8 \cap 0.7 \end{bmatrix} = \begin{bmatrix} 0.5 & 0.3 \\ 0.3 & 0.7 \end{bmatrix}$$

模糊矩阵的乘积定义如下：记 $C = R \cdot S$，则

$$c_{ij} = \bigcup_k (r_{ik} \cap s_{kj})$$

$$R \cdot S = \begin{bmatrix} (0.5 \cap 0.8) \cup (0.3 \cap 0.3) & (0.5 \cap 0.5) \cup (0.3 \cap 0.7) \\ (0.4 \cap 0.8) \cup (0.8 \cap 0.3) & (0.4 \cap 0.5) \cup (0.8 \cap 0.7) \end{bmatrix}$$

$$= \begin{bmatrix} 0.5 & 0.5 \\ 0.4 & 0.7 \end{bmatrix}$$

6.8.3 模糊综合评价

设对一个评价问题，有评判因素集 $U = \{u_1, u_2, \cdots, u_n\}$，评价集 $V = \{v_1, v_2, \cdots, v_n\}$，各评价指标的权重分别为 $W_1, W_2, \cdots, W_m$，则综合评价问题可描述为计算模糊乘积 $U \cdot V$。下面通过一个例子来说明。

例6-4 某服装厂对某一新产品进行评判，已知：

评判因素集＝{款式色彩，穿着舒适，价格费用}，评价集 V＝{很好，较好，不太好，不好}。并请若干专家与顾客进行评价，若对款式色彩有 20% 的人很欢迎，70% 的人比较欢迎，10% 的人不太欢迎，则可以得出对款式色彩评价的隶属度：

$$A_{款式色彩} = (0.2/很欢迎, 0.7/较欢迎, 0.1/不太欢迎, 0.0/不欢迎)$$

类似地，穿着舒适有

$$A_{穿着舒适} = (0.0/很, 0.4/较, 0.5/不太, 0.1/不)$$

价格费用有

$$A_{价格费用} = (0.2/很合理, 0.3/较合理, 0.4/不太合理, 0.1/不合理)$$

由以上可得模糊矩阵

$$R = \begin{bmatrix} 0.2 & 0.7 & 0.1 & 0.0 \\ 0.0 & 0.4 & 0.5 & 0.1 \\ 0.2 & 0.3 & 0.4 & 0.1 \end{bmatrix}$$

如已知顾客考虑三相因素的权重为

$$a = (0.2 \quad 0.5 \quad 0.3)$$

则顾客对该服装的综合评判为

$$b = a \cdot R = (0.2 \quad 0.4 \quad 0.5 \quad 0.1)$$

即综合评价介于不太欢迎与较欢迎之间。

有时为了方便，可以将 b 标准化得 $b = (0.17 \quad 0.34 \quad 0.40 \quad 0.09)$。如果给各评价级

一个尺度,如 $c=(1.0 \quad 0.7 \quad 0.4 \quad 0.1)$,则可将综合评价模糊值转换为一个确定的标量值

$$d=cb^{\mathrm{T}}=(1.0 \quad 0.7 \quad 0.4 \quad 0.1)(0.2 \quad 0.4 \quad 0.5 \quad 0.1)^{\mathrm{T}}=0.69$$

这样便于与其他方案比较。

6.9 决策方案的几种分级方法

在管理工作中,特别是考评或评估中,由于考评的尺度本身不具有精密性,而把被考评的单位或人员划分成有明显差别的得分次序,有时显得不很科学,也使人们不很信服。因此,出于某种需要,人们常把被考察的事物按照一定的标准划分成若干等级,在同一等级中也可能存在一定的差异,但从制定的标准或度量的尺度上看是不区分这种差异的。在制定政策或策略时,同等级的事物同等对待。因此,分级的方法也是非常重要的方面。

6.9.1 按比例划分等级

在实际工作中,领导部门或决策者事先就确定了某类事物应分几个等级以及每个等级的比例,如四个等级,一级到四级间的比例为 $p_1 : p_2 : p_3 : p_4$。

对于这种问题,通常的做法是将同类事物的总数(设为 m)乘以各个比例数即得到每一级的事物数。因此,第一级的事物数为 mp_1/p,第二级的为 mp_2/p,第三级的为 mp_3/p,余下的是第四级 mp_4/p(这里 $p=p_1+p_2+p_3+p_4$)。由此,结合考评成绩的排序,便确定了某具体事物的级别,以下认为 $p=1$。

这种做法简单方便,但有一定的弊端。举一特殊例子。设有 8 个单位参加分级考评,它们的成绩及排序分别如表 6-12 所示。

表 6-12 成绩及排序表

名次	1	2	3	4	5	6	7	8
成绩	95	63	61	59	58	45	44	43

若事先确定分为四级,一级、二级、三级和四级比例为 15%、40%、35% 和 10%,则分级的结果将是一级的有 1 个,二级的有 3 个,三级的有 3 个,四级的有 1 个。即:

第一名为一级;

第二名至第四名为二级;

第五名至第七名为三级；

第八名为四级。

这样分级确实简单，但存在明显的问题。第一名为一级是理所应当的，第二名至第四名为二级也没有异议，但第五名为三级和第八名为四级，则这两个单位都有一定的不满情绪。因为向上攀比是人的天性，只是表现不同。在这里，处于第五名的单位难免感到委屈，而第四名则可能感到侥幸，第六名、第七名也会如此，第八名也自然对第七名的单位不服气。总而言之，这种分级方法并不总是促进工作，有时可能相反，会阻碍工作的顺利进行。

6.9.2 按区段分级

依据概率论中的"大数定律"或"中心极限定理"，在一定条件下，认为一般的随机数列 $x_1, x_2, \cdots, x_n$ 虽然是杂乱无章的，但若记 $\bar{x}$ 为其均值，$\sigma_{n-1} = \left[\dfrac{1}{n-1} \sum (x_i - \bar{x})^2 \right]^{\frac{1}{2}}$ 为其均方差（估计），则随机数列 $x_1, x_2, \cdots, x_n$ 具有这样的特性，即 $x_i - \bar{x}/\sigma_{n-1}$ 是标准正态分布 $N(1,0)$ 的样本。由此，我们可以利用分布的特点进行分级，具体做法如下。

首先，依据分四级和级间的 $p_1 : p_2 : p_3 : p_4$ 要求，选择 3 个临界点建立判断法则。分别记此三点为 t_1、t_2 和 t_3，则通过查寻标准正态分布表，要求标准正态随机变量 ξ 满足

$$p(\xi > t_1) = p_1$$
$$p(t_2 < \xi \leqslant t_1) = p_2$$
$$p(t_3 < \xi \leqslant t_2) = p_3$$
$$p(\xi \leqslant t_3) = p_4$$

确定了 t_1、t_2、t_3 以后，可根据各单位的考评成绩，按下列准则划定等级。

记 x_i 为排序为第 i 的事物的考评成绩，则其级别为：

一级，若 $x_i > \bar{x} + t_1 \sigma_{n-1}$；

二级，若 $\bar{x} + t_2 \sigma_{n-1} < x_i \leqslant \bar{x} + t_1 \sigma_{n-1}$；

三级，若 $\bar{x} + t_3 \sigma_{n-1} < x_i \leqslant \bar{x} + t_2 \sigma_{n-1}$；

四级，若 $x_i \leqslant \bar{x} + t_3 \sigma_{n-1}$。

下面看看前面的例子。由成绩表可计算得

$$\bar{x} = 58.8, \quad \sigma_{n-1} = 16.869$$

由标准正态分布表可查得

$$t_1 = 1.4, t_2 = -0.13, t_3 = -1.29$$

具体的临界值为

$$x^{(1)} = 1.4\sigma_{n-1} + \bar{x} = 82.117$$
$$x^{(2)} = 0.13\sigma_{n-1} + \bar{x} = 56.307$$
$$x^{(3)} = -1.29\sigma_{n-1} + \bar{x} = 36.739$$

因此，分级结果如下：

第一名为一级

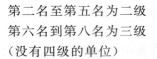
第二名至第五名为二级

第六名到第八名为三级

（没有四级的单位）

这个结果比前面的分法显得合理得多,但仍然有未尽完善的方面。就是这种方法事先确定了各等级的比例,而不是根据实际成绩现状确定等级,因此,激励强度不够。

6.9.3　聚类式分级方法

聚类式分级方法也是在考评的基础上,利用考评的成绩进行聚类分析,在聚类分析的过程中确定级别。这种方法不用事先确定级别数量,更不确定级别间的比例。

聚类方法很多,在此选择一种比较简单且容易接受的方法,这种方法的思想是先各自为一类,即有多少决策方案就有多少类;然后,寻找各类间的最小的距离,接着把距离最小的类合并,使之成为一类;再在各类间的距离中寻找最小距离,再合并直到所有的决策方案成为一类为止。在这种聚类过程中,每合并一次,都形成一种新的分类结构,与前一分类结构有一定的联系。利用这种分类结构间的变化,根据工作的需要,便能得到比较好的分级结果。

由于是在考评基础上进行分类,因此,聚类的指标只有考评成绩一项。所以,两两元素间的距离就是两者成绩差的绝对值,而两类间的距离是此两不同类中元素距离的最小值。即设

$$G_1 = \{x_1^{(1)}, x_2^{(1)}, \cdots, x_{p_1}^{(1)}\}, \quad G_2 = \{x_1^{(2)}, x_2^{(2)}, \cdots, x_{p_2}^{(2)}\}$$

则 G_1 与 G_2 的距离为

$$d(G_1, G_2) = \min_{\substack{1 \leqslant k \leqslant p_1 \\ 1 \leqslant j \leqslant p_2}} \{|x_k^{(1)} - x_j^{(1)}|\}$$

显然,在按成绩排好顺序的聚类问题中,用上述的方法聚类,不可能造成不同类相互交错的情况,即每一类都占据连续的某段区间。因此,在计算类间距离时,只要用右侧类的最小成绩减去左侧类的最大者即可,操作起来非常方便。

在上述聚类过程中,每一行代表一个聚类阶段,每个阶段的横线个数表示此阶段的类数。整个过程分为五个阶段,如图 6-11 所示。

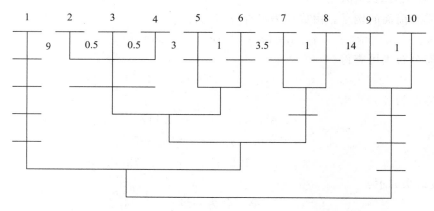

图 6-11　聚类过程图

第一阶段各自为一类,共有十类。如果按此分级,则级数太多,需要进一步考虑。

第二阶段把最小距离(0.5)的类并成一个新类,即第二名至第四名。因此,若最后的级别少于十个,则此三名应同在一个级别比较合适,这样,第二阶段有八个类,显然还是多了一些。

第三阶段把距离为1分的类进行合并,则第五、六名合为一类,第七名和第八名、第九名和第十名各合并成一个类,因此,第三阶段有五个类。如果决策者或决策部门认为可以分五个级别,则到此便结束,否则继续分析聚类过程。

第四阶段把距离为3分(最小距离)的两个类相合并,形成了四个类,此四个类的组成分别为:

一级类:第一名;

二级类:第二、三、四、五、六名;

三级类:第七、八名;

四级类:第九、十名。

依据此种分类结果,再结合工作实际,便可确定每位学生的等级。比如,此次考试为期中测验,为了督促学生学习,定级如下:

第一名(93分)优秀;

第二名至第六名(79~84分)良好;

第七、八名(74.5,75.5)及格;

第九、十名(59.5,70.5)不及格。

即便是期末考试,本着严格治校、严格治学的精神也可如上定级。因此,考试成绩为70分并不一定就及格;同理,成绩为93分,也未必就是优秀,其结果还取决于参加考评者的总体素质和决策部门的需要。

有两点可能使决策者或决策部门改变分级的结果,一个是级数过多,另一个可能是聚类中分级的"跨度"不太明显。比如,从第二阶段到第四阶段,是把距离为3分的类相合并,在此,我们可以称每个阶段中的类间最小距离为"跨度",那么,从第四阶段向第五阶段跳跃时的跨度为3.5分。因此,与前一次跳跃相比,似乎并不增加难度,这样,就要考虑第五个阶段。

第五个阶段有三个类,各自的组成为:

第一类:第一名;

第二类:第二名至第八名;

第三类:第九、十名。

由此,又可把学生的成绩分为三级,采用类似的方法,便可得到划分级别的最后结果。

从聚类过程的分析可以看到,无论如何,第七名与第八名、第九名与第十名应处于相同的等级,而第二到四名也是如此。

这种分级方法是根据实际结果确定的等级,而不是事先定好的。对于处在如例中第九名地位的事物,真可谓在"风口浪头"上,完全有被第十名拽下等级的危险,而处于第八名地位的事物,也可能被第七名拖上一个等级。只有取得突出成绩的,才能比较稳妥地获得高的级别。这种方法比较公平,并且能够增强"上进心"和"竞争意识"。

这种方法也有一定的缺点,比如,每一级别的"奋斗"目标不够明确,当考评的成绩间差异均不明显时,不容易区分出等级。因此,在具体使用中,可以同其他方法结合使用。

6.10 案 例 分 析

市政工程项目建设决策

市政部门管理人员需要对修建一项市政工程项目进行决策,可选择的方案是修建通往旅游区的高速路(简称建高速路)或修建城区地铁(简称建地铁)。除了考虑经济效益外,还要考虑社会效益、环境效益等因素,即这是一个多准则决策问题,考虑运用层次分析法解决。

1. 建立递阶层次结构

应用 AHP 解决实际问题,首先明确要分析决策的问题,并把它条理化、层次化,理出递阶层次结构。AHP 要求的递阶层次结构一般由以下三个层次组成:

目标层(最高层):指问题的预定目标;

准则层(中间层):指影响目标实现的准则;

方案层(最低层):指促使目标实现的措施。

通过对复杂问题的分析,首先明确决策的目标,将该目标作为目标层(最高层)的元素,这个目标要求是唯一的,即目标层只有一个元素。然后找出影响目标实现的准则,作为目标层下的准则层因素。在复杂问题中,影响目标实现的准则可能有很多,这时要详细分析各准则因素间的相互关系,即有些是主要的准则,有些是隶属于主要准则的次要准则。然后根据这些关系将准则元素分成不同的层次和组,不同层次元素间一般存在隶属关系,即上一层元素由下一层元素构成并对下一层元素起支配作用。同一层元素形成若干组,同组元素性质相近,一般隶属于同一个上一层元素(受上一层元素支配)。不同组元素性质不同,一般隶属于不同的上一层元素。在关系复杂的递阶层次结构中,有时组的关系不明显,即上一层的若干元素同时对下一层的若干元素起支配作用,形成相互交叉的层次关系。但无论怎样,上下层的隶属关系应该是明显的。最后分析为了解决决策问题(实现决策目标),在上述准则下有哪些最终解决方案(措施),并将它们作为方案层因素放在递阶层次结构的最下面(最低层)。明确各个层次的因素及其位置,并将它们之间的关系用连线连接起来,就构成了递阶层次结构。

在市政工程项目决策问题中,市政管理人员希望通过选择不同的市政工程项目,使综合效益最高,即决策目标是"合理建设市政工程,使综合效益最高"。

为了实现这一目标,需要考虑的主要准则有三个,即经济效益、社会效益和环境效益。但问题绝不这么简单。通过深入思考,决策人员认为还必须考虑直接经济效益、间接经济效益、方便日常出行、方便假日出行、减少环境污染、改善城市面貌等因素(准则),从相互关系上分析,这些因素隶属于主要准则,因此放在下一层次考虑,并且分属于不同准则。假设本问题只考虑这些准则,接下来需要明确为了实现决策目标,在上述准则下可以有哪些方案。根据题中所述,本问题有两个解决方案,即建高速路或建地铁,这两个因素作为措施层元素放在递阶层次结构的最下层。很明显,这两个方案与所有准则都相关。将各个层次的因素按其上下关系摆放好位置,并将它们之间的关系用连线连接起来。同时,为了方便后面的定量表示,一般从上到下用 A、B、C、D、…代表不同层次,同一层次从左到右用 1、2、3、4、…代表不同因素。这样构成的递阶层次结构如图 6-12 所示。

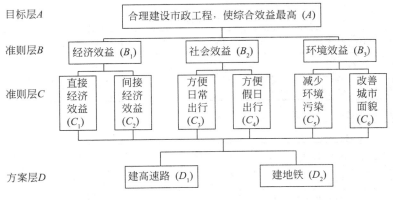

图 6-12 递阶层次结构示意图

2. 构造判断矩阵并赋值

根据递阶层次结构就能很容易地构造判断矩阵。构造判断矩阵的方法是:每一个具有向下隶属关系的元素(被称作准则)作为判断矩阵的第一个元素(位于左上角),隶属于它的各个元素依次排列在其后的第一行和第一列。重要的是填写判断矩阵,大多采取的方法是向填写人(专家)反复询问,针对判断矩阵的准则,对其中两个元素两两比较哪个重要,重要多少,对重要性程度按 $1 \sim 9$ 赋值(重要性标度值及含义见表 6-13)。

表 6-13 重要性标度含义表

重要性标度	含 义
1	表示两个元素相比,具有同等重要性
3	表示两个元素相比,前者比后者稍重要
5	表示两个元素相比,前者比后者明显重要
7	表示两个元素相比,前者比后者强烈重要
9	表示两个元素相比,前者比后者极端重要
2,4,6,8	表示上述判断的中间值
倒数	若元素 i 与元素 j 的重要性之比为 a_{ij},则元素 j 与元素 i 的重要性之比为 $a_{ji} = 1/a_{ij}$

设填写后的判断矩阵为 $\boldsymbol{A} = (a_{ij})_{n \times n}$,判断矩阵具有如下性质:

(1) $a_{ij} > 0$

(2) $a_{ij} = 1/a_{ji}$

(3) $a_{ii} = 1$

根据上面的性质,判断矩阵具有对称性,因此在填写时,通常先填写 $a_{ii} = 1$ 部分,然后仅需判断及填写上三角形或下三角形的 $n(n-1)/2$ 个元素就可以了。

在特殊情况下,判断矩阵可以具有传递性,即满足等式:

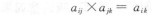

$$a_{ij} \times a_{jk} = a_{ik}$$

当上式对判断矩阵所有元素都成立时,则称该判断矩阵为一致性矩阵。

征求专家意见,填写后的判断矩阵如表 6-14 所示。

表 6-14 判断矩阵表

A	B_1	B_2	B_3		B_1	C_1	C_2		B_2	C_3	C_4		B_3	C_5	C_6		C_1	D_1	D_2
B_1	1	1/3	1/3		C_1	1	1		C_3	1	3		C_5	1	3		D_1	1	5
B_2	3	1	1		C_2	1	1		C_4	1/3	1		C_6	1/3	1		D_2	1/5	1
B_3	3	1	1															

C_2	D_1	D_2		C_3	D_1	D_2		C_4	D_1	D_2		C_5	D_1	D_2		C_6	D_1	D_2
D_1	1	1/3		D_1	1	1/5		D_1	1	7		D_1	1	1/5		D_1	1	1/3
D_2	3	1		D_2	5	1		D_2	1/7	1		D_2	5	1		D_2	3	1

3. 层次单排序(计算权向量)与检验

对于专家填写后的判断矩阵,利用一定数学方法进行层次排序。层次单排序是指每一个判断矩阵各因素针对其准则的相对权重,所以本质上是计算权向量。计算权向量有求和法、方根法、幂法等,这里主要应用求和法。

根据上述判断矩阵,计算权向量及进行检验,结果如表 6-15 所示。

表 6-15 层次计算权向量及检验结果表

A	单(总)排序权值		B_1	单排序权值		B_2	单排序权值		B_3	单排序权值
B_1	0.1428		C_1	0.5		C_3	0.75		C_5	0.75
B_2	0.4286		C_2	0.5		C_4	0.25		C_6	0.25
B_3	0.4286		CR	0		CR	0		CR	0
CR	0									

C_1	单(总)排序权值		C_2	单排序权值		C_3	单排序权值		C_4	单排序权值
D_1	0.8333		D_1	0.75		D_1	0.1667		D_1	0.875
D_2	0.1667		D_2	0.25		D_4	0.8333		D_2	0.125
CR	0		CR	0		CR	0		CR	0

C_5	单(总)排序权值		C_6	单排序权值
D_1	0.1667		D_1	0.25
D_2	0.8333		D_2	0.75
CR	0		CR	0

4. 层次总排序与检验

总排序是指每一个判断矩阵各因素针对目标层(最上层)的相对权重。这一权重的计算采用从上而下的方法,逐层合成。上例层次总排序的结果见表6-16、表6-17。

表6-16 C 层次总排序表

C_1	C_2	C_3	C_4	C_5	C_6
0.0714	0.0714	0.3214	0.1071	0.3214	0.1071

表6-17 D 层次总排序表

D_1	D_2
0.3408	0.6592

可以看出,总排序的CR<0.1,认为判断矩阵的整体一致性是可以接受的。

5. 结果分析

通过对排序结果的分析,得出最后的决策方案。从方案层总排序的结果看,建地铁(D_2)的权重(0.6592)远远大于建高速路(D_1)的权重(0.3408),因此,最终的决策方案是建地铁。

根据层次排序过程分析决策思路。对于准则层 B 的3个因子,直接经济效益(B_1)的权重最低(0.1429),社会效益(B_2)和环境效益(B_3)的权重都比较高(皆为0.4286),说明在决策中比较看重社会效益和环境效益。对于不看重的经济效益,其影响的两个因子直接经济效益(C_1)、间接带动效益(C_2)单排序权重都是建高速路远远大于建地铁,对于比较看重的社会效益和环境效益,其影响的四个因子中有三个因子的单排序权重都是建地铁远远大于建高速路,由此可以推出,建地铁方案由于社会效益和环境效益较为突出,权重也会相对突出。从准则层 C 总排序结果也可以看出,方便日常出行(C_3)、减少环境污染(C_5)是权重值较大的,而如果单独考虑这两个因素,方案排序都是建地铁远远大于建高速路。

由此我们可以分析出决策思路,即决策比较看重的是社会效益和环境效益,不太看重经济效益,因此对于具体因子,方便日常出行和减少环境污染成为主要考虑因素,对于这两个因素,都是建地铁方案更佳。由此,最终的方案选择建地铁也就顺理成章了。

思 考 题

6-1 什么是系统评价?

6-2 简要说明系统评价的一般步骤。

6-3   某工程有 4 个备选方案,5 个评价指标。已经专家组确定的各评价指标 x_j 的权重 w_j 和各方案关于各项指标的评价值 v_{ij} 如表 6-18 所示。要求通过求加权和进行综合评价,选出最佳方案。试用其他规则或方法进行评价,并比较它们的不同。

表 6-18   数据表

v_{ij} $\quad$ w_j $\quad$ A_i / x_j	x_1	x_2	x_3	x_4	x_5
	0.4	0.2	0.2	0.1	0.1
A_1	7	8	6	10	1
A_2	4	6	4	4	8
A_3	4	9	5	10	3
A_4	9	2	1	4	8

6-4   今有一项目建设决策评价问题,已经建立起如图 6-13 所示的层次结构和判断矩阵(见表 6-19),试用层次分析法确定五个方案的优先顺序。

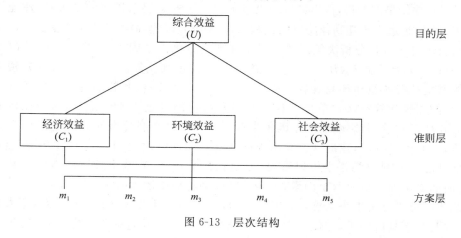

图 6-13   层次结构

表 6-19   判断矩阵

U	C_1	C_2	C_3		C_1	m_1	m_2	m_3	m_4	m_5
C_1	1	3	5		m_1	1	$\frac{1}{5}$	$\frac{1}{7}$	2	5
C_2	$\frac{1}{3}$	1	3		m_2	5	1	$\frac{1}{2}$	6	8
C_3	$\frac{1}{5}$	$\frac{1}{3}$	1		m_3	7	2	1	7	9
					m_4	$\frac{1}{2}$	$\frac{1}{6}$	$\frac{1}{7}$	1	4
					m_5	$\frac{1}{5}$	$\frac{1}{8}$	$\frac{1}{9}$	$\frac{1}{4}$	1

续表

C_2	m_1	m_2	m_3	m_4	m_5	C_3	m_1	m_2	m_3	m_4	m_5
m_1	1	$\frac{1}{3}$	2	$\frac{1}{5}$	3	m_1	1	2	4	$\frac{1}{9}$	$\frac{1}{2}$
m_2	3	1	4	$\frac{1}{7}$	7	m_2	$\frac{1}{2}$	1	3	$\frac{1}{6}$	$\frac{1}{3}$
m_3	$\frac{1}{2}$	$\frac{1}{4}$	1	$\frac{1}{9}$	2	m_3	$\frac{1}{4}$	$\frac{1}{3}$	1	$\frac{1}{9}$	$\frac{1}{7}$
m_4	5	7	9	1	9	m_4	9	6	9	1	3
m_5	$\frac{1}{3}$	$\frac{1}{7}$	$\frac{1}{2}$	$\frac{1}{9}$	1	m_5	2	3	7	$\frac{1}{3}$	1

第 7 章

系 统 决 策

在我们的生活中,经常需要做出某种选择,即做出决策。决策是人们处理日常生活、生产、经济、科学实验、军事、政治等问题时经常而普遍存在的一种活动。当然,决策的效果有好有坏,好的决策会产生良好的效果,给人们带来很大的效益,而错误的决策将产生不好的结果,给人们带来损失,甚至灾难。特别是在当今社会,人类面临的许多问题都已纳入了大系统的范畴,因此决策的正确与否,小则关系到能否达到预期的目标,大则关系到一个企业、部门、地区乃至国家的盛衰。既然决策活动如此普遍和关系重大,那么就要求人们在做任何决策时,都应该力求更好、更有效、更合理。要做到这一点,就必须掌握科学的决策理论和决策方法。

7.1 系统决策概述

7.1.1 决策的概念

决策几乎和人类具有同样长的历史。在很长的时期内,人们都是凭着经验进行决策,但是随着人类社会的发展,所处理系统的规模越来越大,面临的决策问题也越来越复杂,往往涉及技术、经济、环境、心理、社会等诸多要素,对复杂系统的决策问题,决策者已难于单凭经验做出可靠的优劣分析、判断与抉择。"多目标决策理论"正是在这种发展需要下应运而生的。"决策分析"作为科学来研究,也只是近三四十年的事。随着计算机技术的发展,20 世纪 70 年代初提出了"决策支持系统"的概念,它是计算机辅助决策的有力工具,可以为决策者提供决策支持,从而改进决策过程。

美国经济学家 H. 西蒙(H. Simon)认为管理就是决策。通俗地说,决策就是针对问题"做出决定",这是一种非常笼统的说法。运筹学中曾将决策定义为:"决策是针对某个问题,为了实现一个目标或一组目标,从可实现该目标且可以互相更换替代的行动方案中,选定一个最合适方案的行为。"以上定义的决策,可以看作狭义的决策含义。

广义的决策定义应理解为"决策是一个过程"。这个过程大体包括以下几个主要阶段,即提出决策问题、探查环境条件,确定决策目标,创造、制订和分析可能采取的行动方案,从多个可行的方案中,根据对各方案的后果的预估和评价,选出一个特定的行动方案,对决策的执行结果进行评审。

决策的特点是人参与整个决策过程,收集可行方案、建立目标集合、进行多目标间的价值权衡,做出风险分析、进行优化分析及方案排序等,都依靠决策者和专家的知识、经验和胆识。

决策一般包含以下几个构成要素。

(1) 决策主体。可能是个人,也可能是组织,一般由组织的领导担任。其任务是对各决策方案进行评价并进行选择。

(2) 决策方案。进行系统决策时,至少有两个或者两个以上的决策方案可供选择。方案的制订包含对系统属性的描述和系统目标的确定。

(3) 决策目标。进行系统决策的目的就是为了达到系统目标,决策后的效果评价以决策目标为依据。

(4) 结果。无论决策主体选择什么样的决策方案,最后都会产生决策结果,通过对决策结果的分析可以评价系统决策的成败。

7.1.2　决策的分类

决策的分类方法很多,从不同的角度出发,可以得到不同的决策分类。

1. 按决策性质分类

按决策性质(重要性)分类,可分为战略决策、战术决策和执行决策。

(1) 战略决策是关于某个组织生存发展的全局性、长远性问题的重大决策,比如新产品和新市场的开发方向、工厂厂址的选择、科教兴国战略的确立等。

(2) 战术决策是为了保证完成战略决策规定的目标而进行的决策,比如对一个企业来说,产品规格的选择、工艺方案的制订、厂区的合理布置等。

(3) 执行决策是按照战术决策的要求对执行方案的选择,比如产品合格标准的选择制订,日常生产调度等。

2. 按决策的结构化程度分类

按决策的结构化程度分类,可分为结构化决策、非结构化决策和半结构化决策。

(1) 结构化决策又称"程序性决策""常规决策",这类决策一般是有章可循、规格化、可以重复的决策,例如企业生产经营中经常出现问题的处理。

（2）非结构化决策又称"非程序性决策""非常规决策",这类决策一般是无章可循、凭借经验和直觉等做出的决策,往往是一次性的、战略性的决策,例如企业中重大战略性问题的决策。

（3）半结构化决策又称"半程序化决策",决策方法介于两者之间。

3. 按决策方法分类

按决策方法分类,可以分为定性决策和定量决策。

（1）定性决策主要依靠决策者（个人或集体）的丰富经验、智慧、直觉和判断。

（2）定量决策具有明显的客观性、科学性。其基本前提条件是解决信息和数据的一致性和可靠性,进而解决信息和数据的系统性和可用性。也就是说,当决策对象的有关指标可以量化时,可用定量决策,否则只能采用定性决策。

4. 按决策环境分类

按决策环境（状态信息、方案结局）分类,可分为确定型决策、不确定型决策和风险型决策。

（1）确定型决策,又称"肯定性决策",是指各个备选方案同目标之间都有明确的数量关系,并且在各个备选方案中都只有一个自然状态,即每个方案只有一个结局。确定型决策满足以下 4 个条件：①存在着一个明确的决策目标;②存在着一个确定的自然状态;③存在着可供决策者选择的两种或两种以上的行动方案;④可求得各方案在确定状态下的益损矩阵（函数）。

（2）不确定型决策,又称"非肯定性决策",是指决策者对将要发生结果的概率无法确定或者一无所知,只能凭借决策者的经验和智慧予以判断、估计。每个方案至少有两个可能结局,但是各种结局发生的概率是未知的。

（3）风险型决策,又称"随机型决策""统计型决策",虽然各个备选方案同目标之间有明确的数量关系,但方案中存在两个以上的自然状态,每个方案至少有两个可能结局。若各种结局发生的概率是已知的,可以运用数理统计方法或者采用预测的方法求出。也就是说自然环境不完全确定,但是其发生的概率是可以推算或者已知的。

5. 按决策目标分类

按决策目标分类,可分为单目标决策和多目标决策。

（1）单目标决策是指只有一个明确的目标,方案的优化完全由其目标值的大小决定。在追求经济效益的目标中,目标值越大,方案就越好。

（2）多目标决策是指至少有两个目标,这些目标往往有不同的度量单位,且相互冲突,不可兼而得之,这时,仅比较一个目标值的大小已无法判断方案的优劣。

6. 按决策者分类

按决策者分类,可分为单人决策、多人决策、群体决策。

（1）单人决策是指决策者只有一个人,或是利害关系完全一致的几个人组成的一个群体。

（2）多人决策是指决策者至少有两个人，且他们的目标、利益不完全一致，甚至相互冲突和矛盾。

（3）群体决策是指几个决策者的利益和目标不完全一致，又必须相互合作，共同决策。计算机决策支持系统（decision support systems，DSS）主要解决这一类问题。

7. 按决策过程分类

按决策过程分类，可分为单项决策和序列决策

（1）单项决策，又可称为单阶段决策，是指只作一次决策便可得到结果，例如上面介绍的不确定型决策便属于单项决策。

（2）序列决策，又称多阶段决策，是指整个决策过程由一系列决策组成。经济活动中的决策问题多属于序列决策，在这些序列决策中往往有几个关键环节要做决策，我们可以把这些关键环节的决策分别看作单项决策。

7.1.3　决策环境

第2章系统工程方法论中曾谈到未来环境预测问题，行动方案的后果和环境密切相关。以方案选择为主要内容的决策过程也随环境不同而有很大差别，决策环境处于完全可以预测和极难预测两种情况之间。为讨论方便起见，将决策环境归纳为三种类型。

（1）确定型。未来环境完全可以预测，人们知道将来会发生什么情况，可以获得精确、可靠的数据作为决策基础。如企业开发某个新产品，在计划经济体制下，产品包销，原料统一调拨，企业管理者是在确定环境下决策。

（2）风险型。未来环境有几种可能的状态和相应后果，可以预测每种状态和后果出现的概率。但人们得不到充分可靠的有关未来环境的信息。如引入商品经济机制，企业开发某种新产品就要冒一定的风险，销售状态、原材料供应情况都没有完全把握，但是根据市场调查、原材料供应者的信息，还能对销售状态的好或坏和原材料供应充分或短缺的概率做出判断；又如石油勘探公司的钻井计划也属风险型决策，公司不能判定哪口钻井将会出油，但可以很好地估计有多大比例的钻井将会成功。

（3）不确定型。未来环境出现某种状态的概率难以估计，甚至连可能出现的状态和相应的后果都不知道，如开发尚未经过用户考验的全新产品往往属于这种环境。又如设立跨国公司时，外国的文化传统、法律、经营环境等都和本国截然不同，决策者处于不确定的环境下做判断；物价改革、住房改革、工资改革等方案出台前也属于这类决策。越是高层和越关键的决策往往越可能是不确定型决策，决策者要为此付出许多心血。

有些基层的管理问题（如车间的生产计划、存储问题）可以近似地按确定型处理。系统工程多涉及社会经济系统，影响面广，决策层次高，很少有确定型决策。另外，已经有像线性规划、非线性规划这类方法解决确定型环境下的最优选择问题。所以，决策分析着重研究风险型和不确定型决策。确切地说，决策分析是研究状态概率有可能估计的风险型决策，但不确定型

和风险型很难有明确界线。对于不确定状态,人们仍可以主观地给出其概率,尽管很不精确。

7.2 决策分析及其过程

7.2.1 决策分析

决策分析,也称决策论。它是关于决策的理论和方法的一门学问,也是系统工程中一个新发展的理论分支。"决策分析"的目的不是代替决策者去做决策,而是改进决策过程,澄清事物的内在复杂性,协助决策者做出满意的决策。决策的好坏依赖于基本情况和基础数据的全面性和完整性,依赖于系统分析人员的技巧,也依赖于决策者的眼光与魄力。

随着计算机技术的发展,20 世纪 70 年代初提出了"决策支持系统",DSS 的概念,它是计算机辅助决策的有力工具,能够为决策者提供决策支持,从而改进了决策过程。

因为决策是在瞬间做出的,必须以决策时收集的信息为基础制订决策,因此,决策分析就是在特定情况下的选项分析。决策分析的定义有如下几种。

(1) 决策分析是对特定的备选项进行的系统评估。

(2) 决策分析是一个术语,是为了逻辑阐述制订决策的情形,而用于描述的大部分知识和专业技能。

(3) 决策分析是一种标准的方法,而不是一种描述方法。它展示了为最大限度地达成他/她的目标,决策者如何运用一系列制订决策的逻辑规则。

(4) 决策分析为制订决策提供了牢固的哲学基础和合理的量化过程。

(5) 决策分析是记录决策信息和工程人员交流的基础。

进行决策分析时,必须弄清决策与结果之间的区别。如前所述,决策是分配资源的一个过程。结果是决策的效果。如果决策在制订时是最佳选择,这个决策就是一个好决策。如果决策者达到了预定目标,我们就说他得到了理想的结果。由抛硬币游戏可以理解决策与结果的区别。决策者交 1 美元参加游戏,并指定硬币的正面或背面。在该例中,假定硬币是一枚普通硬币,若硬币的正面向上,可得 1.50 美元,若硬币的背面向上,可得 2.50 美元。这个游戏的决策树如图 7-1 所示。由图 7-1 可以看出,赌硬币背面向上的期望值要高一些。如果决策者的目的是为了获得更高的期望值,则猜测背面向上是一个好决策,猜测正面向上是一个坏决策。

抛硬币游戏的决策结果如表 7-1 所示。不管是猜硬币的正面向上,还是猜硬币的背面向上,能够获胜就是好结果。

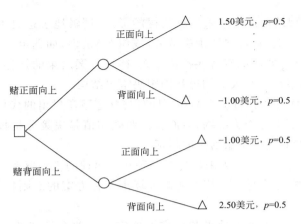

图 7-1　抛硬币游戏的决策树

表 7-1　决策与结果

决策	结果	
	正面向上	背面向上
正面向上	坏决策 好结果	坏决策 坏结果
背面向上	好决策 坏结果	好决策 好结果

7.2.2 决策分析过程

决策分析过程如图 7-2 所示,整个过程可概括为下述 7 个环节。

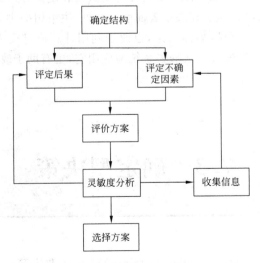

图 7-2　决策分析过程

（1）确定决策模型结构。一般采用决策树的形式，逻辑地表达决策过程的各阶段和环境以及相关的信息。为此，首先要明确决策人（或组织）是谁，如选定不同的决策人，应有不同内容的决策树。同时，要考虑有哪些备选方案，衡量方案后果的指标有哪些，关键的环境状态是什么。然后由系统工程人员构思和确定决策树结构。

（2）评定后果。估计各种行动方案在不同环境状态下所付出的代价和取得的效益。衡量效益往往采用效用值指标作为准则，后面将说明效用值是决策分析技术中特有的概念和理论基础。当然，还有其他的衡量后果的指标。

（3）评定不确定因素。估计未来环境中各种状态出现的主观概率。

（4）评价方案。按估计的后果及主观概率算出每种方案的准则指标期望值，取其中最大者为最优方案。

（5）灵敏度分析。由于评定后果和评定不确定因素两个环节的工作都掺杂着主观臆断，人们担心所评定的最优方案的可信程度，而灵敏度分析有助于改善这一情况。按一定规则改变决策树模型的各项参数，观察其对方案后果的影响幅度，直到方案的优化次序变更为止，这就找出了各参数的最大容许偏差。在此偏差范围内，即使怀疑输入数据的准确性，分析结论仍然可信。

（6）收集信息。通过灵敏度分析会发现方案的优先次序对有些参数的变化反应很灵敏，需收集更多的信息以慎重研究，而收集信息要付出代价，因此，要进行信息价值分析。

（7）选择方案。待上述各阶段的问题经过充分分析以后，便可选定方案。当然，任何时候都难以回答说"充分"，但要权衡成本、时间等约束条件，在各种疑问都得到基本满意的回答后，系统工程人员就能做出判断。

以上各环节之间相互联系。决策分析过程中会调整各项参数，也可能出现新的方案，各环节间可能出现几次反复。

决策分析是规范性技术，这就是说，如果你同意它的各种假设、推理程序，那就应接受按决策分析选择出的最优方案。但实际上决策者并不一定接受决策分析的结论。决策分析技术所起的作用犹如决策者的思维"拐杖"，使决策过程得到数据和定量分析的支持，直感判断容易遗漏的信息有可能系统而清晰地显示在决策者面前。此外，决策树提供了一种"语言"，便于决策者和系统工程人员相互沟通意见，集体讨论，也便于利用计算机进行人机对话，改善决策。如果决策者掌握了这种技术，即使自己无暇去系统地应用它，也有助于改善他的直感判断质量。

7.3 确定型决策

确定型决策（decision making under certainty）亦称标准决策或结构化决策，是指决策过程的结果完全由决策者所采取的行动决定的一类问题，它可采用最优化、动态规划等方法解决。例如,某企业可向三家银行借贷,但利率不同,分别为8%、7.5%和8.5%,企业需决定向哪家银行借款。很明显,向利率最低的银行借款为最佳方案。这就是确定型决策。此外,企业中确定状态下的库存管理、生产日程计划或设备计划的决策都属于确定型决策。

确定型决策看起来似乎很简单,但在实际决策中并不都是这样。决策人面临的备选方案可能很多,从中选出最优方案就很不容易。例如,一部邮车要从一个城市到另外十个城市巡回一次,其路线就有 $10×9×8×\cdots×3×2×1=3\,628\,800$ 条,从中选出最短路线就很困难,必须运用线性规划的数学方法才能解决。这种决策,约束条件明确,用数学模型表示时,系统的各种变量及其相互关系是计量的,能建立起确定的一元函数,运用线性规划等方法可求出最佳解。对这类问题的数学描述是:

$$a_i^* = \max\{v(a_i)\}, \quad a_i \in A$$

式中,$v(a_i)$——方案 a_i 的价值函数值,即益损值;

　　　　A——方案集合。

确定型决策是一种逻辑上比较简单的决策,方法比较简单、成熟,经常用到,只需要在多个备选方案中选择一个最佳的方案就行了,它在决策中占有突出的重要位置。确定型决策问题的主要特征是:

(1) 只有一个确定的自然状态;

(2) 存在着决策者希望达到的一个明确的目标,如收益最大或损失最小;

(3) 存在着两个或两个以上的可供决策者选择的行动方案;

(4) 不同的行动方案在确定状态下的益损值可以计算出来。

7.4　随机型决策

在实际企业管理所遇到的决策分析问题中,对于各种自然状态可能出现的信息一无所知的情况是极为少见的。通常根据过去的统计资料和积累的工作经验,或根据一定的调查研究所获得的信息,总可以对各种自然状态的概率做出估算。这种在事前估算和确定的概率叫作"主观"概率。所以,在实际工作中需要进行决策分析的问题绝大多数属于风险型决策分析问题。为此,下面将针对这类决策分析问题介绍两种基本分析方法。

随机型决策也叫"风险型决策"或"统计型决策",实际生产和生活中这类决策最为常见。例如,在天气晴雨不定的情况下,出门是否带伞。又如,水库储水多少最好。如果预知明年干旱,则需要大量地储水,然而明年是否干旱是不确定性的随机事件。若当真发生干旱,多储水将确保工业生产的用水需求和农作物的生长需要,带来巨大的收益;相反,就会带来灾害。显然,在这种情况下做决策具有一定的风险性。

随机型决策问题的主要特征是:

（1）存在两个或两个以上的自然状态，未来究竟出现哪种状态，决策人不能事先确定，但各种状态出现的概率是可以事先知道的；

（2）存在着一个明确的目标；

（3）存在着两个或两个以上可供决策人选择的策略；

（4）不同的策略在不同状态下的益损值是可以计算出来的。

随机型决策问题可用表 7-2 来表示。

表 7-2　随机决策问题矩阵

状态 θ 益损值 C　状态概率 方案 A	θ_1 $p(\theta_1)$	θ_2 $p(\theta_2)$	$\cdots$ $\cdots$	θ_n $p(\theta_n)$
a_1	c_{11}	c_{12}	$\cdots$	c_{1n}
a_2	c_{21}	c_{22}	$\cdots$	c_{2n}
$\vdots$	$\vdots$	$\vdots$		
a_m	c_{m1}	c_{m2}	$\cdots$	c_{mn}

表中，$p(\theta_j)$ 代表第 j 个状态 θ_j 发生的概率，且有 $\sum\limits_{j=1}^{n} p(\theta_j) = 1$。

在风险型决策过程中常常采用损益矩阵来进行决策。常用的风险型决策方法有最大可能性准则、期望值准则、决策树法等，下面分别介绍。

7.4.1　最大可能性准则

根据概率论的原理，一个事件发生的概率越大，其发生的可能性就越大。基于这种想法，在风险型决策问题中选择一个概率最大（即可能性最大）的自然状态进行决策，而不论其他的自然状态如何，这样就变成了确定型决策问题。

例 7-1　某工厂要制订下一年度的产品生产批量计划，根据市场调查和市场预测的结果，得到产品市场销路好、中、差三种自然状态的概率分别为 0.3、0.5、0.2，工厂采用大批、中批、小批生产可能得到的收益值也可以计算出来，见表 7-3。现在要求通过决策分析，合理地确定生产批量，使企业获得的收益最大。

解：自然状态 η_2 的概率 $p_2 = 0.5$ 最大，因此产品的市场销路 η_2（中）的可能性也就最大，于是就考虑按照这种市场销路决策。通过比较可知，企业采取中批生产收益最大，所以 K_2 是最优决策方案。

最大可能准则有十分广泛的应用范围，但是当自然状态发生的概率互相都很接近，且变化不明显时，再采用这种准则效果就不理想了，甚至会产生严重错误。

表 7-3　决策表

收益值/万元 决策方案	自然状态 概率	市场销路		
		η_1（好）	η_2（中）	η_3（差）
		$p_1 = 0.3$	$p_2 = 0.5$	$p_3 = 0.2$
K_1——大批生产		20	12	8
K_2——中批生产		16	16	10
K_3——小批生产		12	12	12

7.4.2　期望值准则

期望值是指概率论中随机变量的数学期望,期望值法是应用概率论中计算离散随机变量数学期望的方法,分别计算每个方案的期望值,然后根据期望值的大小选择最佳方案。根据决策目标的不同,期望值准则又分为最大期望收益决策准则和最小机会损失决策准则。如果决策目标是收益最大,则采用最大期望收益决策准则;如果决策目标是使损失最小,则应采取最小机会损失决策准则。

这里,把所采取的行动方案看成是离散的随机变量,则 m 个方案就有 m 个离散随机变量,离散变量所取之值就是行动方案相对应的益损值。离散随机变量 X 的数学期望为

$$E(X) = \sum_{i=1}^{m} p_i x_i$$

$$\sum_{j=1}^{n} p(\theta_j) = 1$$

(7-1)

式中,x_i——随机离散变量 X 的第 i 个取值,$i = 1, 2, \cdots, m$;

p_i——$x = x_i$ 时的概率。

根据决策目标选取最优方案:

$$X^* = \max\{E(X)\} \quad \text{或} \quad X^* = \min\{E(X)\}$$

期望值准则法就是利用上述公式算出每个行动方案的益损期望值并加以比较,若采用的决策目标(准则)是期望收益最大,则选择收益期望值最大的行动方案为最优方案;反之,若决策目标是期望费用最小,则选择费用期望值最小的方案为最优方案。

例 7-2　某轻工产品厂要决定某轻工产品明年的产量,以便及早做好生产前的各项准备工作。产量的大小主要根据该产品的销售价格高低来定。根据以往的市场销售价格统计资料及市场预测信息得知:未来产品销售价格出现上涨、价格不变和价格下跌三种状态的概率分别为 0.3、0.5 和 0.2。若该产品按大、中、小三种不同批量(即三种不同方案)投产,则下一年度在不同价格状态下的益损值可以估算出来,如表 7-4 所示。现要求通过决策分析来确定下一年度的产量,使该产品能获得的收益期望为最大。

表 7-4　益损值表

益损值/万元 行动方案	自然状态 概率	价格上涨 θ_1 0.3	价格不变 θ_2 0.5	价格下跌 θ_3 0.2
大批生产 A_1		36	14	-8
中批生产 A_2		20	16	0
小批生产 A_3		14	10	3

解：本例是一个面临三种自然状态和三种行动方案的风险型决策分析问题，现运用期望值法求解如下。

(1) 根据表 7-4 所列各种自然状态的概率和不同行动方案的益损值，可用公式 $E(X)=\sum_{i=1}^{m} p_i x_i$ 计算出每种行动方案的益损期望值。

方案 A_1：$E(A_1)=0.3\times36+0.5\times14+0.2\times(-8)=16.2$

方案 A_2：$E(A_2)=0.3\times20+0.5\times16+0.2\times0=14.0$

方案 A_3：$E(A_3)=0.3\times14+0.5\times10+0.2\times3=9.8$

(2) 通过计算并比较后可知，方案 A_1 的数学期望 $E(A_1)=16.2$ 为最大，所以选择行动方案 A_1 为最优方案，也就是下一年度的产品产量按大批生产规模进行生产能获得的收益期望为最大。同理，如果决策目标是使损失最小，则应选取期望值最小的决策方案。

期望值准则利用了统计规律，比凭直观感觉或主观想象进行决策要合理得多，它是一种有效的决策准则，适用于一次决策多次重复进行生产的情况。

7.4.3　决策树法

期望值法是进行单项决策的一种方法，即整个决策过程只作一次决策就得到结果。但一般来讲，管理活动是序贯决策，即整个决策过程由一系列决策组成。对于序贯决策，期望值准则就无能为力了。描述序贯决策的有力工具是决策树，决策树法是对决策局面的一种图解，可以使决策问题形象化。这种方法把决策过程用树状的图形来表示，因而较为直观、明了。所谓决策树法就是利用树形图模型来描述决策分析问题，并直接在决策树图上进行决策分析。其决策目标（准则）可以是益损期望值或经过变换的其他指标值。现以例 7-2 为例介绍决策树法的求解步骤。

□表示决策节点，从它引出的分支叫作方案分支。分支数量与方案数量相同，分支上要注明方案名称。决策节点表明：从它引出的行动方案需要进行分析和决策。

○表示方案节点，从它引出的分支叫作状态分支或概率分支，在每一分支上注明自然状态名称及概率。状态分支数量与自然状态数量相同。

△表示结果节点，即将不同方案在不同自然状态下的结果（如益损值）注明在结果节点的右端。

1. 决策树的画法

应从左向右画。先画决策点,用□表示,再由决策点引出方案分支,有几个备选方案就画几个方案分支,方案分支的端点是方案节点,用○表示。接着画由方案节点引出的状态分支,有几种自然状态就要画几个状态分支。在每个状态分支上标上状态概率,状态分支的末梢是结果节点,用△表示,在它的旁边标明每个方案在相应状态下的益损值,如图7-3所示。

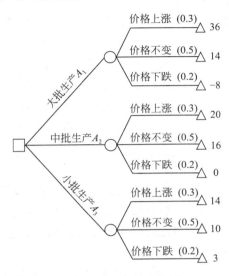

图 7-3　例 7-2 的决策树

2. 计算各方案的益损期望值

按前面介绍的期望值计算公式,计算各方案的益损期望值,并将计算结果标注在相应的状态节点上,图7-4所示为方案 A_1 的益损期望值。计算如下:

$$E(A_1) = 0.3 \times 36 + 0.5 \times 14 + 0.2 \times (-8) = 16.2$$

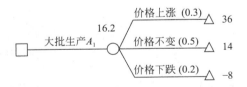

图 7-4　方案 A_1 的益损期望值

3. 根据期望益损值进行决策

比较计算所得的各行动方案的益损期望值,选择其中最大的期望值并标注在决策节点上方,如图7-5所示。与最大期望值相对应的是方案 A_1,则 A_1 即为最优方案。然后,在其余的方案分支上画上"‖"符号,表明这些方案已被舍弃。图7-5所示即为一个经过决策分析选择行动方案 A_2 为最优方案的决策树图。

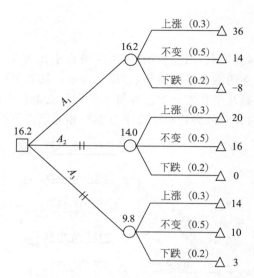

图 7-5　例 7-2 的决策结果

由例 7-2 中可知,如果只需作一次决策,其分析求解即告完成,则这种决策分析问题就叫作单级决策。这种方法虽然直观,但比期望值法似乎复杂些。反之,有些决策问题需要经过多次决策才告完成,则这种决策问题就叫作多级决策问题。这时,应用决策树法就显示出了它的优越性。下面结合一个例子加以说明。

例 7-3　有一钻探队做石油钻探,可以先做地震试验,费用为 0.3 万元/次,然后决定钻井与否,钻井费用为 1 万元,出油收入为 4 万元。根据历史资料,试验结果好的概率为 0.6,不好的概率为 0.4;结果好钻井出油的概率为 0.85,不出油的概率为 0.15;结果不好钻井出油的概率为 0.1,不出油的概率为 0.9。也可不做试验而直接凭经验决定是否钻井,这时出油的概率为 0.55,不出油的概率为 0.45,试用决策树进行决策。

根据上述可知,例 7-3 是一个二级决策分析问题,现用多级决策树进行分析,如图 7-6 所示。

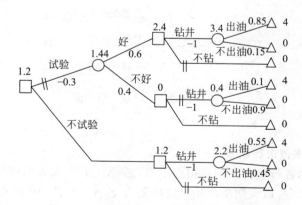

图 7-6　例 7-3 的多级决策树及分析计算

比较各方案的期望收益值可知,不试验直接钻井方案较优。至此可以将试验的方案分支划掉,并将不试验直接钻井期望收益 1.2 万元标在节点上。由此可见,对于较复杂的多级决策问题用决策树法进行决策较为直观、简捷和有效。而且,由于这种方法用图形把决策过程形象地表示出来,因而使决策者可以有顺序、有步骤地,以科学的推理步骤去周密地考虑各有关因素。

7.5 不确定型决策

前面讨论的确定型决策问题是指已知的某种自然状态必然发生;随机型决策问题是虽然预先不知道哪种状态必然发生,但是每种状态发生的概率是已知的;而不确定型决策问题是只知道若干种自然状态可能发生,但这些状态发生的概率并不知道,这就是不确定型决策问题的一个主要特征,其他特征与随机型决策问题相同。对于不确定型决策问题,根据问题的特点和决策者自己的主观愿望偏好,可以采用不同的决策准则。下面介绍几种不确定型决策问题的决策方法。

7.5.1 悲观准则(最大最小决策准则)

悲观准则(pessimistic criterion)也叫瓦尔德决策准则(Wald decision criterion),它的主导思想是决策人对客观情况总抱有悲观态度。它是先选出各种状态下各个方案的最小收益值,然后再从中选出一个最大收益对应的方案,也就是"坏中求好"准则,这是一种保守型的决策,决策者信心不足,不愿冒风险,对未来形势比较悲观。它适用于经济实力比较弱的决策者。其数学表示为

$$s^* = \max_{s_i}\{\min_{d_j} c_{ij}\} \tag{7-2}$$

具体做法如下。

(1)在收益矩阵中,确定每个方案 s_i 在各个状态下 d_j 可能得到的最小收益值 c_i,即各行中的最小元素为

$$c_i = \min\{c_{i1}, c_{i2}, \cdots, c_{im}\}, \quad i=1,2,\cdots,m \tag{7-3}$$

(2)求各最小收益的最大值 s^*,则对应的方案 s_i 即为应选方案:

$$s^* = \max\{c_1, c_2, \cdots, c_m\} \tag{7-4}$$

例 7-4 某企业要投资一种新产品,有三种投资方案。S_1 投资 300 万元,作大规模生产;S_2 投资 200 万元,作中等规模生产;S_3 投资 100 万元,作小批量生产。未来经济形势可能有三种情况:d_1 为经济形势很好;d_2 为经济形势一般;d_3 为经济形势很差。经估计,各个

方案在三种可能经济形势下的年利润如表 7-5 所示。

表 7-5 各个方案的年利润   万元

S \ C \ D	d_1	d_2	d_3
s_1	60	0	-40
s_2	30	10	10
s_3	10	0	-5

根据悲观准则,先从表 7-5 中的每一行找出最小值,再从该最小值中找出最大值,最终,选取方案 S_2。其决策过程如表 7-6 所示。

表 7-6 悲观准则的决策过程   万元

S \ C \ D	d_1	d_2	d_3	min	
s_1	60	0	-40	-40	
s_2	30	10	10	10	←max
s_3	10	0	-5	-5	

如果决策目标是使损失最小,给出的是损失矩阵,那么悲观准则采用最小最大准则,即

$$s^* = \min_{s_i}\{\max_{d_j} c_{ij}\} \tag{7-5}$$

可以先将损失矩阵中各元素改变符号,化为收益矩阵,再采取最大最小准则。

7.5.2 乐观准则

乐观准则(optimistic criterion)又称大中取大准则,该准则和悲观准则思路相反。决策者对风险的态度总是乐观的,对自己很有信心,当客观情况不明而需要做决策时,总是争取获得最好结果的机会,而从大中之大来选择他的决策策略。这是一种冒险型决策,比较适用于经济实力强大的决策者,其数学表示为

$$s^* = \max_{s_i}\{\max_{d_j} c_{ij}\} \tag{7-6}$$

其决策步骤如下。

(1) 在收益矩阵中,求出每个方案 s_i 在各种自然状态下 d_j 可能得到的最大效益值 c_i,即各行中最大元素为

$$c_i = \max\{c_{i1}, c_{i2}, \cdots, c_{in}\}, \quad i = 1, 2, \cdots, m \tag{7-7}$$

(2) 求各最大效益值的最大值 s^*，最大值对应的行动方案 s_i 即为决策方案：

$$s^* = \max\{c_1, c_2, \cdots, c_m\} \tag{7-8}$$

如例 7-4，从表 7-5 的每一行中找出最大值置于表的最右列（见表 7-7），再从该列中找出最大值。它对应的方案为 s_1，根据乐观准则，决策者应选方案 s_1。

表 7-7　乐观准则的决策过程　　　　　　　　　　万元

S \ C D	d_1	d_2	d_3	max	
s_1	60	0	−40	60	←max
s_2	30	10	10	30	
s_3	10	0	−5	10	

乐观准则是在决策者不知道哪种自然状态会发生的情况下，在最好的自然状态下获得最高的收益。这种方法的客观基础就是所谓的天时、地利和人和，决策者感到前途乐观，有信心取得每一方案的最佳结果。但是这一准则只是关心最大收益，而忽略所有其他收益。而且这种原则应用成功可以得到最大收益，一旦失败其损失也最大，所以它是最乐观的，也是最危险的。

7.5.3　等可能准则（Laplace 准则）

等可能准则（equally liability criterion）也叫等概率法。它是信息不完全时的一种决策准则，是于 19 世纪由数学家拉普拉斯（P. S. Laplace）提出的。其主导思想是当决策者在决策过程中不能确定这一事件容易发生，还是那一事件容易发生时，只好认为各种事件发生的机会是相等的，即决策者对所有自然状态采取一视同仁的态度，认为它们出现的概率是相等的。如果有 n 个自然状态，则每一个自然状态出现的概率为 $1/n$，然后按随机型决策问题的期望值法进行决策。首先，计算各决策方案的收益（损失）期望值，然后在所有这些期望值中选择最大者（最小者），以它对应的策略为决策方案。其数学表示为

$$s^* = \max_{s_i}\left\{\frac{1}{n}\sum_{j=1}^{n}c_{ij}\right\} \quad 或 \quad s^* = \min_{s_i}\left\{\frac{1}{n}\sum_{j=1}^{n}c_{ij}\right\}, \quad i = 1,2,\cdots,m \tag{7-9}$$

具体步骤如下。

(1) 在收益（损失）矩阵中，计算各决策方案收益（损失）的期望值

$$E(s_i) = \frac{1}{n}\sum_{j=1}^{n}c_{ij}, \quad i = 1,2,\cdots,m \tag{7-10}$$

(2) 求最大收益期望值 s^*（或最小损失期望值），则对应的方案 s_i 即为应选方案：

$$s^* = \max\{E(s_i)\} \quad 或 \quad s^* = \min\{E(s_i)\} \tag{7-11}$$

如例 7-4，三种状态出现的概率均为 $1/3$，计算各决策方案的利润期望值。

$$E(s_1)=1/3\times(60+0-40)\approx6.67$$
$$E(s_2)=1/3\times(30+10+10)\approx16.67$$
$$E(s_3)=1/3\times(10+0-5)\approx1.67$$

根据等可能准则,从各期望值中找出最大者:$\max(6.67,16.67,1.67)=16.67$,所以,决策者应选方案 s_2,决策过程如表 7-8 所示。

表 7-8　等可能准则的决策过程　　　　　　　　　　　　万元

C　　　D S	d_1	d_2	d_3	$E(s_i)$	
s_1	60	0	−40	6.67	
s_2	30	10	10	16.67	←max
s_3	10	0	−5	1.67	

7.5.4　折中准则

折中准则又称乐观系数法,也叫赫尔威斯准则(Harwicz decision criterion)。这种决策方法的特点是对事物既不乐观冒险,也不悲观保守,而是折中平衡一下,用一个系数 α(称为折中系数)来表示,并规定 $0\leqslant\alpha\leqslant1$。若以 α 表示乐观系数,则 $1-\alpha$ 就是悲观系数。当 $\alpha=1$ 时,该准则等价于乐观准则;当 $\alpha=0$ 时,该准则等价于悲观准则。现以 α 和 $1-\alpha$ 为权数对每一方案的最大效益值和最小效益值进行加权平均,便得到每一方案可能的效益值,然后取各方案的可能效益值中最大者为决策者的目标值。即用每个决策方案在各个自然状态下的最大效益值乘以 α,再加上最小效益值乘以 $1-\alpha$,然后比较,从中选择最大值。折中准则的数学表示为。

$$s^*=\max_{s_i}\{E(s_i)\} \tag{7-12}$$

具体步骤如下。

(1) 根据决策者对状态的乐观程度取一个乐观系数 α,则 $1-\alpha$ 是悲观系数。

(2) 计算各决策方案的期望收益值:

$$E(s_i)=\alpha\max_i\{c_{ij}\}+(1-\alpha)\min_i\{c_{ij}\}, \quad i=1,2,\cdots,m \tag{7-13}$$

(3) 求各期望收益值中的最大值,则最大值对应的即为所选决策方案:

$$s^*=\max\{E(s_1),E(s_2),\cdots,E(s_m)\} \tag{7-14}$$

如例 7-4,设乐观系数 α 为 0.8,则计算各决策方案的期望收益值置于表最右列(见表 7-9)。根据折中准则,从各期望值中找出最大者。所以,决策者应选决策方案 s_1。

表7-9　折中准则的决策过程　　　　　　　　　万元

C D S	d_1	d_2	d_3	$E(s_i)$	
s_1	60	0	-40	$60\times0.8+(-40)\times0.2=40$	←max
s_2	30	10	10	$30\times0.8+10\times0.2=26$	
s_3	10	0	-5	$10\times0.8+(-5)\times0.2=7$	

7.5.5　后悔值准则

后悔值准则也叫最小机会损失准则,是由萨维奇(Leonard J. Savage)提出的。其主导思想是决策人在决策时虽没有保证收益最大,但也不会因收益过小而产生后悔心理。在每一种状态下,必对应某一方案最优,令此方案的后悔值为0。若选取其他方案,则导致收益减少而后悔,所减少的收益即为后悔值。后悔值准则是将能够获利而未获利看成是一种机会损失,所以在决策中要求使未来的机会损失达到最小值,其数学表示为

$$s^*=\min_{s_i}\{\max_{d_j}(\overline{c}_{ij})\} \tag{7-15}$$

式中,$\overline{c}_{ij}$为后悔值。

具体步骤如下。

(1) 先求出后悔矩阵,求出各状态d_j下最大收益值,即各列的最大元素:

$$b_j=\max_{s_i}(c_{ij}),\quad j=1,2,\cdots,n \tag{7-16}$$

(2) 计算各列的机会损失值

$$\overline{c}_{ij}=b_j-c_{ij},\quad i=1,2,\cdots,m;j=1,2,\cdots,n \tag{7-17}$$

(3) 求出各决策方案的机会损失最大值(最大后悔值):

$$s_i=\max_j(\overline{c}_{ij}),\quad i=1,2,\cdots,m \tag{7-18}$$

(4) 然后从这些最大值中找出最小值,对应的方案即为所选方案:

$$s^*=\min_i(s_i) \tag{7-19}$$

如例7-4,决策者应选决策方案s_2,决策过程如表7-10所示。

表7-10　后悔值准则的决策过程　　　　　　　　万元

C D S	d_1	d_2	d_3	$\overline{c}_{i1}$	$\overline{c}_{i2}$	$\overline{c}_{i3}$	s_i	
s_1	60	0	-40	0	10	50	50	
s_2	30	10	10	30	0	0	30	←min
s_3	10	0	-5	50	10	15	50	

如果给出的是损失矩阵,那么每一状态下的最小损失值减去各决策方案的损失值之差,称为机会损失值。

上文介绍了不确定型决策问题的 5 种决策方法。由上例可以看出,采用不同的决策方法所得到的结果并不完全一致。那么在具体决策时,究竟采取什么方法为好呢? 这要视主客观条件而定。从主观条件来看,若决策者对自然状态的信息掌握得较多,宜采用折中法;若决策者对自然状态的信息掌握得较少,采用悲观法或后悔值法比较稳妥些。从客观条件看,若经济实力较强,就可以冒更大的风险去获得更大的收益,此时可采用乐观法、折中法或等可能法;若经济实力较弱,经不起失败的打击,则采用保守法为好。

7.6　灵敏度分析

对于随机决策,涉及结局发生的概率如何估计,一般来说,人们对大量的问题无法进行随机试验,譬如,开发出某种新产品,计划投产,是建大型厂、中型厂还是小型厂需要决策。由于新产品还没有生产出来,无法知道产品投放市场后是畅销、滞销还是销售情况一般,所以不可能进行试验,测出各种状态发生的概率。另外一种情况是,尽管有一些信息是可以获得的,但并非百分之百的准确。如天气预报虽报告了"下午转阴有小雨",但是"下雨"和"不下雨"都是可能的。总之,这时决策者只能依据对事物的观察、自身的经验以及主观推理去设定事件发生的概率,这样的概率称为主观概率。主观概率反映了决策主体对事件可能出现的一种信念程度,主观概率不是主观臆造,而是基于知识、经验、预测的理智上的判断。当然,对同一状态,不同的决策主体对它的主观概率的定量判断有可能不同,这也反映了主观概率的不确定性。显然,主观概率估计上存在的不确定性会影响方案的排序。

正是因为状态的概率并不是十分准确的,那么当其变化时会对所选最优方案产生怎样的影响,或者当其在什么范围内变化时所选最优方案不变,对这些问题的分析就是灵敏度分析。

例 7-5　为生产某种产品而设计了两个基本建设方案:一是建大厂,二是建小厂。建大厂需投资 300 万元,建小厂需投资 140 万元。两者的使用期限都是 10 年。估计在此期间产品销路好的概率为 0.7,销路差的概率为 0.3,两方案的年度益损值如表 7-11 所示。问建大厂好还是建小厂好?

表 7-11　各方案的益损值情况

益损值/万元　方案	状态　概率	销路好 θ_1	销路差 θ_2
		0.7	0.3
建大厂 a_1		100	-20
建小厂 a_2		40	10

解：显然，这个问题属于风险型决策问题，根据期望值法，有

$$E(a_1)=[100\times10\times0.7+(-20)\times10\times0.3-300]万元=340\,万元$$
$$E(a_2)=[40\times10\times0.7+10\times10\times0.3-140]万元=170\,万元$$

因 $E(a_1)>E(a_2)$，所以建大厂比建小厂好。

显而易见，当自然状态概率发生变化时，就有可能导致最优方案发生变化。那么自然状态概率究竟在什么范围变化才会引起最优方案变化呢？现分析如下。

设 p 代表销路好的概率，则 $(1-p)$ 为销路差的概率。令两方案的期望收益值相等，即

$$100\times10p-20\times10(1-p)-300=40\times10p+10\times10(1-p)-140$$

化简得

$$p=0.511$$

$p=0.511$ 这个概率就叫转折概率。当 $p<0.511$ 时，建小厂好；当 $p>0.511$ 时，建大厂好，原最优方案不变；当 $p=0.511$ 时，建大厂和建小厂一样。

通过灵敏度分析，可知道最优方案是否稳定。若自然状态的概率稍有变动，最优方案就发生变化，说明该最优方案不稳定，值得进一步分析和调整。

7.7　情报的价值和贝叶斯决策

正确的决策来源于可靠的情报或信息，情报资料越可靠，对状态发生的概率估计就越准确，据此做出的决策也就越合理。但是，获取情报需要进行必要的调查、试验、统计等工作，或从别人手中购买，不管怎样，都要花费一定的代价。如果决策者支付的费用过低，则难以得到要求的情报；如果支付的费用过高，则可能不合算。那么支付多少费用对决策者才算合算呢？为此就出现了如何评价情报的价值这个问题。

决策所需的情报一般分为两类，一类是完全情报，即完全可以肯定某一状态发生的情报，一类是非完全情报或抽样情报，即不能完全肯定某一状态发生的情报。下面分别讨论这两类情报的价值问题。

7.7.1 完全情报的价值

有了完全情报,决策者即可准确地预料即将出现什么状态,从而可以把风险型决策问题变为确定型决策问题。但是,在得到完全情报之前,并不知道哪个状态发生,因而就无法准确算出这一情报会给决策者带来多大的收益。然而,为了在得到情报之前决定是否值得去采集这项情报,就必须先估计出该情报的价值。为此应该设法算出由于获得这项情报而使决策者的期望收益提高的数额。如果它大于采集情报所花的费用,则收集这一情报是有利的,否则就不值得为收集这一情报花那么大的代价。

下面通过一个例子加以说明。

假定在例 7-5 中,可以得到关于产品销路好坏的完全情报,问花费 60 万元购买这一情报是否合算?

假定完全情报指出销路好,就采取建大厂这一策略,每年可获 100 万元收益;如果完全情报指出销路差,就采用建小厂这一策略,每年可获利 10 万元。由于在决定是否购买这一情报时还不知道完全情报的内容,故在决策时,无法算出确切的收益,只能算出在完全情报下的期望收益,即

$$[0.7 \times (100 \times 10 - 300) + 0.3 \times (10 \times 10 - 140)]万元 = 478 万元$$

原期望收益(采用建大厂方案)为 340 万元,可知由于得到了完全情报而使期望收益增加了 $478 - 340 = 138$(万元)。

这个值就是完全情报的期望值,常称为完全情报的价值,由于 138 万元大于采集完全情报的费用 60 万元,故值得购买这一情报。

需要指出的是,完全情报在一般情况下是很难得到的,因此算出的完全情报的期望值常常只能作为支付情报费用的一个上限。

7.7.2 非完全情报和贝叶斯决策

在决策分析过程中,如果得不到完全情报,或者采集完全情报所花代价太大,这时为得到更好的决策结果,可以采用非完全情报作为补充信息对原来的状态概率进行修正。把原有的状态概率称为先验概率,而修正后的状态概率称为后验概率。由于取得了新的情报,而提高了决策的效果,为了估计这个效果即情报的价值,常采用贝叶斯(Bayes)公式来分析,故称之为贝叶斯决策。

1. 贝叶斯公式

在概率论中,若事件 B 能且只能与两两互不相容事件 $\theta_1, \theta_2, \cdots, \theta_n$ 之一同时发生,由条件概率的定义有

$$p(\theta_i | B) = \frac{p(\theta_i) p(B | \theta_i)}{p(B)} \tag{7-20}$$

又由全概率公式有

$$p(B) = \sum_{j=1}^{n} p(\theta_j) p(B \mid \theta_j) \tag{7-21}$$

因此得

$$p(\theta_i \mid B) = \frac{p(\theta_i) p(B \mid \theta_i)}{\sum_{j=1}^{n} p(\theta_j) p(B \mid \theta_j)} \tag{7-22}$$

这个公式就称为贝叶斯公式。

2. 贝叶斯决策

它是利用贝叶斯公式进行决策的一种方法。这时,贝叶斯公式中的 $p(\theta_i)$ 称为状态 θ_i 的先验概率,$p(\theta_i \mid B)$ 称为状态 θ_i 的后验概率。$p(B \mid \theta_i)$ 称为状态 θ_i 的条件下事件 B 发生的条件概率,$p(\theta_i) p(B \mid \theta_i)$ 称为联合概率。$p(B) = \sum_{j=1}^{n} p(\theta_j) p(B \mid \theta_j)$ 称为边际概率。下面通过一个例子说明贝叶斯决策的步骤。

假如在例 7-5 中,某咨询机构可以对 10 年内产品销路好坏提供进一步的情报,所提供情报的准确率为 80%。也就是说,如果产品销路好,则咨询机构预报销路好(记为 B_1)的条件概率为 0.8,预报销路差(记为 B_2)的条件概率为 0.2;如果产品销路差,则咨询机构预报销路差的条件概率为 0.8,预报销路好的条件概率为 0.2。

由此可以写出下列条件概率:

$$p(B_1 \mid \theta_1) = 0.8, \quad p(B_2 \mid \theta_1) = 0.2$$
$$p(B_1 \mid \theta_2) = 0.2, \quad p(B_2 \mid \theta_2) = 0.8$$

又知先验概率为 $p(\theta_1) = 0.7, p(\theta_2) = 0.3$,故联合概率为

$$p(\theta_1) p(B_1 \mid \theta_1) = 0.7 \times 0.8 = 0.56$$
$$p(\theta_2) p(B_1 \mid \theta_2) = 0.3 \times 0.2 = 0.06$$
$$p(\theta_1) p(B_2 \mid \theta_1) = 0.7 \times 0.2 = 0.14$$
$$p(\theta_2) p(B_2 \mid \theta_2) = 0.3 \times 0.8 = 0.24$$

边际概率为

$$p(B_1) = p(\theta_1) p(B_1 \mid \theta_1) + p(\theta_2) p(B_1 \mid \theta_2) = 0.62$$
$$p(B_2) = p(\theta_1) p(B_2 \mid \theta_1) + p(\theta_2) p(B_2 \mid \theta_2) = 0.38$$

后验概率为

$$p(\theta_1 \mid B_1) = \frac{p(\theta_1) p(B_1 \mid \theta_1)}{p(B_1)} = \frac{0.56}{0.62} \approx 0.9032$$

$$p(\theta_2 \mid B_1) = \frac{p(\theta_2) p(B_1 \mid \theta_2)}{p(B_1)} = \frac{0.06}{0.62} \approx 0.0968$$

$$p(\theta_1 \mid B_2) = \frac{p(\theta_1) p(B_2 \mid \theta_1)}{p(B_2)} = \frac{0.14}{0.38} \approx 0.3684$$

$$p(\theta_2 \mid B_2) = \frac{p(\theta_2) p(B_2 \mid \theta_2)}{p(B_2)} = \frac{0.24}{0.38} \approx 0.6316$$

在计算出边际概率和后验概率之后,按决策树法画出图 7-7 所示的贝叶斯决策树。预

报产品销路好时,两方案的期望益损值为

$$E(a_1)=[0.9032\times100\times10+(-20)\times10\times0.0968-300]万元=583.84\ 万元$$

$$E(a_2)=[0.9032\times40\times10+10\times10\times0.0968-140]万元=230.96\ 万元$$

因 $E(a_1)>E(a_2)$,故方案 a_1 较优。也就是说,如果预报产品销路好时,应采取建大厂方案。

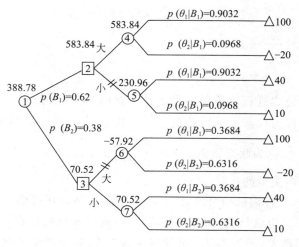

图 7-7　决策树

预报产品销路差时,两方案的期望益损值为

$$E(a_1)=[0.3684\times100\times10+(-20)\times10\times0.6316-300]万元=-57.92\ 万元$$

$$E(a_2)=[0.3684\times40\times10+10\times10\times0.6316-140]万元=70.52\ 万元$$

因 $E(a_2)>E(a_1)$,则 a_2 较优。也就是说,如果预报产品销路差时,应采用建小厂方案。

7.7.3　非完全情报的价值

在获得新的情报之前,并不知道咨询机构的预报结果是产品销路好还是销路差。为了估算非完全情报的价值,可先计算出在非完全情报条件下的期望益损值,即

$$(583.84\times0.62+70.52\times0.38)万元\approx388.78\ 万元$$

然后再从中减去在没有非完全情报条件下的期望值 340 万元,即

$$(388.78-340)万元=48.78\ 万元$$

则这个差值就是非完全情报的价值。

如果该咨询机构要求的情报费用小于 48.78 万元,则购买这样的非完全情报是有利的。否则,就没有必要购买这样的情报,而应该采用在没有得到任何新的情报条件下所确定的建大厂方案。

7.8　效用值的概念

既然决策分析是一种供定量分析的规范性模型,或者说优化模型,那么就需要选择一种衡量后果的指标作为判断优化方案的准则。这种决策准则应该满足以下两项要求,以避免推理过程中出现矛盾结论。

(1)可传递性。按某项决策准则判定方案 A 优于 B、B 优于 C 的话,则方案 A 必优于 C。这似乎是不成问题的逻辑,但实际判断过程中有时却不是这样。例如:某甲选购一台彩电,A 种系名牌产品,B 种信誉一般,但价格便宜 500 元。甲认为 A 优于 B。另外,有彩电 C 系新产品,无声誉,价格比 B 便宜 500 元,甲比较 B 和 C 后,愿意购买 B。按可传递原则,如让甲在彩电 A、C 之间选择时,应优先购买 A,但实际上,甲可能因 C 较 A 便宜 1000 元而认为 C 优于 A。

(2)独立性。判断两行动方案的优先次序时不受其他行动方案的影响。实际判断亦有背离此原则的情况,例如,某大学毕业生乙面临对 D 和 E 两个单位做出选择,乙报考单位 D。如果他获悉单位 F 也要从毕业生中招聘员工,这时他就可能改变主意。因为乙本来对 E 单位的工作条件更满意,但应聘的人较多,不如报 D 容易选中,一旦知道还有其他招聘单位后,估计应聘人员会分散些,被 E 单位选中的希望增加,因而报考 E。这时 D 优于 E 改为 E 优于 D。E 和 D 方案的选择与 F 相关。

7.8.1　期望收益值

决策分析处理的是风险型或不确定型决策,因而,决策准则不能不考虑各种环境状况出现的概率,所以很自然地引入期望后果值的概念。由于方案后果在许多情况下,特别是经营管理决策中都用赢利、亏损这类指标,因此期望收益值成为决策分析发展过程中最初提出和应用最广泛的一种准则。它往往采用货币单位,所以在一些文献中常称作期望货币值准则。当然,期望后果值也可采用其他衡量指标。

举例来说,一家公司欲决定下季度的广告宣传方式,宣传媒体有电视、报纸和街头广告牌三种,由于费用限制只能选择其中一种。广告的后果用广告的观众(读者)人数来表示,这些观众都是潜在的用户。而方案后果受下季度的气候影响,如天气不好,则闭门在家看电视或报纸的人多;如天气晴朗,则外出街头的人多。根据气象预报部门资料和调查研究得出下季度四种气候出现的概率及广告观众数(万人为单位)如表 7-12 所示。

表7-12　气候的概率和观众数　　　　　　　　　　　　　　　万人

状态及概率	差(0.2)	一般(0.4)	好(0.3)	很好(0.1)
电视广告	22	21	19	15
报纸广告	18	17	16	15
街头广告牌	13	16	16	16

决策者如果采用期望观众值 A 作为决策准则,则根据下式选择后果为 A^* 的最优方案:

$$A_i = \sum_{j=1}^{m} p_j c_{ij}, \quad i = 1, 2, \cdots, n \tag{7-23}$$

$$A^* = \max_i A_i \tag{7-24}$$

式中,p_j——j 种环境状态出现的概率(本例中 $m=4$);

　　　c_{ij}——第 i 种行动方案在 j 状态下的观众数(本例中 $n=3$)。

算出三种广告媒体方案的期望观众值为:

电视广告:$(0.2 \times 22 + 0.4 \times 21 + 0.3 \times 19 + 0.1 \times 15)$万人$=20.0$万人

报纸广告:$(0.2 \times 18 + 0.4 \times 17 + 0.3 \times 16 + 0.1 \times 15)$万人$=16.7$万人

街头广告:$(0.2 \times 13 + 0.4 \times 16 + 0.3 \times 16 + 0.1 \times 16)$万人$=15.4$万人

可知电视广告的期望观众值最大,应优先选择。

按期望后果值最大准则可能引起一个疑问:如果这项决策准则重复应用的次数很多,取期望值作为准则可以理解,但决策往往是一次性的,采用期望后果值最大是否合理呢?的确,就本例而言,如选择了电视方案并付诸实施,而下季度恰好是晴朗的好天气,实际的广告观众数就不如街头广告。对此,可以这样解释:决策者在作判断时已有思想准备,将来会出现较预料要差的后果,也可能出现比预料更好的情况,采用期望值准则比较稳妥,即使碰上差的情况,心理上也能平衡,他会指望以后在其他类似问题上的决策会碰到好机遇。

从表7-12中看到,电视广告在任何一种状态下的后果值都比报纸广告要好,至少相等。像这样的情况,甲方案在任何状态下都优于或等效于乙方案,则甲方案称作主导方案,而乙方案称作附属方案。在决策方案分析时,应将附属方案删去,因为不论用什么决策准则也不会改变它们之间的优先顺序。

除了期望后果值外还有其他的决策准则,譬如:有些人对未来的环境状态抱乐观的态度又愿冒风险,他们的兴趣放在最大后果值上,情愿撇开概率不管而挑选所有状态下最大后果值的方案。本例中即选择有最大观众数为22万人的电视广告方案。这在决策分析中叫"最大-最大"准则,其判断式为 $A^* = \max_i \max_j c_{ij}$。而另有些人对未来环境状态抱悲观的态度,总认为机遇不佳,又比较保守,不抱侥幸心理,着眼点建立在最稳妥可靠基础上,因而比较方案的最差后果值,其中哪个最大便选哪个。本例为报纸广告方案,至少有15万读者,这叫"最大-最小"准则,其判断式为 $A^* = \max_i \min_j c_{ij}$。还有其他一些类似的准则,但最常用和适用的仍是期望后果值准则。

7.8.2　效用值的必要性及其概念

应用期望后果值作为决策准则会碰到两个棘手的问题。

第一,后果的多样性。每种行动方案都会带来多种后果,有的或者大多数可以用货币值衡量,但有的却不能,像上例只能用观众数来间接地反映经济收益。另外,还有些后果值很难用数字来表达,例如一个工厂要拨款改善职工的生活设施,目的是为了提高职工工作积极性。为了评价实施方案,当然也可以说,职工积极性提高了会提高劳动生产率和改善产品质量,据此估计出经济收益指标,但这样不能把方案的经济效益和社会效益的真相完全表达出来。因为,如果经济收益指标能完全反映后果的话,那么这笔款项直接用于改善生产设施,将会有更大的利润。而改善生活设施会产生其他良好的后果:改善职工健康、提高工作积极性和增强职工内聚力等。又如一些企业愿意资助一些体育活动、慈善事业或其他活动,从长期看这些企业名声大了,将会在销售数量和经济效益上反映出来,但真实效益很难估计,而且决策者愿意资助也绝不只是考虑到经济后果。不管后果如何多种多样,规范化的决策分析技术要求统一的衡量准则,以便推理判断,排出优先顺序。因此需要建立一种适用于货币单位和非货币单位以至定性后果指标的决策准则。

第二,决策者的价值观。系统工程以满足决策者目标为出发点,不得不迎合决策者的价值观念。西蒙(H. A. Simon)在其《行政管理学》一书中讨论了事实与价值的区别问题,指出事实命题是关于现实世界的描述,价值命题则是陈述人的偏好。科学命题都是事实命题,事实命题存在"是非问题",可以用实证办法证明其是真是假,即证明所描述的情况是否和现实世界符合。价值命题难以用科学方法去处理,不能用客观事实证明其是或非,即不能以经验或推理证明其正确性,它只存在"应否问题",根据人的主观偏好予以确认,无实证的真实性。

再从人们日常生活经验来看事实和价值的关系。例如,某甲原来的衬衫都破了,就买了一件新的;某乙原有十几件衬衫再买一件。同样是一件衬衫,在甲看来这件衬衫比乙心目中的价值要高得多。即便对甲而言,他有了这件衬衫后,如再买第二件、第三件,其价值也就不如第一件了。又如人们在假日里往往想去看球赛、电影、演出等,这比待在家里要费钱,也无经济效益,但人们情愿花钱去满足自己某种欲望,如增长知识等。这些后果只有根据个人的偏好去判断。有人喜欢迪斯科、通俗歌曲,而有人则不屑一顾。进一步看,人们在看球赛之前实际要经过一番决策,在满意程度和付出票价之间进行一番比较:球队是哪个等级的?这场球是否精彩?门票贵不贵?买哪个看台的票,甲票或乙票?等等。在这样的权衡过程中,事实上是根据自己的决策准则在几种方案中进行选择,而各人的准则又不一样。一个百万富翁如果看球,自然会买最好的门票;而金钱不宽裕的人则要讲究边际效益,精打细算。所以决策技术需要一种能反映决策者价值观念的准则。

从以上讨论可以看出:①需要一种能表达人们主观价值的衡量指标,而且它能综合衡量各种定量和定性的后果;②这样的指标没有统一的客观的评定尺度,因人而异,视各人的经济、社会条件而定。

效用值就是为了处理上述问题而建立起来的一种概念。事实上,远在18世纪克拉默(Gabriel Cramer)和伯努利(Danial Bernoulli)两位学者就提出了财富的效用值概念,认为财产的效用值将随财富的增加而增加,但增加的幅度递减。不过,如何求得财富和效用值之间的关系,却长期未能解决,直到 20 世纪 30 年代此问题才有了突破,在搁置了两个世纪之后重新得到重视和发展。效用值理论已成为决策理论和决策分析的基础。

以货币为单位的期望收益值用作决策准则还有另外的弊病。例如,某人买 5 元的彩券,有 0.5 的概率中奖,除还本外还赢得 5 元,有 0.5 的概率不中奖,连本也失去。按期望货币值准则,期望收益值为零,就是说,可买可不买,两者都一样。这时购买者也可能抱着无所谓的心理买一张试试。另一种情况是,如果购买彩票须花 500 元,赢亏机会仍相等,且收益和亏损都是 500 元,其期望收益值仍为零,但这时购买者就不是抱无所谓的态度,因为有 0.5 的概率亏 500 元,而不敢轻易去买。即是说他心目中已不采用期望货币值(excepted monetary value,EMV)的准则去选择。在引入效用值的概念后,就能较好地解释上述现象。按照一般人的价值观,损失 500 元的效用值要比赢 500 元的效用值大。

期望效用值作为决策准则较之期望收益(货币)值要完善得多。当然,期望收益值也适用于许多场合。

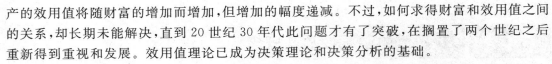

7.9 案例分析

现在,假定你为一家跨国建筑工程公司效力,而且参加了一座大楼的设计。你负责设计这座大楼的供暖系统。你设计了一个常规的供暖系统,并计算出该系统的安装费用是100000 美元。根据目前的能源价格,你估计常规供暖系统每年的燃料和维护费用是 20000美元。后来,发现市场上刚刚推出一种更先进的供暖系统。这种系统与常规的供暖系统不同,它的安装费用是 195000 美元。根据目前的能源价格,这种系统每年的燃料和维护费用只有 15000 美元。经过简单计算,你认为这种先进的供暖系统从经济上讲是不合算的。但你同时意识到,实际的能源价格将要上涨。假定你预计能源的价格将以每年 4% 的速度上升,在这种情况下,这种先进的供暖系统从经济上讲又是合算的。你估计能源的价格保持恒定不变和以 4% 的年速率上升的概率相同。

在完成设计之前,你又发现了另外一种可选方案。这种方案除了安装常规的供热系统之外,还需安装一套适配系统。有了这套适配系统,就可以在日后安装先进的供暖系统。安装适配系统的成本是 4000 美元。安装常规的供暖系统和适配器,总的初始安装费用是104000 美元。日后将常规供暖系统更新到先进的供暖系统时,升级费用为 95000 美元。

为便于分析,你考虑了 3 种选项。第 1 种选项是只安装常规的供暖系统;第 2 种选项是直接安装先进的供暖系统;第 3 种选项是安装常规的供暖系统和适配器,然后用 5 年的时间确定能源的价格是否不断升高,而且以实际能源价格的增长比率为基础,决定是否升级该供暖系统。此分析的假设条件是,如果能源价格在随后 5 年的时间中不断增长,

那么这种价格的增长会在大楼的使用有效期内继续下去。假定大楼的设计寿命是 25
年,折现率是 5%。为便于分析,你又假定效用等价于货币。你的目标是把系统总成本的
现金价值降到最低。

该决策的决策树如图 7-8 所示。安装常规系统包括安装成本(以安装日计),加上能源
和维护成本的现金价值。在低能源成本的情况下,成本为

$$PV(成本) = 100000 + \sum_{t=1}^{25} 20000(1+0.05)^{-t} \text{ 美元}$$

若按高能源价格计算,成本为

$$PV(成本) = 100000 + \sum_{t=1}^{25} 20000(1+0.04)^{t}(1+0.05)^{-t} \text{ 美元}$$

第二种设计方案总成本现金价值的计算公式与此类似,只是安装成本高一些,而能源和
维护成本低一些。第三种方案总成本现金价值的计算复杂一些,包括初始安装费用 104000
美元,以后的升级费用 95000 美元,总计安装费用的现金价值为 182156 美元。另外,能源和
维护的费用与升级的时间有关。这三种设计方案的计算结果如图 7-8 所示。

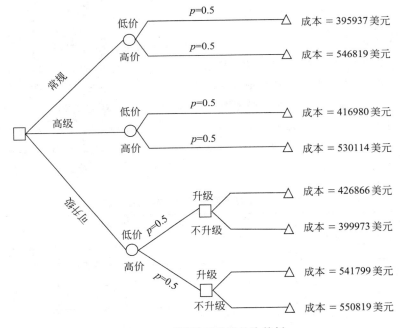

图 7-8　不同供暖系统的决策树

用逆推归纳法对该决策树进行评价比较简单,评价结果见表 7-13。

表 7-13　评价结果

设计方案	系统总成本的期望值/美元
常规系统	471396
高级系统	473547
可升级的常规系统	470886

由表 7-13 中结果可以看出,这三种设计方案系统总成本的期望现值基本相同。从这个角度上讲,这三种方案没有太大差别。但安装常规系统和适配器的方案有一个优势,在能源价格不断上涨的情况下,这种系统可以进行升级,而且同样适用。这种方案可以为楼房业主提供最恰当的现值成本,以及响应未来能源价格改变的措施。因此,第三种方案就是你推荐的设计方案。

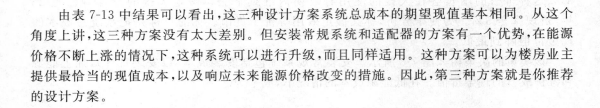

思 考 题

7-1 试述决策的类型。

7-2 决策分析过程包括哪些活动?决策分析程序由哪几个环节组成?

7-3 为生产某种产品而设计了两个基本建设方案,一是建大工厂,二是建小工厂。建大工厂需投资 300 万元,建小工厂需投资 160 万元,大工厂和小工厂的使用期限都是 10 年,分前 3 年和后 7 年两期考虑,前 3 年销路好的概率为 0.7,销路差的概率为 0.3。如果先建小厂,在销路好的情况下,3 年后可以扩建为大厂,扩建投资为 180 万元,扩建前连同扩建后的使用期限也为 10 年,如果前 3 年销路好,则后 7 年销路好的概率为 0.9,如果前 3 年销路差,则后 7 年肯定销路差。大小工厂的年度益损值见表 7-14。试对这个问题进行决策。

表 7-14　建立不同工厂时的年度益损值　　　　　　　　　　　　万元

方案	状态	
	销路好	销路差
建大厂	100	−20
建小厂	40	10

7-4 某化妆品公司生产面膜。由于现有生产工艺比较落后,产品质量不易保证且成本较高,销路受到影响。为此工厂决定对该产品生产工艺进行改进,提出两种方案以供选择:一是从国外引进一条自动化程度较高的生产线;二是自行设计一条生产线。根据工厂以往引进和自行设计的工作经验显示,引进生产线投资较大,但产品质量好且成本较低,年产量大,引进技术的成功率为 80%。而自行设计生产线,投资相对较小,产品质量也有保证,成本也较低,年产量也大,自行设计的成功率只有 60%。同时,工厂又制订了两个生产方案:一是产量与过去相同,保持不变,二是产量增加。若引进或自行设计均不成功,工厂只得仍采用原有生产工艺继续生产,产量自然保持不变。工厂计划该面膜生产 5 年,根据以往的价格统计资料和市场预测信息,该类产品在今后 5 年内价格下跌的概率为 0.1,保持原价的概

率为 0.5,而涨价的概率为 0.4。通过估算,可得各种方案在不同价格状态下的益损值如表 7-15 所示。试对该问题进行决策。

表 7-15 面膜的益损值表

益损值/万元 方案	状态(价格) 概率	跌价 0.1	原价 0.5	涨价 0.4
按原有工艺生产		−100	0	125
引进生产线 (成功率0.8)	产量不变	−250	80	200
	产量增加	−400	100	300
自行设计生产线 (成功率0.6)	产量不变	−250	0	250
	产量增加	−350	−250	650

第 8 章

动态环境下的企业战略柔性

8.1　动态经营环境与企业成长

近年来,全球经济环境带给企业的深刻感受是:复杂、动态与不确定性。同时,在中国,企业不仅受到经济体制与经济结构转型的双重影响,还受到以信息技术为核心的知识经济浪潮的冲击。由此,在动态市场环境下,企业的战略竞争力作为协调企业与环境的适应性关系的有效手段,成为增加企业竞争力及创造高度市场价值的有机系统。

8.1.1　企业成长离不开特定背景环境的主题

由于企业的异质性和成长影响因素的多样性,及其之间在不同环境下互动方式的复杂性等原因,实际上并没有一种理论能够完全解释企业成长问题,而在未来形成这样一种理论的可能性相当渺茫。然而,尽管如此,还是有一些相关研究表明,许多高成长企业之间都存在着共性,就是这些共性驱使着它们获得成功。

需要强调的是,这种共性不可避免地受到时空因素的影响,不同时期的环境背景往往产生不同的"共性"。很难想象脱离了特定的环境背景来考虑这些共性,是怎样推动企业走向成功的。否则,曾经一度因高速成长而辉煌一时的企业,完全可以通过对上述所谓"共性"的有效管理实现持续成长。有关的研究已经表明,无论规模有多大,企业的平均寿命周期只有12.5年。据美国财富杂志的有关报道:原来就连大型公司的存活率都很低。在1970年名列财富500强的企业,到1983年的时候,1/3已经消失了,或破产,或被兼并,或被分解。由此可见,曾经给企业带来高成长绩效的因素,并非总是灵丹妙药。

可是与此形成鲜明对照的是,一些企业却成功地存活了上百年,而且仍呈现出勃勃生机。例如,西门子公司(Siemens)已经有 150 多年的历史,1997 年在产业周刊(Industry Week)评出的 1000 家最大的制造公司中名列第十五,在 100 家管理最好的公司中也榜上有名。在谈到成功的秘诀的时候,公司总裁兼首席执行官皮勒(Pierer)强调指出,最重要的一点就是:西门子公司在过去的 150 多年里,始终保持着高度的战略柔性,不断地触发变革并成功地管理市场、技术和社会变革。可以说,西门子公司的实例再一次向人们昭示:企业成长离不开特定的环境背景。只有那些能够及时地把握时代脉搏并据以进行有效管理的企业,才有可能立于不败之地。例如,从纵向发展的角度来看,随着内部与外部经营环境的变化,企业的竞争基础已经从价格和规模转到了质量,又从质量转到了速度,目前正向柔性和价值转变。相应地,确保企业实现高成长的“共性”因素也发生了变化。例如,越来越多的企业感觉到:在国际分工高度发达、信息技术迅速发展、企业经营环境复杂多变、知识要素的作用日益增大的超强竞争的动态环境中,企业持续实现高成长和竞争优势的源泉正在发生根本性的转变,曾经指导企业获得成功的一些经营哲学正促使一些企业走向衰落,今天的成功很可能为明天的新技术或新的竞争模式所淹没。据统计,在 1983 年至 1993 年期间,虽然标准普尔指数(S&P)增长了将近 3 倍,但美国西屋电气公司(Westinghouse Electric)、美国时代华纳公司(Time Warner)和美国捷运公司(American Express)等古老的工业巨头却遭受着财运逆转的打击,几乎不能维持原有价值。

8.1.2　企业所面临的动态经营环境

以前,企业面临的基本上是一个稳定、可预测的环境,但是自 20 世纪 80 年代末期和 90 年代初期以来,在信息经济、网络经济和知识经济日益明显的超强竞争的作用下,有利于环境稳定的国界、规则与控制等因素正趋于瓦解,企业的经营环境正从以前相对稳定的静态环境转向日益复杂多变和充满不确定性的动态环境。本章所讲的动态环境是指那种技术与市场等环境因素正在发生变化,并且这种变化不仅相当重大,而且日益复杂,在很大程度上具有不可预测性。其主要表现在以下三个方面:①快速变化的经济环境、制度环境、政治环境、社会环境、文化环境、技术环境和产业竞争环境中的不确定性,竞争对手行为、顾客偏好的复杂性和不确定性等,如日益加速的技术变化、市场的全球化浪潮、远东和其他地区低成本制造企业的崛起、供应商数量的增多、工作量构成的变化、众多瓶颈的出现、顾客需求的多样性、应用领域的非透明性、强烈的替代作用、技术开发的快速发展和不可预测性等;②与不同的环境感知所引发的竞争互动和导致上述环境变化的众多关联因素有关的复杂性,如上述各种变化之间的互动、竞争对手之间的互动、企业利益相关者之间的互动、联盟网络与虚拟企业的日益流行等;③在组织内部,由决策者与受决策影响的人之间的冲突而引发的不确定性,如知识与信息共享中的矛盾与冲突、进行价值观念更新和企业重组过程中的不确定性,等等。

8.1.3　动态环境对企业经营实践的主要挑战

由于技术创新、全球化、战略互动、竞争升级等因素的影响,在当前的动态环境下,几乎所有产业都在不同程度上经历着新水平的动态性、易变性和不确定性,体现着许多具有重大不连续性的因素。它们不仅对管理活动提出了一套新的要求,并进一步增大了环境的动态性、无序性和不均衡特点,而且也给管理者带来了必须应对的严峻挑战。其主要表现在以下几个方面。

1.　愈演愈烈的全球化浪潮

伴随着世界经济全球化的趋势和区域经济整合的推动,各类国家都在不同程度上实施了改革开放,使得国别经济与区域经济乃至世界经济逐渐融合在一起,商品、服务、人员、货币、信息和技能以及思想的跨国自由流动已成为大势所趋。全球信息网络的形成和世贸组织的建立与运作,更是进一步促进了国际经济交往与贸易的自由化。可以说,全球化和跨国关系的发展已经超越了跨国公司的存在,对各国的当地市场产生着不可忽视的影响。在这个大背景下,一方面,国际市场业务已经不再仅仅是大型跨国公司的专利,新技术使得许多小企业也成为全球市场的竞争者。例如,通过构建营销网页和开展电视会议,越来越多的中小企业已经成为全球市场竞争的生力军。另一方面,很多跨国公司的国籍特征已相当模糊,竞争不断升级,产品生命周期变短,产品迅速更新换代,基于价格和适销对路的竞争异常激烈,数以千计的创新型企业一起与外界在新的时空概念下发生日益紧密的联系,各种创意和知识资源正在公司间以前所未有的速度传播,企业必须不断尝试满足顾客需要的新方法,从而在适应性、创新和应对速度方面正向企业施加可怕的压力。同时,全球竞争提高了许多方面的绩效标准,如质量、成本、生产率、产品上市时间和流动作业等;并且这些标准不是静态的,而是动态的,需要企业与员工的持续改进,不断提高其能力与技能,要求企业把在当地学到的竞争技能应用于全球,把全球市场作为利用其竞争优势的广阔场所。此外,全球竞争也产生了地区成长和产业专长地区分布的不对称性,后者使企业为了保持领先而必须在某种专长的集聚地设立办事机构。可见,全球化还势必影响企业资源与技能的构成。

总体来说,依托强劲的全球化浪潮而涉足新市场,既为企业创造了机会,也使其面临着前所未有的挑战。例如,由于市场空间的扩大,进军全球市场提高了企业创新的动力,拓展了因创新而受益的机会。然而,国际扩张也在很大程度上使经营环境更加复杂。为了充分利用不同地理范围的经济机会,企业必须学会在不同国家协调跨国业务的有效方法,从而要求企业进行大量的结构调整。同时,全球化也创造了更多的利益相关者,管理者必须妥善处理与它们之间的关系;全球化还使得面向管理者的诱因计划和对下属单位的绩效评价更加复杂。可以说,全球化正在重新塑造新的竞争蓝图,并将持续下去。

2.　政府管制的放松与私有化

在全球化趋势日益明显的同时,政府管制的放松和私有化也逐渐成为包括发达国家和发展中国家在内的一股不可扭转的必然趋势,许多传统上为政府管制的产业正在发生剧烈的变化。诸如电信产业、公用事业、航空公司、金融服务公司和卫生保健业等,仅仅是其中少数几个典型代表。例如,20 世纪 80 年代末期,美国政府管制的放松,打破了美国银行业中传统的稳定环境,使其进入了动态的剧变时期:由激化的竞争导致的频繁的并购活动,不断升级的价格竞争,更多的关注利基(niche)市场的企业的出现和提供信用卡的非银行单位、提供新产品和吸引客户存款的共同基金等新的竞争对手的加入等,改变了整个美国银行业。与此同时,在政府管制放松的产业中,也出现了旨在从政府管制驱使的、当地和地区垄断所固有的低效率中获取更多价值的竞赛趋势,许多摆脱当地限制的产业正迅速地发展成为全球产业。并且,在这些产业通过内部成长和外部并购实现全球化的同时,又出现了反垂直一体化的倾向,一些企业开始收缩经营范围、剥离非核心业务。例如,在电力产业中,有些企业把发电与电力传输和电力营销分离开来。此外,私有化趋势正在世界范围内愈演愈烈,从印度、智利、波兰一直到法国与德国。公共部门的私有化产生了巨大的社会振荡,一些低效的公共部门企业开始抛弃失去时效的资产、合并其经营业务、调整企业规模,从而对资本流动、失业和通过重组实现成长和解决就业的必要性产生了不可忽视的重要影响。综合起来看,政府管制与私有化的挑战可以概括为以下几点:①许多以前局限于当地的产业逐渐成为地区性、全球性产业,竞争进一步加剧,环境更加复杂、动荡;②这些产业的经济状况将发生巨大的变化,优胜劣汰成为必然;③产品与服务的差异化和品牌首次在这些产业中得到了关注,以竞争速度和行动多样化为代表的战略柔性被提到议事日程上来。

3. 技术的快速扩散与交叉渗透

新的信息高速公路使得信息的即时获取成为可能,并成为驱动技术革新的重要引擎。信息的加工和传递,不可避免地促进了技术的快速扩散与交融,迎来了信息、计算和通信极大丰富的时代,并大大缩短了产品的生命周期、产品开发时间和上市时间,使得专利在保护新技术方面的有效性大幅降低,使企业经济有效而快捷地提供顾客定制化产品成为可能。同时,多项技术的交叉渗透也构成了另外一种不连续性。目前,虽然计算机、通信、电子消费品和娱乐业日益成为技术交融的典型例证,但这种趋势实际上却相当普遍。例如:①洗发水和洗面奶等个人护理用品与临床试验、生发和抗衰老等医药技术的交融,必将会改变个人护理用品产业的性质。②大豆、谷物、马铃薯、棉花和其他日用品与植物遗传学的新发展之间的竞争将愈演愈烈。例如,蒙三通(Monsanto)推出的混合型芽前除草剂和抗害虫种子,把传统产业的技术领先程度提高到一个新的水平。③化学与电子技术日益整合在一起。数字照相机、打印机、复印机等产品就是材料科学、化学和电子科学以及软件等多项技术相互交融的产物。④设计材料、电子技术、软件与传统的机械工程日益交融,提升了传统产业的技术含量和产品性能。其中,现代化的汽车就是这种交融的产物。实际上,人们还可以发现许多类似的交叉渗透。其中的关键之处在于,对不同的智力遗产进行有效的管理和有机的整合。此外,技术的交叉渗透又进一步强化了企业所面临的巨大变化,加剧了产品与服务需求的波动,使人们很难证明专注于单一业务的集中化战略具有合理性,从而迫使企业在竞争战略和管理手段上进行根本性变革,逐渐培养和增强敏锐的战略洞察力,同时增强企业的内部战略柔性和外部战略柔性。一方面,努力创造可以服务于多项相关业务的柔性企业;另一方面,努力促使供应商能够对企业最终产品市场的多变性做出反应,使企业与供应商建立起密切的关系。

4．信息技术的快速发展和电子商务的茁壮成长

在现代高科技环境中，即时信息和全球通信技术彻底改变了人们的思维，改变了旧的社会和经济秩序，使企业竞争从单一的国内市场转向全球市场，为企业更有效地协调多市场业务、加快决策与反应速度提供了可能。结果，所有组织都在进行自我转换。若环顾一下工作场所，就会感到整个世界正以变形速度进入"超空间"，人们的时空感正发生变化，变化之快使人根本无暇适应，人们必须全力以赴，去维持、学会和适应变革。同时，信息作为核心产业的副产品，对于企业成功至关重要，例如今天一辆普通小汽车所包含的信息技术价值已远高于其所用的钢铁价值，以"信息高速公路"为基础的信息技术吸收的投资也远超过其他任何领域的投资。从航空公司到农场再到服务型公司，每一步运作都要依赖编织周密的电子社会网来快速交换数据和信息才能完成。可以说，数字化可能是对从电影制作到金融服务等所有产业产生影响的最重要、最深刻的因素。事实上，没有一个产业可以忽视对数字技术（信息技术）的理解和充分运用，它正在改变着企业的思维模式和经营方式。

概括而言，信息技术的这种影响可以归纳为以下几点：①它不仅加剧了企业之间的竞争，缩短了产品的生命周期，而且还引起了经济和电子商务的根本变化，促使人们对新型商业行为、并购和供应链的态度产生了明显的变化。数以百万计的人乐于在家中、工作场所和大学里采用容易理解的公开标准进行网络沟通，并着手利用电子手段购买商品、货物及原材料。在电子数据交换和电子资金转账出现后，通信领域的爆炸性突破掀起了电子商务革命的最新浪潮。②信息技术的快速发展还创造了另一个与有形世界不同的虚拟世界，使企业不仅需要关注有形世界的构造——实体价值链，还必须强调虚拟价值链在企业竞争中的重要价值。通过在互联网上操作，虚拟价值链不仅可以用于实体价值链的各个阶段，水平地实现价值增值，而且可以为企业创造价值或开辟新市场。例如，供应商通过互联网销售产品可以取得新市场，而顾客通过互联网则可以提出对产品的具体要求。所以，企业应该把实体价值链上的每个环节结合到它的虚拟价值链上，以便进一步提高效率。同时，自20世纪70年代中期以来，价值增值开始通过服务得以实现，而服务环节在很大程度上依赖于信息技术的先进性。信息时代的来临决定了价值越来越多地建立在信息和知识的基础之上。通过互联网，企业可以用一种前所未有的方式，继承传统经营活动中的物流、资金流和信息流，并把对企业竞争实力至关重要的利益相关者——股东、客户、经销商、供应商和员工等结合在一起。因此，信息技术对企业价值链的影响可概括为：改变了传统的采购、营销与售后服务活动方式，改变了企业的生产方式，并给传统行业带来了一场革命，缩短了价值链环节，还为价值创新提供了便利和工具。③信息技术使生产商与最终消费者之间的距离不断缩短，多步分销逐渐缩减成单步分销，从而对产成品、库存和应收账户以及传统产业的成本结构，特别是销售成本和管理费用产生了重要影响。④信息技术的大发展，为企业推进虚拟经营这一富有柔性的动态经营方式和与顾客合作奠定了基础。一方面，通过有效的通信网络，散布在不同地区的企业或单位可以互通有无、交流经验、解决问题或互相配合、统一行动；另一方面，利用顾客在接受电子商务服务时所提供的信息和更便捷的信息反馈系统，如一体化的零售商-供应商系统，企业可以有效而快速地把受驱使的顾客需求转换为有效供给机制，从而为企业从更多的途径把握市场、重新定义细分市场等活动提供了更大的回旋余地。

另外，高级计算机和通信技术的发展和成本的降低，使源于大型集中化官僚组织的优势正逐渐消失,促进彼此独立的企业为实现规模经济、范围经济和专业化的好处而积极构建网络组织。结果,大型公司正逐渐被由专业化的小型企业所构成的整合网络(在技术、培训和信息方面展开广泛合作)所取代。

5. 知识等无形要素成为日益重要的战略资源

在当今的动态环境里,知识要素也在以变形速度膨胀,它与企业竞争的全球化和信息技术的高速发展等因素一道,使得曾对当前和未来企业竞争力起主导作用的资本资源,正日益让位于以知识为代表的无形资源,如员工的知识、顾客与供应商关系、品牌忠诚、市场定位与市场知识等。可以说,以知识为代表的无形资源已经成为决定企业生死存亡的最有价值的资产和最锋利的竞争武器。结果,企业越来越注重通过学习和创新途径来获得、积蓄和整合企业赖以营造持久竞争优势的关键技术和经营诀窍等无形资源的能力,不断优化企业的资源结构,从而为企业竞争成功和获得持续成长奠定了坚实的基础。事实上,在有效反映公司价值方面,这些无形资源往往超越了财务资产、不动产、库存和其他有形资源的作用。

在上述因素的共同作用下,不仅企业之间的竞争程度日益加剧,而且竞争的形式、竞争的内容、竞争的手段,甚至竞争的主体都在发生变化。结果,为了求得生产和发展,企业必须在经营范式、最佳实践和产出等方面进行广泛而深入的根本性变革。可以说,诸如市场的繁殖化、全球化,产品生命周期的缩短和形式多变的国内和地区市场竞争等企业经营环境的巨大变化,带来了企业经营观念与经营范式的重大变化。例如,企业不再强调生产规模,而是强调服务与知识规模;企业关注的重点不再是市场份额,而是活动份额,特别是核心产品份额、顾客份额和在关键服务活动上超过竞争对手的能力;不再强调垂直一体化,而是研发与营销等关键活动的内部化,非核心活动的外部化,以便把有限的资源集中用于价值链上少数几个关键环节、降低风险和增强柔性等。表8-1列出了动态环境使企业经营范式发生的变化。

表8-1 动态环境使企业经营范式的变化

旧范式	新范式	旧范式	新范式
选择决策	兼而得之	效率	效果
命令与控制	教练与团队	财务指标驱动	价值驱动
为他人制造产品	与顾客共同创造价值	卓越的职能	独特的竞争能力
满足需求	超越期望水平	降低成本	增强能力
短暂的流行项目	可持续的项目	官僚机构	充分发挥想象力
满足/被动反应	强求/主动行动	竞争优势的保护	竞争优势的更新

同时,在科技进步和经济发展的双重推动下,顾客消费的个性化日益显著。一方面,顾客越来越推崇与众不同的个性化产品;另一方面,在同质产品的消费上,顾客也有追求个性消费行为模式的倾向,从而进一步增强了有助于企业创新和以经营差异性来吸引与保留顾客的无形资源的地位。可以断定,未来的成功企业必将是那些把知识等无形资源作为独特生产要素并能够较其他企业更快速地有效思考、学习、解决问题和采取行动的企业。

6. 日益模糊的产业界线与企业边界

随着新技术的出现,特别是信息技术的发展、全球化进程的加快、政府管制的放松、企业间竞争合作关系的进一步深化和不同领域的技术的相互交叉渗透,传统产业边界的破坏、模糊与交融日益成为一种不可忽视的潮流,国家之间、产业之间、企业之间、部门之间的壁垒逐步消失,一体化、全球化、协同、网络、授权、高技术、合作、合资企业、战略联盟等正日益成为企业经营中的普遍现象。其中,计算机、通信和娱乐产业之间不断模糊的界线以及个人计算机与电视产业之间不断模糊的界线就是最好的例证。相应地,为了拆除对更好地服务于顾客构成的结构障碍,企业间合作的战略价值增大,许多企业纷纷突破组织边界和产业界限的束缚,并力争把自己的优势与他人的优势结合起来,为顾客提供独特的系列产品与服务。例如,传统的计算机公司——IBM 公司正与一家大型百货商店——西尔斯公司(Sears,Roebuck & Co.)联合,把各自的优势组合起来,以便创造一种互动的在线计算机服务,允许顾客在家中购物。这一挑战的含义主要有:①动态环境中不存在明确固定的竞争对手。例如,微软公司、AT&T 公司或西尔斯公司很可能成为金融服务企业的下一个竞争对手。②各竞争对手分别从自己的有利地位出发,努力把握选定的市场机会。例如,戴尔计算机公司(Dell Computers)可能把产业交融的机会看作"计算机——电视",而索尼公司(Sony)或飞利浦公司(Philips)则可能将其视作"电视——计算机",从而暗示了各自不同的起点和进入新市场的不同途径。③传统的判定价值创造环节的分析工具不再适合这种崭新的产业环境。例如,传统的战略观认为,规模与市场影响力密切相关,但在当今的动态环境中,庞大的规模未必能够给企业带来更大的产业影响力。类似地,已经在某一产业处于主导地位未必能够给企业提供任何特权,有时甚至会成为致命的劣势,使其在环境变化后仍沉迷于以前竞争赖以成功的"灵丹妙药"。④产业结构处于不断的变动之中,供应商、竞争对手、顾客与合作者的角色存在着动态转化,从而对柔性和快速反应提出了更高的要求。

7. 标准的建立或更替成为关注的重心之一

在新产品市场的演进过程中,新的标准在市场力的作用下会逐步确立起来,而这种产业标准又会对市场演进和企业竞争的成败产生举足轻重的影响。如果对互联网中的通信标准和电子商务中的安全标准进行分析,人们不难发现标准的战略价值。这一挑战又进一步产生了以下现象:①竞争对手常常合作建立产业标准。只有在居于主导地位的时候,某种卖方标准才有可能成为产业标准。因此,竞争对手往往通过组建临时的联盟来支持有利于自己的标准,对抗其他联盟所倡导的标准。对于最初提出某种标准的企业而言,关键在于明确该种标准的吸引力和据以与潜在支持者讨价还价的核心竞争能力。②在一段时间里,多种产业标准可以共存,但在某一标准最终成为产业标准之前,这种共存现象会给消费者和企业双方都带来很大的不确定性和成本。③对于单个企业而言,为确定或更替产业标准而展开的联盟间竞争与为争夺利润而展开的联盟内竞争是不同的。例如,飞利浦公司与索尼公司在联合创设 DVD 标准的同时,也存在着为争夺 DVD 业务的利润而展开的激烈竞争。由此可见,在当今和未来的动态环境里,企业必须学会如何在寻求更密切合作的同时更有效地竞争。通过有助于增强外部柔性的联合,快速地挑战、适应或确定产业标准,谋求更大的成长空间;通过有助于强化内部柔性的网络竞争,在既定的成长空间里更富柔性地对特定的顾客需求做出有效的反应,谋求更大的顾客份额。

8. 动态的战略调整已成为大势所趋

由于市场的繁殖化和全球化、产品生命周期的缩短及形式多变的国内和地区市场等企业经营环境的巨大变化,客观上要求有相应的动态化的战略和新的竞争优势源泉。结果,影响竞争绩效的是对市场趋势的预测和迅速地对变化的顾客需求做出反应。实现企业高成长的根本点不在于公司的产品和市场结构,而在于其动态行为,其目标是识别、开发、积累、运用和更新一组在顾客眼中有别于其他竞争者的、难以模仿的组织资源与竞争能力。这就要求不再从静态的产品市场角度考虑问题,而是从组织的整个作业过程来动态地考虑问题;把公司看作是一个从辨别顾客需求开始,到满足顾客需求结束的巨大的反馈回路,使企业的流程与顾客的实际需求连接起来,突破那些常常忽视投资的战略性质的传统内部会计、控制系统和职能、成本、利润中心导向观念的束缚,辨认传递顾客价值的业务流程中的关键作业及其发展变化,并将其作为支撑战略能力的基础结构而纳入管理的重点,进行一系列远非传统的成本效益分析所能证实的跨战略业务单位和职能的投资,不断优化自己的企业战略行为和组织实践,以便取得长期回报。

此外,上述主要挑战不仅是环境动态发展的必然结果,而且又反过来与企业为应对上述挑战所做出的"持续适应性反应"一道,进一步强化了环境的动态性。例如,自20世纪70年代以来,伴随着竞争的白热化、市场的同质化、技术的交叉渗透和愈演愈烈的全球化浪潮以及突破传统的企业边界和产业界限的欲望,新设立的联盟数量也迅速增加。据MERIT-CATI数据库统计,在1970年,新设立的战略技术联盟的数量不足50个,但到1995年竟达到近800个。并且,反过来,它们又促使全球经营环境结构发生了根本性的变化,复杂的组织间网络应运而生,几乎把所有企业都直接地或间接地联系在一起,并使竞争优势的来源已经不再仅仅局限于企业内部的资源与能力,而且还与网络成员的关系结构和企业在网络中的位置密切相关。与此同时,真正决定企业信息流动、知识流动和财务流动的控制能力的因素也从某个具体联盟转化为整合网络的性质。

结果,在这样的以既合作又竞争为特征的环境下,再单纯地利用双实体(dyadic)方法来管理联盟已经远远不够了,因为只有把网络作为一个整体进行管理,才有可能实现联盟的战略价值。一位明智的网络管理者完全可以在利用传统的公司内部能力的基础上,使公司在网络中获得并重新组合一系列互补资源,并进而获取竞争优势。

因此,在当今存在着巨大的外部变化和很大的不确定性的动态环境里,由于变化的持续性,事物的时间跨度已大大缩短,从一个变化周期中解脱出来并实现控制,往往只能代表着动态性更强的下一个变化周期的开始,它们必然会不断更新传统的竞争观念、改变传统的竞争规则、产生新的经营范式,而且更会改变有关竞争优势的传统看法,特别是有关竞争优势的时间维度和竞争优势的最终源泉,使持久竞争优势的动态发展成为关系到企业长期成长绩效和生存发展的最重要的驱动力量。所以,不论目前处于何种产业的企业,都必须努力在环境与自身优势之间谋求一种动态的适合性,超越由大规模和多样化生产所带来的传统竞争优势,不断寻求新的基于资源与能力的优势来源,保持与环境要求相匹配的柔性水平。任何忽视环境的动态性,甚至是不能有效地应对环境动态性的企业,都不可能实现长期的生存与发展,更不用说谋求长期竞争优势和实现持续的高成长了。

8.1.4 高成长企业的关键特征与战略柔性

虽然人们认为高成长企业之间存在着共性,但由于研究人员的不同背景、不同的研究时间和研究对象所处的不同的人文、经济与地理环境,相关研究所得出的结论并不完全相同。但如果对众人的研究成果进行深入的剖析不难发现,柔性特别是战略柔性,对动态环境下企业的持续高成长具有极为重要的独特作用。不难看出,获得竞争成功并实现高成长的企业一般都具有以下特征:柔性、产品多样化和快速推出新产品、吸引和留住高素质的员工、面向市场展开营销活动;尽早涉足处于成长期的市场;强调质量、不断创新和尽量靠近顾客等。而这些特征都是与企业所处的动态环境相适应的,并且都是同柔性特别是战略柔性分不开的,在许多情况下都是为实现战略柔性服务的。例如,企业尽量靠近顾客、面向市场展开营销活动的主要目的在于:直接而准确地了解顾客需求及其发展趋势,以便做出快速而有效的反应,并根据目标市场的变化快速提供独特的、富有价值的、可进行防御的产品或服务。其中,独特性指在相关的目标市场上与竞争对手的产品和服务存在差异;富有价值指有效地满足顾客的需求;可防御性指因企业活动与能力的一致性和适合性而实现的竞争优势的可持续性。而快速推出种类繁多的新产品和尽早涉足处于成长期的市场,则反映了企业凭借敏锐的洞察力而善于捕捉商机并做出反应的能力,从而进一步体现了强调做出快速而有效反应的战略柔性的价值。另外,强调吸引、激励和留住高素质的员工,则是企业"适应环境变化、发挥战略柔性的威力"所不可缺少的无形资源基础。多年以前,以 17 项组织有效性的研究为基础,斯蒂尔司(Steers)就富有建设性地指出,柔性是最常提到的评价标准之一。

在实践中,许多高成长企业的最初成长,往往是通过进入高成长产品而实现的。而如果企业是率先扩张到某一地区市场或率先满足顾客的某一需要的话,这种最初的成长潜力往往是十分巨大的。例如,汉菲尔德(Hanfield)在对 35 位来自著名全球公司的高层经理所进行的调研中发现,基于时间的柔性已经成为全球竞争力的关键构成要素。诸如 AT&T 公司、通用电气公司、惠普公司、北方电信公司和丰田公司等,都已经十分深刻地意识到日益缩短的产品开发与交货周期以及迅速捕捉商机在赢得战略优势中的作用。更为甚者,在消费品市场上有关研究则表明,第二个进入某个市场领域的企业,在绩效方面往往只相当于第一个创新者的 70%,而第三个进入该市场的企业,其绩效水平则仅相当于第一个创新者的 58%。不过,尽管如此,对于先行者来讲,随着竞争者的加入和市场趋于饱和,为了实现持续的高成长,它不得不在某一转折点迅速地改变其竞争定位,或整体出售或涉足新的产品市场领域,并且在多数企业的高成长过程中需要进行多次这种转变。其中的关键就是企业必须具有能够快速地感知变革的需要并成功地进行变革的能力,积极地对越来越动荡的全球竞争环境和技术创新做出反应。也正是这种快速适应的能力——战略柔性,构成了企业持续高成长的关键因素。这已经成为企业持续成长和实现高绩效的关键要素,请参阅案例。

案例:美国 Spyglass 公司基本竞争定位的转变

1994 年,大卫·克贝斯(David Colbeth)和三个在伊利诺伊大学的国家超级计算研究院(National Supercomputing Institute)工作的合伙人共同创建了美国 Spyglass 公司,目的是向科学界提供图形建模软件,而与互联网几乎一点关系都没有。然而,在经历了一年半的中度成长以后,该公司迎来了第一个转折点。当时,一个瑞士客户咨询伊利诺伊大学的一种软件,它可以利用图形界面浏览网络。于是克贝斯就利用合伙人的关系与伊利诺伊大学的国家超级计算研究院签署了许多协议,成功地推出第一个互联网浏览器——莫赛克(Mosaic),并开始实现超高速成长。但不久,网景公司(Netscape)和微软公司等就加入到网络浏览器行业中来。莫赛克的经营模式是把自己的技术许可给其他公司或卖给个人用户。其中,最大的顾客就是微软公司。与其他企业一样,Spyglass公司不久就发现微软公司使得自己的争价实力大大降低,以至于自己无法再保持足够的利润,从而把公司推向了第二个转折点。在经过详细的环境扫描之后,克贝斯再一次转变了企业的市场定位,这一次是充当互动电话置顶盒(set—top boxes)等网络激活设备的技术顾问与系统整合者。由此可见,Spyglass公司能够成功地实施持续的变革,从科学软件公司转化为网络软件公司,后来又发展为实力雄厚的专业服务公司。很明显,该公司成功的关键在于持续地捕捉商机、做出动态调整并积极涉足处于成长期的市场,而这些都是基于公司所培育的卓越的环境扫描能力、准确地识别新的成长市场和快速地实施战略变革的能力,即较高的战略柔性。

由此可见,变革的内容、速度和新奇程度,产品生命周期的缩短,原材料价格的波动,汇率的变化,权力关系的转移,管制的放松,战略集中度的提高,组织系统的更新,合资企业与联盟的构建,新的营销渠道,新的组织结构,环境的复杂性,组织边界和产业界线的模糊化,工业与服务业之间界线的模糊化,技术的突破性发展(如电子数据交换、计算机辅助设计、电子商务等),后勤方面的重大进步,计算机辅助设计与通信的应用,全球市场的开放等因素,正在改变着整个企业经营活动的方方面面,改变着影响企业成长的关键决定因素。在这种不断激化的竞争、不断增加的不稳定性和市场巨变的环境下,只有建立长期远景,积极运用最新技术,继续开发新技术,积极参与全球市场,进行结构重组和业务重组,开发和保持战略柔性,实施与纵向一体化相对的纵向解构和柔性专业化组织形式,不断地进行过程与产品创新,并持续开发独特的柔性竞争能力,企业才能求得长期生存和发展。在摩托车大战中,本田公司决定性地挫败雅马哈公司,就是一个柔性竞争者击败更强大的竞争对手的最有说服力的经典案例。

8.1.5 柔性的必要性及其战略价值

很久以来,企业经理人员一直奉行组织能力与经营环境相一致的战略适合性原则。然而,在当前的动态环境下,已经有越来越多的证据表明,单纯寻求战略适合性往往促使企业以战略适合性为名,把组织能力限制在较小的范围内,从而对企业自身造成一定的损害。其实,为了在动态的环境中求得生存并实现高速成长,除了谋求战略适合性以外,企业还需要另一个互补的概念——战略柔性,以便使企业准备就绪,成功地应对不断变化的环境挑战和充分利用未来的机会。

1) 环境的多变性和不可预测性要求企业把柔性作为战略的基础

在过去的十几年里,快速变化的竞争环境的不可避免性已经成为众所公认的现实,因快速的、不连续的技术变革和市场全球化而呈现出很大不确定性的经营环境、大众市场的饱和化以及对高质量和顾客定制化需求程度等因素正在向企业施加着巨大的压力。这就要求企业具有更强的应变能力,要求企业通过更富有柔性的工作实践来进一步增强员工的投入程度。相应地,许多企业都力图通过渐进的持续变化来适应经营环境所提出的新的需求,诸如柔性战略开发,识别战略选择方案,更好地理解、管理和组织时间与培养面向未来的心智模式等策略倍受重视。但所有这些反应都需要时间和投资,需要企业在学习新的管理方式的同时,承受过去的资源投入的制约。更为甚者,快速变化的市场环境的不可控制性和不可预测性,又进一步制约了企业以事先计划好的方法做出有效的反应。一些实施局部柔性战略的企业日益发现,由于对环境变化的反应较慢,自己无法继续维持以前的成功绩效水平,市场份额不断降低,甚至走向了破产的边缘。面对这一现实,唯一的方法就是把柔性作为企业战略的基础,开发柔性资源,把企业的各个层次作为一个整体统一起来,共同对变化的环境做出反应,以便使企业能够快速、高效地开发新的市场和产品,而不至于产生大量的成本。例如,许多实现快速成长的高技术企业发现,核心制造技术的转移、复制和重新配置正日益成为最有力的竞争武器。

2) 降低风险和开发新机会的要求促使企业谋求更大的战略柔性

如果做出某项投资具有不可逆性,企业往往不顾环境的变化而致力于特定的战略。但如果企业放弃僵化的、详细的公司计划,把柔性作为战略制订的一个重要标准,在进行投资决策时,它就会考虑到环境发生变化的可能性,在实现当前较优业绩的同时,保留了更大的、开发利用未来可能出现的新机会的自主权,从而既降低了风险,又为将来抢占商机留有充分的余地。简而言之,战略柔性使企业在有效地降低环境威胁的同时,能够快速、敏捷地抓住和利用外部机会,谋求更高的成长绩效水平。

8.1.6　柔性管理的可行性

客观环境为柔性管理的形成提供了相应的条件。一方面,在生产组织上,由传统的"大量生产"向"定制化生产"转变所形成的生产柔性化发展趋势,正促使管理趋于柔性化。20世纪初,"科学管理之父"泰勒通过对企业组织运作的考察与研究,把工作分解成许多简单要素,系统地改进了每个要素的操作方法,使其更加易于使用工具与技术,从而有效地提高了产品产量。福特把这一原理应用到福特汽车公司的生产线管理上,创立了流水线作业体系。其特点主要是专业分工合作与大规模批量生产。这种模式被广泛推广到其他产业,极大地促进了生产力的发展。可以说,"福特制"适应了当时经济发展的要求和企业竞争特点。当时,经济正处于加速发展初期,市场需求很大,企业竞争主要是价格、质量、产量的竞争,因而只要能够开发出新产品,并且打入市场,站稳脚跟,大规模批量生产就成为企业的竞争优势。但是,到了20世纪80年代和90年代,以西方发达国家和地区为代表的世界经济进入成熟饱和期,供过于求成为市场的主要特点,大规模生产必然出现成品和半成品的大量积压,大量的库存沉淀了大量的流动资金,增加了收不回的呆账,降低了资金利用效率,不少企业因为产品积压而破产。结果,企业的竞争方式开始发生变化,已不仅仅表现为价格、质量和数量的竞争。很多企业已经认识到"福特制"越来越不适应时代发展潮流,正面临着危机。一个社会一旦进入富裕社会,社会大众拥有的财富多了,购买力强了,消费者的行为也会变得更具有选择性,这要求生产厂家及时提供更加多样化和更具明显个性、日新月异的产品。社会需求的这种变化,反映到生产组织上来,就是传统的、以追求"规模经济"为主要目标的"大量生产"向能对顾客多样化的、日新月异的需求迅速做出反应的"定制化生产"转化。由于消费者需求的多样性,企业必须提高适应性。这种灵活、多变的"定制化生产"与传统的长期稳定不变的"大量生产"相比,其显著的特点就是,生产的柔性化程度大大地提高,而企业生产组织上的这种巨大变化必然要反映到企业的管理上来,作相应的配套性改革,从而导致企业内部柔性管理的形成与发展。

另一方面,在生产技术上,当代高新技术特别是信息技术的发展,为经济及有效地实施以顾客为中心,进行快速反应的柔性化管理提供了技术上的可能性和保证。任何生产方式的变革都是建立在技术革命的基础上的。过去,机械动力系统技术促进了传统的专业分工流水线生产方式的发展。现在,电子计算机技术促进了现代弹性生产系统和柔性管理模式的产生。其中,为人所常见的就是电子数控机床和机器人、计算机辅助设计(CAD)、计算机辅助工程(CAE)、计算机辅助制造(CAM)和柔性制造系统(FMS)的广泛应用,其高级形式是计算机集成化制造系统(CIMS)的形成和应用,它从产品订货开始,依次经历设计、制造、销售等所有阶段,将所使用的各种自动化系统综合成一个整体,由计算机中心统一进行调控。它使生产的计算机化,自动化进入一个崭新的发展阶段。这就为企业对顾客的复杂多变需求做出灵活的反应、发展柔性化的生产系统和实施柔性管理提供了技术上的可能与保证。

总之,在当前的动态环境下,任何高成长的企业都必须持续不断地进行环境扫描,尽量地靠近顾客和员工,积蓄富有柔性的战略资产或核心能力,以便不断地增强和运用战略柔性,为顾客提供更多、更好的价值。

8.2　柔性的概念与类型

有一则寓言故事,是关于非洲原始森林中的狮子和羚羊的:每天早上,一只非洲羚羊醒来,它就知道自己必须比跑得最快的非洲狮子还要快,否则它就会被吃掉;每天早上,一只非洲狮子醒来,它就知道自己必须要比跑得最慢的非洲羚羊快,否则它就会饿死。这则寓言故事给我们的启示是:当今全球经济一体化,全方位竞争时代已经到来,每个人都面临着激烈的竞争与淘汰,"适者生存"。当今知识经济时代,管理者必须牢固树立以人为本的思想,重视人、尊重人、理解人,充分发挥人的积极性、主动性、创造性,事业才能发展,才能成功。要贯彻以人为本的思想就必须在具体的管理活动中改变传统的刚性管理模式,实行柔性化的管理方法,对不同层次、不同岗位的人采取不同的管理方式。

8.2.1 柔性的概念

虽然人们常常谈到柔性,但遗憾的是,时至今日,人们对柔性的概念似乎并未达成共识。埃文斯(Evans)在1991年指出:在不同环境下,人们常用柔性来表示不同的含义。为了理解企业柔性的正确含义,我们有必要从一组十分相似的概念入手:适应性、再适应、可改正性、风险回避、可逆性、组织松弛、学习与更新。

1. 相关概念比较

适应性是经常使用且与柔性最相近的一个词,指的是对新变化的环境所进行的一次性或永久性调整。柔性则是指连续地做出临时调整,因此柔性是一个与动态环境相适应的概念。在这种环境下,环境的持续变化决定了一劳永逸的调整不可能成为管理变化的适当模式。事实上,再适应虽然不如适应性常用,但比较而言它更等同于柔性,所关注的是组织与环境相互作用的过程以及朝着彼此更能接受的交换方向演化的过程。因此,在组织有能力引发变化和对未知变化做出反应这一方面,再适应与柔性特别相近,至于在可以发现和矫正与战略决策相关的错误方面,可改正性与可逆性则与柔性颇为相似。更为甚者,从更具有防御性和反应性的角度看,它们与柔性的相似性就更大。在防范和减少风险与错误方面,风险回避也与柔性密切相关,反映了不要把所有鸡蛋放在一个篮子里以实现最小化潜在损失的常理。在为快速反应提供保障方面,组织松弛也与柔性密切相关,它指的是组织资源未被充分利用的程度,正是这种松弛为组织提供了对突然变化的环境做出快速反应的能力。同时,近年来倍受关注的组织更新和组织学习也与柔性极为相似。托马斯(Thomas)等人指出,组织更新的需要是永无休止的,更新的能力实际上是持续不断的,成功的组织必须具有经常改进自身与内外部需要之间的适合性的能力,组织更新的这种动态特性对于理解柔性意义重大;彼得·圣吉(Peter M. Senge)指出,组织学习实质上是增强企业柔性的过程,它也包括对完成特定任务的实践进行提升的问题,也需要克服组织惯例等一系列制约因素,有助于个人和组织整体认识到采用新方法的必要性和培育实施新方法的能力。

2. 柔性的定义

如前所述,时至当今的动荡环境,无论在企业界还是在学术界,都不难找到有关柔性的探讨,尤其是有关柔性制造、柔性生产自动化、柔性信息系统、柔性财务控制系统、工人柔性和柔性管理风格以及柔性组织的参与者等概念。不过,出于不同目的和角度,人们对柔性的定义也存在差异。

其中,在企业家精神和创新理论中,柔性被视作促进企业家活动和创新的能力,包括惯例繁殖化和破坏化两个方面;在战略管理的线性模型中,柔性是快速制订计划的能力;渐进创新学派认为,柔性是创造一套惯例以便提高适应和利用当前机会的组织能力;激进创新学派认为,柔性是抛弃惯例以便提高适应和利用未来机会的组织能力;在战略管理领域,战略柔性被视作一种战略资产,是企业对大规模的、充满不确定的、对企业绩效有重大影响的、快速的环境变化的适应能力,是在环境的不确定性和环境的变化性的影响下,企业管理"诸如技术密集型企业所面临的多变环境"的能力,主要由柔性资源与能力以及广泛的战略计划所构成,等等,可谓众说纷纭。

不过,在系统地整合分析之后就会发现,大体上可以把有关柔性的研究分成三类:一般方法、职能方法和活动者方法。一般方法中,把柔性定义为适应性,这是组织求得生存的关键特征。这种方法认为,企业不得不应对经营环境中不断升级的变化,为了适应环境或推动更新和创新就必须具有柔性。职能方法把组织柔性分解成组织的某个方法,如柔性的雇用合同、柔性的融资方式、柔性的生产自动化、柔性的信息系统、灵活的采购与自制决策。但问题是组织柔性不可能以完全独立的职能要素形式存在,柔性过程绝不仅仅限于某个层次或组织的某个方面。例如,飞利浦半导体公司(Philips Semiconductor)的生产流程的柔性改进导致了布局、元件组装、员工技能、库存控制、原料供应等领域的重大变化。活动者方法强调不同的利益相关者在开发柔性过程中的重要角色,如企业家创造或降低不确定性的特征,管理人员对风险的态度、员工的满意度,顾客对创新的偏好等。

从以上对柔性与相关概念关系的讨论和动态能力模型的定义中可以看出,战略柔性实际上是一个相当广泛的概念,是组织为了达到控制自己命运的目标而与内部和外部环境互动,进而持续地塑造环境或及时进行调整并做出快速反应的能力。通过对柔性进行管理,企业有能力对意外情况做出反应,能够采取旨在更新核心能力与战略资源的创新活动,也能够实施旨在提升核心能力与战略资源的持续改进活动。

8.2.2　柔性的基本类型

如前所述,企业柔性是一个十分广泛的概念,为了从总体上完整地把握企业柔性,人们可以根据需要,从不同角度对其进行区分。综合有关柔性的研究与成功经验,我们至少可以从柔性与战略决策的相关性层面、柔性与战略或作业活动类型的相关性层面、柔性与制造商生产技术选择的相关性层面、意图层面、集中焦点层面和时间层面等角度,对柔性进行区分。

1. 公司层面、职能层面和单个资源层面的柔性

从企业柔性与组织内战略决策之间的相关性来看,企业柔性包括三个层面,即公司层面、职能层面和单个资源层面。其中,在公司层面上,柔性就是整个组织改变自己的战略定位而使各职能战略保持一致性的能力;在职能层面上,柔性问题主要与各个职能改变各自的经营能力有关,例如生产柔性与生产职能改变产出的种类,数量和进度安排等方面的能力有关;在单个资源层面上,柔性问题与单个员工,机器或控制系统能够从事的任务或从事任务的时间与成本或在任务之间切换的难易程度有关。值得指出的是,虽然我们可以对企业柔性进行上述区分,但这三个层面的柔性之间的关系对一个企业的柔性的总体水平具有十分重要的作用,特别是单个资源层面的柔性与职能柔性同企业柔性之间的互动关系。

2. 范围柔性与反应柔性

从企业柔性与战略或作业活动类型的相关性角度看，企业柔性包括范围柔性和反应柔性。其中，范围柔性是企业对可预测的和不可预测的变化做出反应的能力。例如，组织及其生产系统能够以不同的产出水平生产不同类型的产品，并达到满足对交货期的不同要求的程度。由于这种柔性的实现需要在资本设备、工人和生产组织等影响整个企业的某些方面进行投资，因而它往往具有重大影响，是一种长期考虑。不过，在这里需要着重指出的是，在提及范围柔性的时候，人们常常会将其与企业经营环境的性质联系在一起考虑。相应地，反应柔性则指在特定的活动范围之内，在不同产品之间，不同产出数量之间等方面进行转换的便利程度。虽然在组织转换时，不可避免地要发生潜在成本，其中可能以时间延误，组织资源的投入或财务费用等形式表现出来，但由于只是在组织当前的提供物范围内所做出的更改，故其主要是一种短期现象。不过，某些为增强反应柔性所做出的决策虽然表面上是短期决策，但也可能具有长期影响。例如，为便利不同产出水平之间的转换所进行的投资就具有这种性质。同时，在出于增强当前反应柔性的目的而对便利转换的新技术进行投资时，组织还必须把当前的产品范围、产品组合、产出水平或交货期等作为一个重要的考虑因素，以免损害范围柔性。

3. 三个阶段的柔性

从柔性与制造商的生产技术选择的相关性角度来看，可以分为三个不同层次或阶段的柔性：第一阶段为替代阶段，包括机器人与机器在现有的生产系统中对人类的替代；第二阶段为生产整合，即把不同机器整合进柔性制造系统等柔性系统之中，其中可能包括规划图或产品部件；第三阶段为战略整合阶段，按照讨论中的新技术为制造商所带来的机会，对产品本质及其市场形象重新进行定义，这很可能要求整个组织发生巨大变化。

4. 意图层面的柔性

虽然环境变化不可避免，但企业并非完全无能为力，企业存在着适应环境或影响环境的选择。在这个层面上，所关注的是企业对柔性所采取的主动或被动姿态。一些企业常常采取主动姿态，努力控制环境变化和主动创造，影响和改变环境以获取竞争优势；另外一些企业则采取被动姿态，在变化发生之后努力做出反应，以便减少所受到的影响。

5. 关注焦点层面的柔性

该层面的柔性，所关注的是柔性的创造过程与活动。总体而言，从柔性创造过程中的关键焦点来看，存在着两种基本的战略柔性：一种是外部柔性，一种是内部柔性。其中，内部柔性立足于企业边界之内，希望通过制造柔性、员工柔性和组织结构等来增强企业柔性的总体水平。外部柔性则目光向外，突破企业边界的限制范围，希望通过与供应商、零售商、合作企业和顾客建立起密切的合作关系或战略联盟来增强柔性的总体水平。另外，放眼全球，希望通过跨国经营活动来增强柔性，也是一种外部柔性。随着信息技术的高度发展，企业经营过程的复杂化和外部环境动荡所带来的高风险，外部柔性已经成为一种十分重要的战略资源，对企业总体柔性水平和企业竞争绩效的影响越来越大。

6. 时间层面的柔性

时间层面的柔性,是指企业达到适应状态所需要的时间,是企业在既定的时间限度内的适应能力,可以利用企业对环境变化做出反应所需的时间长短来描述。相应地,也可以据此把柔性分成三大类,分别是作业柔性、竞争柔性和战略柔性。其中,作业柔性是为人所熟悉的变化所要求的柔性,常常导致企业活动水平的临时变化。在这种情况下,企业与环境之间的关系并没有发生根本性的转变。竞争柔性是对直接环境的变化做出反应所需的柔性。与作业柔性相比较,竞争柔性常常导致企业市场地位的变动,例如推出具有重大市场影响的新产品或新竞争对手的加入。战略柔性则是对企业的非直接环境所引发的战略变化做出反应的柔性。这种变化具有高度的例外性、动态性和急迫性,常常要求间接的关注,以便防止企业遭受重大影响,如新技术的出现、石油危机或海湾战争等。同时,战略柔性是一个新领域,但组织越来越需要面对战略变化。其中,作业问题通常是短期的,如因机器损坏而重新编制计划或原材料突然出现短缺等;策略问题常常是中期的,如设计方面的变化或生产速度的变更等;战略问题一般是长期的,如对机器设备的投资或企业扩张等(如表 8-2 所示)。

表 8-2 时间层面的柔性与环境

柔性的类型	分类标准		
	决策过程的层次	时间	变化的性质
作业柔性	作业	短期	静态环境
竞争柔性	组织/策略/竞争	中期	直接环境的变化
战略柔性	战略	长期	间接环境的变化

其中,战略柔性是企业对来自竞争环境的各种变化的需求做出快速反应的能力,由与企业目标或环境有关的管理能力所构成,是最极端的柔性,包括组织活动性质的变化。当企业面临快速多变的、不太熟悉的环境时,企业需要战略柔性以便做出快速有效的反应。综合来看,与战略柔性相关的问题和困难在于变化的非惯例化和非结构化。来自环境的信号和反馈常常是间接的,并且可以有不同的解释。由于企业没有特定的经验和惯例来应对这种变化,管理者常常不得不修改计划,放弃既定战略,运用新的技术或彻底改变产品战略,或者通过广告活动和促销影响消费者,创造新的产品市场组合,运用市场力阻止或控制竞争对手。同时,除了跨职能,跨层次的管理角色外,战略柔性还要求深入地进行跨意识形态管理和跨文化能力开发。在新的条件下,创造新的活动对于企业竞争的成败至关重要。

此外,与上述柔性的分类相对应,对于动态环境下的企业而言,一般也需要对三个层次的决策过程实施变革:①战略层次,即包括企业的社会与经济目标、战略与产品市场组合的战略政策。在这个层次上,通过产品更新、涉足新市场或采取不同技术、企业并购或业务剥离,富有战略柔性的企业可以在必要时很容易地改变其社会与经济目标、竞争战略或产品市场组合。②在组织层次上,富有结构柔性的企业在必要时可以很容易地改变组织结构、决策或沟通过程,它们以渐进的方式来适应环境的变化,如横向或纵向的工作扩大化、组织责任的变化、控制系统的变化、项目团队的运用、利用可互换的人员和设备实现从职能小组向市场导向小组的转变等。③在作业层次上,富有作业柔性的企业可以根据市场需求有效地调整其产品产量或批量。实际上,动态的产品市场以特定资源在短期内无法减少,长期内战略价值具有高度不确定性为基本特征。这样,选择唯一的最佳行动方案往往是一种不具现实性的战略目标。在动态环境中,企业可以通过战略柔性,即创造出可供选择的行动方案——战略期权,来获取竞争优势。

通过以上分析,我们对柔性(特别是战略柔性问题)基本上有了一个比较详细而系统的理解。需要强调的是,上述分类只是帮助我们理解和管理柔性的有效工具,现实生活中的有些柔性往往很难严格地加以区分,很可能是多种角度、多种类型的柔性的某种组合。但无论表现为哪种具体形式,企业都必须对适应能力、反应时间、变革与稳定、内部与外部柔性、可预见/不可预见变化、反应的层次、潜在柔性和战略稳定性等相关概念和问题时刻给予足够的战略关注。

8.3　战略柔性体系

顾客期望、竞争和技术的快速动态变化,正使得企业所面临的经营环境呈现出越来越大的不确定性。为了有效地做出反应,实现顾客所要求的柔性类型(以较低的成本快速交付种类繁多的高质量产品),企业必须在整条价值链上寻求增强柔性的机会与潜力,这对于进一步强化企业的竞争地位和赢得顾客意义重大。也就是说,企业需要立足于整条价值链,构筑起强大的战略柔性体系。

8.3.1　战略柔性体系的概念与必要性

确保战略柔性得以有效实现的支撑要素与战略柔性一道,构成了企业的战略柔性体系。正是这一独特的复合体系,最终决定了企业的战略适应与反应能力,决定了企业在目标市场上的竞争优势和企业长期的成长绩效水平。

如前所述,战略柔性是企业的一种资源存量,是稀有的难以模仿型资源存量,低柔性企业很难在短时期内达到较高的柔性水平。它产生于企业竞争能力的逐渐积累,特别是快速行动和以许多不同方式采取行动的能力,它是系统开发的一种独特资源,能够给企业带来持续竞争优势。然而,作为一种资源,战略柔性本身仅仅代表着一种潜在价值,它并不能独立地为企业带来竞争优势,企业必须设法使以资源形式存在的战略柔性,转化为最终产品市场或核心产品市场上的顾客能够感知和倍受青睐的产品/服务特性。并且,在不同企业,无论是战略柔性的积累过程,还是这种转换过程,都可能存在着很大差异。也就是说,企业很可能基于不同的资源来开发战略柔性,并对环境和竞争的压力做出不同的反应。例如,有的企业快速地开发和推出创新型新产品,而有些企业则对现有产品进行快速的持续改进;其他企业则可能充分利用分销渠道和成本地位方面的优势,不断地调整分销商的毛利和价格。

事实上,无论是对可预测的环境变化所做出的适应性变化,还是对不可预测的环境变化所做出的主动调整,最终都要接受顾客的评判。这就意味着企业在把战略柔性的潜在价值转化为现实价值的过程中,必须把更好地满足顾客需求作为基本出发点和最终归宿。很明显,仅仅具有敏锐的产业洞察力的企业,虽然能够快速而有效地感知到未来市场的变化趋势和迅速地识别新的有利可图的市场机会,但如果没有强有力的实施体系的支撑与配合,其潜在战略价值也只能是空中楼阁,无法为顾客所接受和认可,更无法与竞争对手展开有效的竞争。同理,在一个勇于和擅长实施战略变革的企业中,领导者如果缺乏敏锐的洞察力,结果也只能是无的放矢,实施无法被顾客所认可或根本不能为顾客带来价值增加的变革,徒增变革成本。因此,在实践中,对于具体的企业而言,仅仅具有战略柔性能力是不够的,还必须有相应的支撑与实施体系的配合。例如,作为企业应对不确定性的战略武器——战略柔性常常需要高层管理者参与决策过程,常常意味着重大再定位,它是企业在没有过度增加成本、没有时间或绩效损失的前提下满足日益多样化的顾客需求的能力,如提供广泛产品的能力、快速的反应能力和在提供广泛产品的同时实现绩效改进的能力等。很显然,提供广泛产品的能力至少需要较高的产品开发柔性和市场营销柔性;快速反应能力至少要求较高的变化识别能力、快速行动能力和强大的后勤柔性;实现绩效改进的能力至少需要强大的制造柔性和组织柔性。

另外,战略柔性体系是多项复杂要素的动态组合,从而进一步增强了难以模仿性,难以替代性和因果模糊性,更有可能创造出可持续的竞争优势或竞争绩效。可以说,强大的战略柔性体系有助于企业快速地推出新产品、实现快速的产品定制化、缩短制造提前期、降低定制化产品的成本、改进供应商绩效、减少库存水平和及时交付顾客需要的产品等,并且使上述利益具有很强的可持续性。

8.3.2 战略柔性体系的构成要素及其互动关系

虽然在企业的价值创造与交付过程中,从最初的原材料采购、储存、生产、运输、销售,一直到顾客的购买、消费和维修保养,要经历许多环节,要求每个环节上都必须保持一定的柔性,但从总体上而言,企业的战略柔性体系主要由四个层次构成,分别是战略层次、职能层次、制造层次和基础层次,并且在每个层次上,都有相应的柔性类型与之相对应,如图 8-1 所示。其中,在战略层次上,柔性主要表现为企业面临新的环境所表现出来的适应能力、快速防御风险的能力和利用机会的能力,即我们所说的战略柔性,并具体包括资源柔性和协调柔性两个方面;在职能层次上,主要包括研究与开发柔性、市场营销柔性、制造柔性、后勤柔性、组织柔性和系统柔性;在制造层次上,主要包括扩张柔性、数量柔性、新产品柔性、物料处理柔性、作业柔性、改进柔性、工人柔性、生产路线柔性、组合柔性和机械柔性等方面;在基础层次上,主要包括产品、过程与组织结构柔性、整合柔性和信息技术基础设施柔性等。

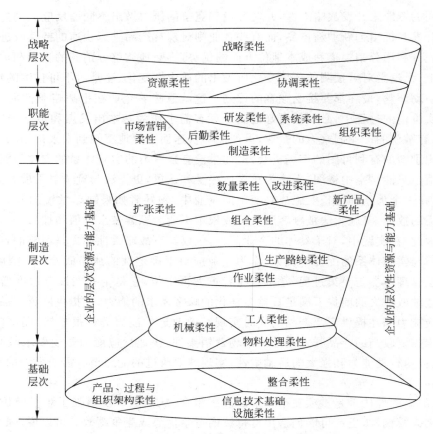

图 8-1 战略柔性体系的综合结构

在这样的战略柔性体系下,企业通过战略柔性来识别环境变化和要求做出的战略调整,确定需要解决的战略重点和制订相应的反应方案。然后,进一步确定不同职能柔性的相对地位和特定角色,分析各自对已经确定的战略重点和反应方案的贡献方式和贡献程度,以便制订相应的支撑策略。在制造柔性层次上,核心问题是确保企业能够按照既定要求,以较低的成本和较高的效果,灵活地提供不同种类的产品与服务。而在基础柔性层次上的柔性,则为上述三个层次的柔性提供基础支持,如以灵活的方式创造、整合和运用柔性能力,开发新的柔性能力,整合既有能力,增强或降低柔性组合中的既有要素,等等。一方面,企业需要关注的是如何满足顾客不断变化的需求,而不是单个设备与流程的效率或效果,从而突出了进行系统整合的必要性和整合柔性的价值所在。实际上,在整个价值链或价值链系统中,整合、协调与沟通是获得成功所不可缺少的,而不论是哪家企业拥有资产,也不论参与企业之间存在多大的差异。另一方面,任何类型的柔性都离不开特定的组织结构和基础设施。组织结构柔性和基础设施柔性往往能够影响甚至决定其他柔性的规模或作用效果。

1. 战略层次柔性

柔性,特别是战略柔性问题虽然十分复杂,但说到底,还是表现为企业的一种潜能或能力,是以企业专有的或可寻址的资源或竞争能力为基础的。

我们可以通过三个维度来定义资源柔性,即某项资产的有效使用范围、某项资产移作他用所需的时间和某项资产移作他用时所发生的成本。诸如柔性制造系统、用途广泛的技术知识等柔性资源,不仅具有多种用途,而且可以快速地、廉价地从一种用途转换到其他用途。比较而言,诸如专用的产品线、高度专业化的专长等非柔性资源则是企业的专用资源,它们或者不能够移作他用,或者只有在克服巨大困难和花费大量时间和成本之后才能够应用到其他方面。换句话说就是:①用途越广,资源柔性越大。例如,在产品市场竞争中,它指的是某种资源可以用来开发、制造、分销或提供售后服务的不同产品的范围。②从一种用途转向另外一种用途的成本越低、困难越小,资源柔性越大。③从一种用途转向另外一种用途所需要的时间越短,资源柔性越大。这里需要强调的是因未能对变化及时做出快速反应而发生的机会成本。

企业的实践证明,在公司系统要素内部创造一定存量的柔性资源,至少可以在一定程度上解决在不确定的动态竞争环境下展开经营所遇到的难题。一方面,在存在高度因果模糊性的条件下,管理人员常常不知道究竟何种资产与能力对未来更有战略价值,并面临着选择资产与能力的认知挑战,而柔性资产却有助于解决这一问题。在管理者不能够判断出何种专有资产在将来最有价值的时候,选择能够应用于一系列用途的柔性资产可以增强企业对未来的大量变化做出有效反应的能力。另一方面,由于柔性资产可以被快速地配置到其他用途,所以一旦拥有了柔性资产,改变高层系统要素时所存在的动态反应时间就会大大缩短。下面举例说明资源柔性是如何减轻认知与动态系统效应的。如果一家企业在获取柔性制造系统方面进行了投资,它就在一定程度上具有了在不改变生产资源存量的情况下改变生产活动和特定产品组合的潜力。因此,柔性生产资源允许企业对其所提供的产品进行短期调整,从而既避免了延迟,也节约了对生产资源存量进行长期调整所发生的费用。从系统的观点看,柔性构成了资产存量的一个关键特性,因为它有助于克服动态反应时间的系统效应,在一定程度上弥补管理认知中所存在的、导致因果模糊性的局限性的不足。从一般意义上讲,在企业系统中,实施上述管理能力的能力取决于组织资源的设计充分性,即组织的技术系统、结构系统、通道系统、管理系统和文化系统,它们决定了企业柔性组合的总体水平、构成及其缺陷。创造组织专有资源构成了组织的设计任务,企业必须设计出有效地实现某类柔性所必需的技术、结构、通道、管理与文化系统。其中,诸如生产模式、实体设备的布局、技术系统的转化方式、基本的组织形式和计划与控制系统等有形资源,和诸如流程规范,企业形象、领导风格、非书面规定等无形资源,都是实现柔性的不可缺少的因素,只不过强化柔性的有形资源常常在使用中不断贬值,而强化柔性的无形资源则可以在实践中逐渐积累。

由于公司的系统要素是相互依赖的,因而从一个系统要素中所能够实现的柔性,依赖于从其他系统要素中所能够实现的柔性,从而决定了有效的协调活动的战略价值——协调柔性。例如,在产品竞争中,协调包括以下几项主要活动:①定义产品战略,确定目标市场和拟提供的产品;②配置可供企业在开发、制造、分销和售后服务中使用的资源链;③利用支撑产品战略的组织结构实现资源的协同运用。这样,在动态产品市场上,产品创造资源的使用中的协调柔性包括重新定义产品战略的柔性、重新配置资源链的柔性和有效运用资源的柔性,而企业追求可供选择的产品战略的柔性则取决于企业在所有三个过程中同时实现柔性的能力。

所谓协调柔性就是公司系统中的管理者和其他人员通过重新确定资源分配方向、重新构造和重新配置资源等途径,对把柔性资源应用到各种新的战略用途的活动进行协调的能力。因此,协调柔性对于企业在动态环境中有效地运用公司资源的柔性至关重要。一家企业的协调柔性产生于高层系统要素的柔性,即在具有战略意义的时候,公司改变其战略逻辑、管理实践和无形资产的能力。然而,公司系统要素的相互依赖性暗示出:柔性最小的系统要素将成为制约公司系统对变化做出反应的整体柔性水平。例如,如果公司的计算机决策支持系统的设计目的在于在特定的组织结构中收集和处理某一种类的信息,那么管理者在采纳和协调新的组织过程方面所具有的柔性,将会受到创建新的、更适合于新的组织结构的信息系统所需花费的时间和费用的制约。另一方面,如果公司的决策过程是由能够重新构造信息流动以适应许多组织形式的信息系统构成支撑的,管理者构思和采纳新的组织结构的柔性就不会受到由计算机所支持的决策与控制过程中的刚性的制约。考虑到柔性制造系统,柔性信息系统构成和创造柔性产品设计方法等的可获性日益增大,管理者的战略逻辑以及由此产生的管理过程中的潜在刚性越来越成为需要关注的问题,因为它们将构成柔性日益增强的低层系统要素的应用范围的一个制约因素。

2. 职能层次柔性

为了充分实现战略柔性的潜能并使其转化为顾客认可的产品或服务特性,企业需要在研究与开发、营销与分销、后勤和组织等方面都保持相应的柔性水平。只有这样,才能够为战略柔性及其实施活动提供强有力的支撑。

系统柔性的本质就是组合柔性,系统柔性的基本类型是产品组合柔性和产出柔性。

后勤柔性有利于确保物流的通畅,从而为生产和交付高质量、高附加值的产品做出贡献。其中,物料与设备的供应、采购,产品的分销和需求管理都是后勤柔性的主要构成要素。它有助于确保不同部门和组织在产品设计、生产和交付等方面的协调活动得以顺利进行,并为顾客价值的创造做出贡献。这里需要指出的是,为了增强后勤柔性,企业的活动范围必须跨越职能与公司的边界,并努力消除瓶颈,以便增强反应能力和提升竞争优势。

在营销与分销柔性中,一方面,组合柔性和改进柔性——推销一系列不同产品的能力,是构建在企业进行市场细分的能力的基础之上的。其中,识别对不同产品具有独特偏好的顾客群体是至关重要的一个环节。另一方面,营销与分销柔性中的转变柔性,即识别产品线中有意义的升级和进行再定位的能力,则是基于发现顾客偏好的能力。同时,要使营销资源的柔性真正发挥作用,企业还必须具有相应的分销柔性,以便把不同的产品及时地交付到目标细分市场。目前,有些企业已经开始应用新的开发与生产资源柔性来进行非传统营销活动。一方面,为了发现细分市场和跟踪市场动态,它们倡导"学习模型",即由柔性生产系统小批量生产多种产品型号。然后运用实时市场调研,来发掘目标顾客对实际产品的反应,从而在开发和生产新的多样化产品型号中实现低成本和高速度。另一方面,自动贩卖机信息系统使得收集有关新产品的实时信息成为可能,从而使企业可以及时深入地了解当前顾客的偏好。这样,当企业使用当前的市场信息来指导"富有柔性的开发、生产和分销资源"的运用时,企业发掘和更好地服务于市场偏好的能力就会显著地得到增强。例如,著名的零售商——沃尔玛公司在销售与后勤集成系统(常常直接与关键供应商的生产系统相连)的应用方面已经处于领先地位,从而保证了所提供的产品都是在各个市场上很热销的产品。

研究与开发过程的产出是充分开发的产品设计(如可以投入生产的产品设计)和有关如

何生产"设计好的产品"的缜密方案。研究与开发柔性使企业能够在产品改进和新产品商业化方面反应迅速。例如,模块化产品设计方法创造了柔性的产品设计,简化了产品结构,实现了元器件的标准化,从而增强了产品的可制造性,降低了制造难度,加快了制造速度。同时,通过充分运用来自模块化产品设计的一系列产品模型种类,企业可以极大地提高研究与开发资源的组合柔性。同时,由于模块化产品设计是有效开发新的衍生产品家族的基础,从而也在一定程度上增强了研究与开发资源的变化柔性。例如,20 世纪 80 年代在美国市场上推出随身听产品时,索尼公司通过模块化产品设计的组合与变化柔性,高效地开发出产生于 5 种模块设计的 160 多种随身听模型。通用汽车公司最近采纳了模块化产品设计战略,充分运用由 100 多种兼容的模块元器件构成的"矩阵"(matrix)(如发动机,动力传动系统和关键底盘元件),将它们与 70 多种不同的基本车体组合一起,开发出在世界范围内畅销的一系列产品家族。当元器件可以用于其他产品家族时,变化柔性得到了进一步增强,从而降低了开发或重新配置新的产品线的成本,缩短了时间。例如,福特公司推出的新一代发动机就是以模块设计为基础的,其中大约 75％ 的元器件都可以用于十分广泛的发动机型号。类似地,在 1989 年收购飞利浦欧洲家用器皿业务之后,惠尔普(Whirlpool)公司推出了一项重大的产品再设计项目,以便确保数目众多的产品模型都基于相同的基本平台,使每个家族的产品都有尽可能多的标准化元器件。另外,模块化产品设计允许随时把在一定范围内变化了的元器件纳入到产品设计中去,从而有助于实现"替代经济性",有利于企业充分,快速地发挥产品变化的杠杆作用,实现每次产品变化的成本有效性,结果极大地增强了产品设计柔性,进而改进了企业的战略柔性。

如果某些关键的元器件能够帮助目标顾客感知到产品的差异,而它们又可以在生产与分销过程的后期组合到产品中的话,模块化产品设计的柔性会进一步增强。在这种延迟的差异化过程中,那些不能够带来感知差异的元器件可以合并到多个产品家族共用的组合元器件中去,而那些能够带来感知差异的元器件则可以分配到在最终装配过程的晚期才增设的组合件中去,如在分销中心或甚至由顾客来完成。例如,惠普公司把由共同元器件构成的喷墨打印机组合件运送到世界各地的分销中心,然后再由当地的分销中心把特定市场所要求的电源供应配件和使用手册添加到产品中去。模块化产品设计的柔性,使惠普公司一方面可以持有尽可能少的库存,另一方面又可以迅速地把顾客所要求的种类繁多的产品送到最终顾客手中。

此外,通过创造平台设计,有效地开发出许多技术升级产品模型,模块化产品设计也可以增强产品创造资源的改进柔性。在这种情况下,人们能够清晰地定义各模块元器件之间的标准化界面,从而可以用经过技术改进的升级元器件替代产品设计中原有的元器件。同时,当元器件还可以适用于新一代产品的时候,就可以节约为新产品开发和重新配置设备的时间和成本,从而进一步增强了旨在实现产品升级的改进柔性。例如惠普公司通过关键元器件的升级换代和继续使用既有平台设计中的大多数元器件,不断地快速推出逐渐得到改进的打印机产品,从而在与日本制造商的竞争中获胜,在喷墨打印机市场上占据了主导地位。

3. 制造层次柔性

在过去的十几年里,人们研究最多的柔性问题当属制造柔性。如果对有关战略柔性的研究进行分析就会发现,目前许多有关战略柔性的研究都是以制造柔性为基础展开的,有关战略柔性的一些测度指标，也是以产品为中心进行的，很难发现与某些类型的制造柔性的测度措施有什么显著差异。但这同时也说明了这样一个问题，即许多以前关注制造柔性的学者和管理者，现在也开始关注战略柔性，或者从战略的角度来重新观察和分析制造柔性问题。作为价值链柔性的一个重要维度，制造柔性指按照顾客需要的数量生产多种产品而同时保持较高绩效水平的能力，是企业为满足顾客需求而管理生产资源和应对不确定性的能力。它主要通过机械柔性、工人柔性、物料处理柔性和生产路线柔性、过程柔性、新产品柔性、数量柔性、扩张柔性、改进柔性与组合柔性等形式体现出来，有助于缩短准备时间，实施网状制造布局、做好预防性维修保养、强化质量改进努力和构建起可靠的供应关系，从而使企业能够快速而有效地"按照顾客需求的数量"生产高质量的产品。同时，在制造过程中，随着新的信息技术与可生产多种元器件的生产机器的结合，具有许多形式的柔性的生产系统得到了十分迅速的发展。

其中，机械柔性是指某项设备经济、有效地完成不同作业的能力。在评价机械柔性时，既包括不同的作业数量，又包括不同作业之间的差异程度。同时，还需要考虑不同作业之间进行转换所发生的机械准备成本、机械转变时间和损失的生产成本等因素。工人柔性指企业员工经济、有效地完成范围广泛的制造任务的能力。在评价工人柔性时，企业既要关注可以完成的任务数量，又要考虑各项任务之间的差异、需要进行的交叉培训情况和因为员工转换而损失的有效生产时间。并且，工人柔性还受到过程选择和管理政策等因素的影响。物料处理柔性指沿着多条路径，在不同加工中心之间经济、有效地传送不同物料或元器件的能力，是常常被忽视的一种制造柔性。在评价物料处理柔性时，企业还要特别注意增加和去除某条路径所直接影响的时间与成本。另外，生产系统设计与过程选择是决定物料处理柔性的关键因素。生产路线柔性指运用多条路线，经济、有效地处理给定元器件的能力，主要与具有可供选择的路线的产品类型和可以经济、有效地使生产路线发生变动的程度有关，主要由制造系统设计和可以进行不同作业的柔性机械设备所决定。作业柔性/排序柔性主要与多种加工计划的制订有关，涉及作业实际次序的变动，可以通过具有多种排序计划的产品类型的数量和计划的差异程度来衡量。过程柔性可以提高生产资源的利用率，实现成本有效性，能够提高生产系统应付意料之外的内部或供应事件的能力，如随机的机器故障，生产系统中特定元器件流程的变化等。扩张柔性主要与系统的潜能（产出规模）或能力（质量或技术状态）有关，可以通过扩张的类型和扩张后达到的能力水平来度量。数量柔性使企业能够快速而高效地对"总体需求水平的增加或减少"做出反应，是企业以经济、有效的方式生产不同批量规模或不同产出水平的产品或服务的能力。组合柔性是在既定能力的约束下，企业经济、有效地生产不同产品组合的能力，包括产品组合的数量与存在的差异程度。产品柔性与新产品的推出——新产品柔性和老产品的改进——产品改进柔性有关。其中新产品柔性是企业经济、有效地把新产品投入生产的能力，包括新产品的数量以及不同产品之间存在的差异程度，主要与产品开发和创新程度有关。产品改进柔性指企业经济、有效地实施产品改进的次数及各次改进之间的差异程度等。

不过，值得指出的是，由于人们常常把柔性的特征（范围、流动性和一致性）与柔性的构成要素混为一谈等原因，人们有关制造柔性的概念的定义仍然相当模糊。一方面，有关制造柔性的不同描述之间还存在着重叠。例如，过程柔性与作业柔性存在交叉。另一方面，有些描述明显包含着其他相关概念。例如，过程柔性包括生产路线柔性、机械柔性和物料处理柔性等。同时,在制造柔性的各个维度中,不同维度之间也存在着密切的互动或支撑关系。综合有关制造柔性的研究文献和一些成功企业的经营实践,一般而言,机械柔性、工人柔性和物料处理柔性是最底层的柔性维度,是其他高层的柔性维度的支撑基础。例如,机械柔性对生产路线柔性和组合柔性具有强大的支撑作用。同时,扩张柔性、数量柔性、组合柔性、新产品柔性和产品改进柔性是最高层次的柔性维度,一般不会对其他制造柔性维度构成支撑。这样,在复杂的制造柔性维度中,实际上存在着三个典型层次,即低层(机械柔性、工人柔性和物料处理柔性),中层(作业柔性和生产路线柔性)和高层(扩张柔性、数量柔性、组合柔性、新产品柔性和产品改进柔性),处于低层次的柔性维度往往是高层次柔性维度发挥作用的基础。

4. 基础层次柔性

作为一条生产原则,"模块化"由来已久,制造商运用这种方法已经有 100 多年了。通过把制造过程分解成小的模块,从而使复杂产品的生产过程简单化,是模块化结构的基础指导思想。实际上,任何复杂系统,无论是产品设计还是组织结构,都包括彼此相互作用、相互依赖的元器件/要素。简单来说,模块化实际上是企业有效地组织复杂的产品生产经营过程的战略,是动态地有效管理产品、过程与知识结构的多维度战略,是一种特殊的设计方法,通过标准化的元器件界面说明,实现了元器件设计之间存在较小的相互依赖性。同时,作为创建产品和过程结构的一种设计战略,模块化还可以提高企业向顾客提供更多种类的产品与服务的能力,加速经过技术改良的产品的上市过程和降低新产品的开发成本,提高企业有效应对日益复杂技术的能力。通过把产品分解成子系统或模块,设计者、生产者和用户可以同时获得较高水平的柔性,特别是为实施企业带来大量的战略柔性。一般而言,在实践中,从最初的产品开发到向顾客提供产品与服务,企业常常需要三类模块化结构,即产品结构、过程结构和知识结构。这三类结构相互影响、相互制约,共同决定了企业面向市场变化所表现出来的整体柔性水平——对市场变化做出反应的速度和有效性。

其中,产品结构把产品的总体功能分解成由各职能元器件和元器件界面说明所构成的产品设计。例如,个人计算机被分解成微处理器、内存芯片、监视器、键盘、磁盘驱动器等元器件,而这些元器件之间又通过界面说明所规定的方式进行互动;过程结构旨在把组织的过程设计分解成一系列要素职能活动,并对各项活动在实现这些过程中进行的互动方式进行界定。企业的总体过程结构包括从识别目标市场需求活动、产品开发活动到产品销售与服务活动,以及这些活动在企业的经营过程中所存在的互动;企业的知识结构是把企业的知识分解成具体的知识资产,并对这些资产在"从战略制订、产品开发到产品销售"的整个经营过程中的互动方式进行定义。总的来说,企业的知识结构一般包括四种不同类型的知识,分别是:关于把既定的总体功能分解成具体的产品与过程职能/功能的知识;有关产品与过程子要素如何实现各自职能/功能的知识;有关各项产品与过程元器件在产品与过程结构中如何进行互动的知识;有关产品结构中的每个元器件如何与过程结构中相应活动要素进行互动的知识。

信息技术基础设施的专有特性决定了其对企业的战略价值,它有利于促进企业的战略创新过程,而竞争对手的信息技术基础设施的特性则可能恰恰限制了其进行快速模仿并获得抵消先行者优势的能力。信息技术基础设施的这类特征,就是我们所定义的基础设施柔性,柔性可以使企业具有有效控制外部环境的能力,较高的柔性水平往往意味着较强的环境控制能力和更有利的竞争地位。同时,柔性常常与适应性、多功能性、敏捷性和弹性有关。在关键领域富有柔性的企业,一方面能够快速地做出反应,以有效应对竞争对手的战略行动;另一方面,它们也可以实施有计划的战略行动,以便获取超越于竞争对手的竞争优势。实际上,这些由柔性信息技术基础设施所构成或支持的战略资产及其难以模仿性,使得企业保持持续竞争优势和获得持续高成长成为可能。不过,界定、描述和测度柔性基础设施却十分困难,但我们可以借助于管理领域对柔性的界定与测度方法。事实上,如果把柔性运用到信息技术基础设施领域,则意味着基础设施支持广泛的硬件和软件,具有方便地嵌入总体技术平台的其他技术的能力;意味着基础设施在组织内部与外部扩散任何类型的信息(如数据、文本、留言、图像、音像)的能力;意味着基础设施支持异质的企业应用的设计、开发与实施的能力。正是这些柔性能力,最终增强了管理者控制外部环境的能力。例如,如果一家企业有能力支持种类繁多的硬件与软件应用,那么这家企业往往可以很轻松地应对产业标准的不断升级与变化。类似地,如果技术平台能够支持大多数类型数据的扩散,诸如图像与语音等新型数据就可以从企业的一个部门很便利地、快速地传输到另外一个部门。另外,信息技术基础设施柔性也可以提升系统开发者的能力,使其能够设计和构建出完成最初设计目标之外的工作的系统,但这就意味着管理者必须具有强大的预见能力。

面对日益重大的挑战,无论是产业重组、全球竞争,还是网络经济驱动下的剧变,企业都必须做出快速而有效的反应。相应地,许多企业的扩张活动都超出了各自的传统产品与市场界限,而且不少企业在进行大规模的收购、构建战略联盟或实施资源外取,更多的企业在欢迎电子商务时代的来临,并至少将其视作新的分销渠道。然而,不幸的是,这些"反应"往往无法实现预期的结果。这并不是说企业在犯一些明显的"反应"错误,或它们的反应不可能整合在企业的整体战略之中,问题是它们没有使组织发展方向、产品市场领域和实施能力达成理想的匹配程度。实际上,在迎接新的挑战的时候,企业有时会不自觉地歪曲或背离自己的战略。例如,原本把互联网销售视作一种补充战略,而在实际执行中却把它作为一个联系松散的风险企业。同时,企业也有可能发现自己根本就没有整合战略的指导——管理者忽视了某些关键要素,没有实现各个要素之间的良好匹配,或缺乏强大的组织主题的支持。例如,有些企业努力构建联盟,但却不知道如何分享合作伙伴的知识;有些企业努力在多个市场领域做出快速反应,但却不知道应该如何在多个市场上实现协同,以便充分运用自己的独特能力。

因此,可以说,在动态的、快速多变的环境里,构建适应能力的能力无疑是成功的先决条件,企业必须在许多关键的资源领域(如技术、信息、系统、流程、人力、财务与基础设施等)构建起强大的柔性。然而,仅仅拥有柔性资源显然是不够的,企业还必须以"能够确保整个企业对不断变化的市场需求做出快速而有效反应的方式"来配备这些资源,即具有高效实施整合的整合柔性,以便使企业的战略发展方向、产品市场领域和相应的实施能力之间能够达到理想的动态匹配程度。实际上。在能力构成了竞争优势基础的年代里,整合和整合柔性已经成为一种不可忽视的关键能力,这已经为许多企业的成功实践所证明。例如,以 Meck 公司、宝洁公司、3M 公司和惠普公司为代表的绩优企业之所以能够经久不衰,不是它们有能力随机性地引入某些机制或流程,而在于它们擅长引入一些相互强化的机制或流程,能够有效地实现协调和建立关联,并成功地把它们有机地整合起来,发挥整合的威力。

整合是一个跨职能的系统,是一种集体责任感。例如,寻求既可以满足工程师的要求,又可以满足顾客需求的设计方案,就是整合的一个例子。这里我们所讲的整合既包括一般的职能整合,更包括立足全局的战略整合,是企业针对竞争对手所控制的资源与技能,以及对竞争对手未来行动的预期,从全局角度系统地整合自己可以运用的资源能力(企业专有的和企业可寻址的资源)和随着局势的进一步发展而动态地调整资源整合能力、整合方向和未来行动方案的能力。

8.4　战略柔性体系的测度与增强途径剖析

在对战略柔性有了更深入的理解之后,在实际将其运用到企业的经营实践中去之前,还要解决另外两个至关重要的问题,即如何有效地测度这样一个十分复杂的多维度概念体系,以及可以从哪些方面来考虑增强战略柔性的途径。

8.4.1　战略柔性体系的测度

如前所述,在不同的背景条件下,柔性往往具有不同的含义。这一现实,增加了测度战略柔性体系的难度。综合有关研究与成功企业的实践,可以尝试从下面几个方面对柔性进行测度。

1. 效率

这里所说的效率是指,在增强柔性的同时,企业能够在一些绩效水平方面保持一致的能力。例如,随着柔性水平的提高,企业能够在许多种产品的生产过程中保持着一致的产出水平与质量水平。也就是说,在适应变化的同时,企业能够保持较高的效率。

2. 反应性

在特定时间内对变化做出反应的能力是表明柔性水平高低的另一个标准——反应性。它指的是企业为了充分利用外部与内部机会和缩小危机的影响而表现出来的灵活性与敏捷性,是企业实施应变程序的速度。

3. 多功能性

上面所提及的反应性描述的是速度,而多功能性则是指企业对环境变化的准备程度或反应程度,体现着企业应变的活动范围,即企业对可预测的环境变化所做出的准备程度和对未知变化做出某种反应的余地。例如,面对可预测性变化的时候,通过分析环境发展变化的可能趋势,企业可以及早做出适时的调整。另外,在对制造流程的研究中,人们常常用范围来描述多功能性,如可以加工的元器件的尺寸范围、有利可图的产出水平范围和可以生产的产品范围等。在信息系统领域,一些学者倡导从速度和活动范围两个角度去测度柔性。在这种情况下,多功能性实际上是指信息系统可以从事活动的大致范围。

4. 稳健性

稳健性,是企业成功地持续对不可预测的环境变化(不确定的环境中所发生的重大的快速变化)做出反应的能力,是企业在不可预测的将来仍然保持足够的柔性的能力。根据有关定义,战略柔性是指企业在某一市场上给自己重新定位的能力或在企业失去对顾客原有引力后而改变既有战略的能力。显然,改变战略的能力和改变目标顾客基础的能力,都代表着企业对不可预测的环境变化所做出的一种反应。实际上,柔性的含义十分广泛,它包括适应性、弹性、稳健性、敏捷性、通用性,反应性和机动性等方面的含义。

不过,需要强调指出的是,上述所概括的柔性的四组测度措施,实际上测度的仅仅是两个层面的柔性——时间层面和范围层面。其中,效率和反应性测度的是时间层面,而多功能性和稳健性测度的是范围层面。效率测度的是企业在规定的时间限度内迎接挑战的能力;反应性测度的是企业适应新环境所需要的能力;多功能性与企业对可以预测的背景条件的变化做出反应的组织能力有关;而稳健性则是指企业对不可预测的环境变化做出反应和进行适应的能力。很显然,上述四组测度措施的具体化过程都需要考虑特定的背景条件。例如,在制造过程中,反应性可能指生产线的转换时间;在人力资源方面,可能指再培训员工所需要的时间。因此,在试图测试企业的柔性时,管理者必须阐明调查的变量,以便进而为上述四组测度措施确定有意义的具体测度指标。

8.4.2　增强战略柔性的途径

根据前面有关战略柔性与战略柔性体系的论述,读者不难发现增强战略柔性的具体途径。毋庸置疑,无论是战略柔性体系中的任何一个层面的柔性的改进,还是资源柔性或协调柔性的增长,都会增强企业的总体柔性水平。例如,世界最大的玻璃纤维制造商科宁公司(Corning)正力图将其单产品制造能力扩展成柔性制造平台,以便实现顾客定制化生产。然而,为了对增强柔性的途径有一个更系统的了解,有必要再简单地分析和阐述一下增强柔性的途径选择。

1. 基本指导思路

企业可以从以下三种思路出发,谋求增强战略柔性的途径:①通过产品,市场或分销渠道的多元化;②投资于未充分利用的资产,如增强资产的流动性、利用多种用途的机器设备、维持额外的研究与开发能力或把库存作为缓冲机制等;③减少专用投入,如减少专用设施,削减用于开发专用技术的研究与开发投资或与多家供应商建立联系,外包或通过避免纵向一体化来降低进入与退出壁垒等。在表8-3中,针对每个职能领域,分别列举了基于上述三种思路的增强柔性的具体途径。

表 8-3　增强柔性的途径举例

职能领域	增强柔性的方法		
	多样化优势	对未充分利用资源进行投资	降低专业用途的投资收入
研究与开发	多项技术共同支撑企业定位 实施多产品项目	保持相对过剩的研究开发能力	充当技术追随者
财务	不同业务单位之间的资金转移	保持资产流动性 具有应急借贷和发行股票的权力	运用售后回租方法
作业	在位于不同地点的多个工厂进行生产	运用通用制造设施 运用库存作为缓冲机制 保持过剩能力	避免纵向整合
营销	涉足多个产品市场 开发能够运用多分销渠道的能力	构建深度的顾客忠诚,以便缓冲竞争压力	避免过分依赖少数顾客 追随产品领先者 避免使用综合品牌
国际	在多个国家开展经营活动	保持双重生产设施	通过出口或许可方式进入国际市场
管理/结构	分权决策 赋予下属单位更大自由决定权	保持组织松弛 保持可以应对环境变化的作业程序	在企业内部保持冲突观点 构建更多的与外部环境沟通的渠道 实施角色重叠政策

2. 内部柔性的增强途径

在上述指导思想的启发下,企业可以根据特定的经营环境特点、自己所处的产业性质和产业生命周期阶段,积极寻求增强内部柔性的途径。

一般来说,比较容易产生内部柔性的关键领域是制造过程。源于制造过程的柔性是企业竞争优势的重要源泉。企业可以通过构建柔性工厂和运用柔性技术来获取制造柔性。需要强调的是,柔性技术很容易适应多品种产品的生产,而且常常导致较短的产品开发周期、更好的市场反应、更少的资源消耗,但柔性技术的运用给企业带来的柔性影响往往远远超出制造领域的限制。例如,在产品设计与开发领域,企业也可以积极获取和灵活运用柔性技术,实施模块化产品设计技术,从而促使整个企业进行相应的变革,并进一步提高企业的总体柔性水平;在市场营销领域,企业可以充分运用柔性技术来实现实时的市场调研和新产品测试;在战略管理领域,企业可以通过运用柔性技术来增强自己的环境扫描和战略预测能力,提高自己捕捉市场机会和回避潜在风险的能力。其次,人力资源管理是企业创造柔性的另一个重要领域。通过采用远程工作方式,或以兼职的合同工人取代薪资成本较高的全职员工,企业可以有效地增强员工柔性,进而对提高总体柔性水平做出贡献。另外,企业的作业柔性也主要是由工厂的一线操作人员以及管理者与员工的沟通程度决定的。同时,设备和计算机整合程度也对作业柔性具有重要影响。再次,增强组织柔性的第三项方案是产品的开发与设计。相应地,能够更好地适应变化的柔性方法应运而生,从而增强了企业构建系统知识的能力,便于企业描述产品结构与设计细节之间的相互影响、对关键性变化迅速做出决策,提升了企业进行快速的试验驱动型设计迭代的能力。类似地,产品设计柔性受到设计技术、设计者的偏好与特征以及设计自身的结构等因素的影响。研究发现,下列三种活动有助于实现设计柔性:①开展横向扫描活动来识别企业可能面对的机会或威胁的一般性质和程度,预测需要的资源与能力的类型和缓冲作用的大小;②创造足够的资源缓冲,以便在事件实际发生时做出有效的反应;③培养和配备能够在适当的时机灵活地充分利用机会的员工。此外,组织结构也是增强内部柔性的常用途径之一。通过改变组织结构,使其适应特定的竞争环境,企业往往可以实现理想的柔性水平。其中,最重要的是,管理者要努力确保组织设计工作应该从创造快速的反馈回路入手,在遵循权责分明的前提下,大胆探索富有柔性的组织结构,不断提高各个流程对变化的快速反应能力。

3. 外部柔性的强化途径

在当今的动态环境下,一方面,环境变化和竞争的压力迫使企业必须善于运用存在于企业外部的可寻址资源;另一方面,以信息技术为代表的高级技术也使得企业充分运用这些资源成为可能。结果,柔性的获取途径也不再局限于企业边界,企业完全可以通过与供应商、顾客和分销商等其他组织建立合作关系的途径,来获取外部柔性。

获取外部柔性的重要途径之一是展开多角化经营,涉足多个产品与市场。一方面,企业可以通过不同的专业化分工增强各自的外部柔性;另一方面,企业专注于自己的特长,并能够充分运用其他实体的互补能力。同时,通过网络组织的构建,单个企业也可以在专注于自己的核心竞争能力的同时,达到充分运用其他企业的互补资源之目的,从而可以获得较高的外部柔性,并实现了柔性整合,即与单个企业的纵向整合相比,网络可以为其成员企业带来更大的柔性。主要原因在于:①网络中的成员企业可以根据环境的需要而快速地进入和退出;②虽然就单个成员企业而言,产出范围相对狭窄,但在整个网络层次上却实现了较大的柔性。因此,网络成员企业在降低内部柔性的同时,实现了更大的外部柔性。实际上,网络组织的观念及其所创造的外部柔性,是诸如"适应渠道"和"快速反应"等日益流行的概念的核心。其中,适应渠道是这样一种情况,即企业与其分销渠道密切合作,共同提高彼此的柔性和反应能力;快速反应则是一种战略,一种把零售和制造联系起来,以便对市场变化快速做出反应的战略。

8.5　案例分析

大连三洋制冷有限公司的柔性管理案例分析

世纪之交,知识经济的到来向管理提出了新的挑战。在这种新的经济模式下,智力资源日益凌驾于传统的生产因素——土地、劳动力和资本之上,而网络化又把每个企业变成了地球村的村民,公司能够从世界各地获取资本、商品信息和技术——而且往往是通过鼠标的点击就能获取,从根本上说地理位置不再是竞争优势的来源。从竞争的意义上来讲,远在天涯海角的企业都可能是你的竞争对手;五湖四海的人群都可能是你的客户。挑战是刚性的,竞争是刚性的,应运而生的柔性化管理正是"以柔克刚"的利器。柔性化管理是相对于传统的刚性管理而言。刚性管理是凭借制度约束、纪律监督,甚至惩处、强迫等手段进行的;而柔性化管理则依靠激励、感召、启发、诱导等方法进行。刚性是指根据成文的规章制度,依靠组织职权进行的程式化管理;柔性管理则是指依据组织的共同价值观和文化、精神氛围进行的人格化管理。大连三洋制冷有限公司的管理实践为我们提供了一个柔性化管理的样板。

1. 柔性管理的价值系统

既然柔性化管理是以组织的共同价值观和文化、精神氛围进行的人格化管理,那么,建立一套适应新的竞争形势和管理环境的价值系统和经营理念尤为重要。作为一家中日合资企业,大连三洋继承了东方文化传统,从塑造企业和员工的价值观和精神入手,形成了独具特色的企业文化和管理模式。在此基础上,公司用启发和诱导的方式,最大限度地激励和释放员工的自主性、积极性和创造力,形成全员的"自我改善"精神和"创造无止境的改善"的管理思想,最大限度地提高了企业员工适应企业发展的自我改善意识和不断创新的能力。

在企业价值系统中,"创造无止境的改善"的经营理念和强调"自我改善"精神的企业文化构成了大连三洋柔性化管理的基础。价值系统的第二个层次是以市场为导向的企业技术创新体系、质量保证体系和服务保证体系。第三个层次是适应顾客、社会、环境的需要,提供一流商品和一流服务。第四个层次是通过提供一流商品和服务求得企业发展与国家发展、社会发展共存,经济发展与地球环境共存,企业与劳动者共存。第五个层次是企业的宗旨:贡献于人类和地球,优化地球环境,造福人类生活。每一个层次之间互为条件、相互作用、相互影响。

与我国一些企业提出的开拓、创新等空泛的口号相比较,大连三洋的价值系统可以说是有血有肉。第一层次(企业文化和经营理念)是基础,第二层次是手段,第三层次是要求,第四层次是目的,第五层次是企业要达到的崇高的目标。这样,整个系统就具有一定的可操作性,使员工的自我完善和企业实施自己的经营理念都有了依据。

2. 柔性化的组织系统

要实现以"自我改善"为核心的柔性化管理,依靠传统的僵硬化的组织结构和死板的制度体系显然是难以成功的。

为了适应新的管理要求,大连三洋制冷有限公司的组织结构在保持相对稳定的同时,一是随着市场变化、用户的需求和公司发展需要而不断地调整、革新和完善。例如,公司筹建阶段,工程建设与技术准备和市场开发同步进行。公司运营初期,强化了营销与生产制造的职能,其他部门均为辅助部门。随着公司的发展,将相关的职能部门与制造部门分离,形成较完善的功能齐全的管理组织结构。二是设立特殊的"事业推进课"组织,满足公司事业的拓展。"事业推进课"日常的职能主要是负责企业文化的归纳、提炼和宣传,零缺陷管理和合理化提案活动的推动工作。而当公司开展一项新的事业时,事业推进课的工作重点则是负责新事业的推进工作,在新事业实施完成并确定管理职责后,这项新事业就交由具体的职能管理部门。这种事业推进课的柔性管理具有机构的时效性、人员的临时性、职责的连贯性的特点,是大连三洋独具特色的企业管理组织机构的具体表现形式。三是以柔性的企业文化输出,结成战略联盟。大连三洋在企业的发展中与其外部企业建立了密不可分的协作关系。为了在新的竞争环境中达到双赢的目的,企业在向其关联企业输出配套元器件和先进的加工技术的同时,也特别注意输出大连三洋的经营理念、管理方法和企业文化,并以此为纽带,加强与外协企业的关系,使相互之间成为一种柔性的企业联合体,共同为客户创造价值。

3. 柔性化的员工管理

在工业社会,企业的经营资源主要是有形的自然资源,而在知识经济时代,企业的经营资源主要是知识,促进知识的生成、传播、应用成为企业的重要使命。如果说工业经济是在使用员工的四肢的话,那么,知识经济时代需要管理的是员工的头脑。大连三洋的柔性化的员工管理是以严格规范管理为基础,以高素质的员工队伍为条件,突出员工自我管理的主体,强化管理的应变能力。

柔性的员工管理的精髓是"爱人"。大连三洋的柔性管理,是以尊重人的价值、发挥人的才能、承认人的劳动为精髓,通过不断提高员工高素质带来产品的高质量、生产的高效率、企业的高效益、员工的高收入。这种"五高"模式是以人为本,以高质量、高效率、高效益为目标,最终又以员工的高收入为归宿的价值链。

柔性的员工管理的手段是自我改善。在实践中大连三洋总结出了自我改善的十条基本原则,分别是:①抛弃僵化固定的观念;②过多地强调理由,是不求进取的表现;③立即改正错误,是提高自身素质的必由之路;④真正的原因,在"为什么"的反复追问中产生;⑤从不可能中寻找解决问题的方法;⑥只要你开动脑筋,就能打开创意的大门;⑦改善的成功,来源于集体的智慧和努力;⑧更应重视不花大钱的改善;⑨完美的追求,从点滴的改善开始;⑩改善是无止境的。这十条基本原则从根本上造就了一个适应企业发展的员工群体。这个群体以自我改善为动力,主动纠错,主动进取,主动完成知识的转化,是企业取得竞争优势的"永动机"。

4. 柔性化的现场管理

企业的价值系统为柔性化管理提供了精神动力,柔性化的现场管理则是实现企业目标的物质基础和技术手段。大连三洋的现场管理表现在三个主要方面。

（1）以"柔性"加工设备，适应用户需求多样化。在生产制造过程中，它们采用"柔性"可编程的尖端加工设备，实施柔性生产，确保了三洋制冷满足用户需求和应对市场需求变化的能力。

（2）在现场开展"5S"活动，注入柔性活力。公司在推广"5S"管理这种科学方法时，不是照搬固定的管理条文，而是坚持以"自我改善"为主。从观念的转变到认识的升华，从管理者的推动到员工的自觉意愿，从被动行为到主动意识，从定时清扫到随时整理，这些都不是单纯依靠硬性的奖惩制度所能长期奏效的，而是柔性管理激发了现场"5S"活动的活力。展示了三洋制冷"现场就是市场"的现场软管理的硬功夫。

（3）实行现场"质量三确认"，确保产品质量。具体做法是：对产品的刚性质量指标，不设置专职质量检查员，而是集制造加工者和质量检查者于一身，依靠质量"三确认"和严格遵守操作规程，形成员工自我管理、自我约束的意识。质量"三确认"的内容是：①本工序确认上道工序的质量；②确认本工序的质量；③下道工序确认本工序的质量。这种"三确认"的方法杜绝了不良品流转到下道工序。

5．柔性化营销管理

多变的市场需要多变的经营策略，营销管理是企业与市场的连接点。大连三洋的营销管理从树立超前的市场意识出发，采取灵活的营销策略，进行技术开发、新产品开发和营销服务，形成强大的技术力、市场力和形象力，创造市场热点，在为用户提供质优、价格适中的产品和服务的同时，也提高了企业核心竞争力，从而取得竞争优势。适应企业柔性化管理的需要。具体表现在以下方面。

（1）柔性的市场营销策略。随着竞争环境的变化，在营销策略上以柔克刚，以变应变，以快变应慢变，迅速取得了企业的竞争优势。

（2）先打品牌"牌"。大连三洋制冷问世之初，借助了"三洋"这一品牌优势，以高于同行业30％的价位进入市场，推行高品质、高价格的市场营销策略。后打质量"牌"。当一大批合资企业总体技术水平与大连三洋旗鼓相当时，三洋制冷采取打质量牌的策略，着力宣传：我们的产品质量是最好的。再打服务"牌"。当三洋制冷的主要竞争对手的产品质量达到大连三洋的水平时，它们又随即打出服务牌，提出全方位的服务。主要做法是，在用户开车前，服务人员到现场进行预检，指导操作；开车运转中，定期到现场指导运行，检测设备运行状况；停车前到现场，指导用户如何进行设备保养。用这些贴合顾客潜在心理期望的服务，赢得了用户的信赖。

6．柔中有刚

从以上所述可以看出，大连三洋的柔性管理是一个功能齐全的系统。在这个系统中企业的价值系统是纲，组织系统、员工管理、现场管理、营销管理是目，纲举而目张。从表面上看，这里一切都是柔性的，从组织结构到现场管理直至营销活动，一切都是变化着的，实际上，比起企业制度约束和纪律监督，企业的价值观更富有"刚"性。向用户提供一流产品和服务是刚性的，以此为手段来实现服务社会、造福人类的宗旨是刚性的。价值系统的构建为企业发展搭造了创新活动的舞台，企业的各个系统可以尽情发挥，以柔克刚。

以人为本进行"自我改善"是柔性化管理的核心内容。传统管理是以"管人"为核心来运作的，所谓制度、纪律是企图通过对人的活动的限制达到管物的目的。在这种管理思想下，人是物的附庸。其弊端是：严格执行某项规章制度势必降低组织活动的灵活性，影响组织与外部环境的协调。将员工置于消极被动的状态，缺乏主动参与管理、参与决策的意识，限制了其积极性与创造性。组织的僵化与工作的量化的同时也造成了员工的惰性，使员工一味只求完成分内的工作。而柔性化管理的"自我改善"，以满足员工的高层次需要为目标，能深层次地激发员工的工作动机，增强员工的主人翁责任感，使其不仅自觉提高各自的工作标准，而且愿意挖掘其潜能，发挥其天赋，做出超常的工作成就。其次是有利于组织内部形成集体主义协作精神，从而有利于知识在企业内部的传播和转化，这些对以"管理大脑"为核心的知识管理来说显得尤为重要。再就是，以人为本的柔性化管理能够适应消费者的变化，在新的社会条件下，人们的消费观念、消费习惯和审美情趣处在不断地变化之中。满足消费者的个性化需求，更加需要生产柔性化和精细化。像大连三洋实行的"质量三保证""柔性化营销"都是赢得最终消费者的有力武器。

柔性化管理在企业价值观下的自我约束、自我改善，并不是抛开企业制度。柔性化管理也是以"刚性管理"的一些内容为前提和基础的，可以想象，没有规章制度约束的企业必然是无序的、混乱的，柔性管理也必然丧失其立足点。在某种意义上来说，柔性管理是刚性管理的"润滑剂"，是刚性管理的"升华"。

思 考 题

8-1　高成长企业的关键因素是什么？

8-2　什么是柔性？它有哪些基本类型？

8-3　增强战略柔性的途径有哪些？

第 9 章

新的系统概念

随着社会经济和科学技术的发展,各式各样的系统变得越来越庞大、越来越复杂,使得用传统的系统工程方法来研究和开发这些系统已显得力不从心,甚至出现了一些用以前的设计方法无法处理的问题。为解决这些问题,产生了遗传信息、自组织化、自律分散、人工生命、复杂系统等新的系统概念和方法。

本章首先介绍系统科学中新出现的概念和研究领域,然后对今后的系统进行展望。

9.1　遗　传　算　法

9.1.1　遗传算法概述

遗传算法(genetic algorithm,GA)是模拟达尔文生物进化论的自然选择和遗传学机理的生物进化过程的计算模型,是一种通过模拟自然进化过程搜索最优解的方法。它由美国的 J. Holland 教授首先提出,其主要特点是直接对结构对象进行操作,不存在求导和函数连续性的限定;具有内在的隐并行性和更好的全局寻优能力;采用概率化的寻优方法,能自动获取和指导优化的搜索空间,自适应地调整搜索方向,不需要确定的规则。由于遗传算法具有这些性质,因此已被人们广泛地应用于组合优化、搜索问题、机器学习、信号处理、分类问题、进化模型、自适应控制和人工生命等领域。它是现代有关智能计算中的关键技术。

GA 是一种能从大多数组合优化问题中找出最佳组合的算法。其优点在于,可以求解那些不连续的最优化问题及难以用数学式子表达的问题。

生物体在每一代都有特定的基因,基因记载着决定个体结构和功能的称为图谱的信息。基因信息就是 4 种氨基酸碱基即"A,T,G,C"4 个字母排成一列构成的信息。该基因信息在代与代之间继承下来,如果完全相同的基因被继承下来,那么物种经过几代后都不会改变。

但是,正如在有性生殖中所见到的那样,雄性基因和雌性基因在染色体水平上结合,如果双亲各有一半的基因信息被后代继承,那么就会产生与双亲不同的后代的染色体,称之为交叉继承遗传基因。而在基因信息的继承中也会发生突变,即由于信息的复制错误及其他原因导致部分信息发生改变。这样通过交叉和变异这两种方式,经过几代之后,基因信息就会逐渐改变。在生物界中,并不是所有具有新的基因信息的个体都能生存,而只有适应度大的个体才能生存,称之为"自然选择"。

GA 的作用就是把这种通过交叉和变异在两代之间改变基因信息,并以"优胜劣汰"为标准选择基因信息的过程抽象表示成为一种算法。

9.1.2 GA 的过程

下面介绍 GA 的具体算法。首先要把对象问题描述成 GA 的形式。在此先确定待定的变量、文字、符号等,数值类型或字符类型都可以。再把若干个数值或字符排成一串作为待定变量组成的信息,把该信息作为一个基因来处理。然后确定问题的目标函数。目标函数可以是用待定变量计算的数值,也可以是对文字的判别函数。另外,关于待定变量的约束条件既可以包含在目标函数中,也可作为淘汰的选择标准。

通常先随机生成多个初始基因串,把多个基因构成的集合称为基因池。假设基因的长度是任意的,其信息可作为一串文字代码来处理。在基因池中任取两个基因,通过交叉操作指定基因串的交换点,再把截断的雌雄基因交换、连接,产生出两个子代的基因。这一过程就是交叉,也就是由两个父代产生的具有新的组合遗传信息的子代。随机地改变基因串的一部分数据,可以使之发生突变。

对基因信息进行转换得到的实际形式称为表现型,表现型适应自然界的程度称为适应度。适应度大者生存,适应度小者灭亡,这就是自然选择的过程。最优化问题的待定变量相当于基因,目标函数相当于表现型的适应度。新的基因会产生多种组合,从中选择目标函数最大的基因(即变量),舍弃目标函数小的基因即可以实现优化。

通过反复进行上述的交叉、变异、选择操作,基因池中适应度(目标函数)大的基因串(变量)增加。如果判断出不能再产生比当前值还理想的基因则结束迭代过程。图 9-1 示出了上述的基因信息在几代之间变化的 GA 过程。

数学规划法与 GA 的最大不同在于 GA 不能得到最优解的数学证明。而且根据问题性质的不同,有时数学规划法(非线性规划、整数规划、SA 法、BAB(分支限界法))已足以解决最优化问题,但是 GA 可以把变量设为基因,并可随机设定解的搜索方向,因此在解决有多个极大值的问题时比数学规划方法更有效。GA 还可把文字列作为待定变量来处理,这也是它比数学方法优越的一大原因。

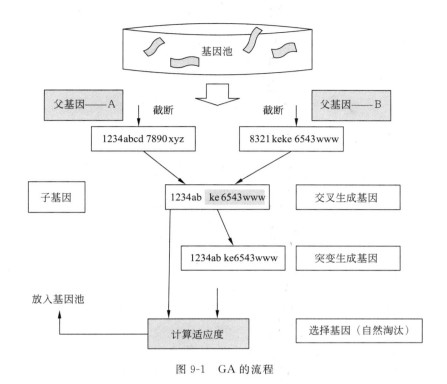

图 9-1　GA 的流程

只研究 GA 过程中的基因交叉而不考虑突变的算法称为进化算法。该算法强调在遗传导致的信息变化中,染色体的交叉比变异的作用要大得多。把遗传、进化、自适应等整个处理过程作为一个算法,称为进化计算。

9.1.3　进化规划

这里介绍 GA 的一个重要发展,即 John R. koza 提出的进化规划(GP)。前面介绍的GA 基本上是一种解决最优化问题或搜索问题的以工程应用为目的的算法。如前所述,GA 可以使用非数值的文字或单词,将其作为基因信息。这就很容易让人想到,通过把程序语言处理为基因信息,也许能进行程序的最优化或自动生成新的程序。例如把任意的单词随机排列可能产生一篇有意义的文章,这种思路就是 GP。

事先准备一段 LISP 程序作为种子,给出 LISP 函数和数据。把该程序看成染色体即基因,应用 GA 来处理。于是通过程序片的交叉产生具有新结构的程序,用适应度即是否为正确的程序来选择,就可产生出正确的程序。图 9-2 示出了收敛到多峰函数的局部最优解的情况。该例子采用免疫算法求解,其内部隐含了 GA 过程,该方法重视保持解的多样性。

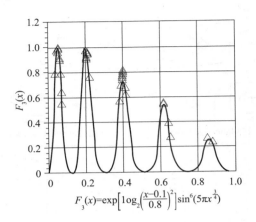

$$F_3(x)=\exp\left[1\log_2\left(\frac{x-0.1}{0.8}\right)^2\right]\sin^6(5\pi x^{\frac{3}{4}})$$

图 9-2   求多峰函数的若干局部最优解的 GA 例子

图中"△"所示为用 GA 得到的解,可见随着代数的增加其逐渐收敛到多个局部最大值(峰值)。作为应用实例,GP 可应用于规划机器人的行为、分析蚁群行为、图像识别等。例如,初始时给定机器人避行障碍物的程序,然后让它行走,求得一个程序生成机构让机器人自学习并生成针对新环境的避让程序。

这样 GP 就可选择最合适的程序,并让适合该环境的程序具有自学习的能力。但函数和数据还需人来提供。让 GP 发现新函数及具有自组织的框架仍是今后有待研究的课题,但 GP 作为一种改变传统程序设计方法的手段还是十分有价值的。

也就是说,以前人们编制程序时总是希望得出完全正确的程序。但事先不可预知的情况及新发生的变化会限制程序的完全性,解决这一问题的关键是能否生成能自适应环境并逐渐改善的程序框架。在可以自动生成软件及具有自适应自学习能力这一点上,GA 与 GP 是一种与传统的机械设计中的模块设计方法完全不同的软件哲学,它们有着非常重要的意义。

此外,还有一个类似的软件手段,即 R. A. Brooks 提出的 Subsunction 软件。它具有复杂而灵活的结构,通过使机器人对现实环境进行试验,使本身的软件从极简单的状态开始按进化过程不断学习下去。该方法对软件设计过程中应考虑的问题具有很大启发。

9.1.4　遗传算法的应用

由于遗传算法的整体搜索策略和优化搜索方法在计算时不依赖于梯度信息或其他辅助知识,而只需要影响搜索方向的目标函数和相应的适应度函数,所以遗传算法提供了一种求解复杂系统问题的通用框架,它不依赖于问题的具体领域,对问题的种类有很强的鲁棒性,所以广泛应用于许多科学中。下面介绍遗传算法的一些主要应用领域。

1. 函数优化

函数优化是遗传算法的经典应用领域,也是遗传算法进行性能评价的常用算例。许多人构造出了各种各样复杂形式的测试函数,如连续函数和离散函数、凸函数和凹函数、低维函数和高维函数、单峰函数和多峰函数等。对于一些非线性、多模型、多目标的函数优化问题，用其他优化方法较难求解，而利用遗传算法可以方便地得到较好的结果。

2. 组合优化

随着问题规模的增大，组合优化问题的搜索空间也急剧增大，有时在目前的计算上用枚举法很难求出最优解。对这类复杂的问题，人们已经意识到应把主要精力放在寻求满意解上，而遗传算法是寻求这种满意解的最佳工具之一。实践证明，遗传算法对于组合优化中的NP(non-deterministic polynomial)问题非常有效。例如遗传算法已经在求解旅行商问题、背包问题、装箱问题、图形划分问题等方面得到成功的应用。

3. 车间调度

车间调度问题是一个典型的 NP-Hard 问题，遗传算法作为一种经典的智能算法广泛用于车间调度中，很多学者都致力于用遗传算法解决车间调度问题，现今也取得了十分丰硕的成果。从最初的传统车间调度(job-shop scheduling problem，JSP)问题到柔性作业车间调度问题(flexible job-shop scheduling problem，FJSP)，遗传算法都有优异的表现，在很多算例中都得到了最优或近优解。

4. 自动控制

在自动控制领域，有很多与优化相关的问题需要求解。例如，用遗传算法进行航空控制系统的优化、设计空间交会控制器等都显示出它在这些领域中应用的可能性。

5. 图像处理

图像处理是计算机视觉中的一个重要研究领域，如目前它已在模式识别(包括汉字识别)、图像恢复、图像边缘特征提取等方面得到了应用。

6. 机器学习领域

基于 GA 的机器学习是当前 GA 应用研究的热点，特别是分类器系统，在很多领域中都得到了应用。Holland 的分类器系统是基于遗传算法机器学习的一个典型例子，GA 部分的主要任务是产生新的分类器，如获取规则集合以预测公司的利润。Brooker 等对分类器系统和 GA 进行了更加详细的评述。

7. 数据挖掘

数据挖掘是近几年出现的数据库技术，它能够从大型数据库中提取隐含、未知、有潜力、有应用价值的知识和规则。许多数据挖掘问题可看成搜索问题，数据库可看作搜索空间，挖掘算法可看作搜索策略。因此，应用遗传算法在数据库中搜索，对随机产生的一组规则进行进化，直到数据库能被该组规则覆盖，从而挖掘出隐含在数据库中的规则。Sunil 已成功地开发了一个基于遗传算法的数据挖掘工具，利用该工具对两个飞机失事数据库进行了数据挖掘实验，结果表明遗传算法是进行数据挖掘的有效方法之一。

此外，GA 也在生产调度、人工生命、遗传编码等方面获得了广泛的应用。

突 现 特 性

当有多个要素存在时,把要素之间相互作用产生的结果称为整体行动。例如,观察一下蚂蚁的行动,可知它们是排成一列行动的,这是因为它们分泌了一种外激素,所以尽管未把整体行动告诉任何一个蚂蚁,但它们却能作为一个整体按列行动;再有,像候鸟和鱼群也类似。把整体的行动反馈给每个要素是十分重要的。因此,在研究社会活动、文化的产生、社会规范时我们也可以从中得到一些启发!

9.2　自律分散系统和自组织化

9.2.1　自律分散系统

当今社会正在规划、设计、使用着各种各样的人造系统。随着人造系统的规模越来越大,结构、功能越来越复杂,系统的管理、控制或发生故障时维持其功能也就变得越来越困难。例如,很难用信息网把几百台计算机和各种各样的机械连接起来进行集中管理,实现从中心到所有终端的控制。不难想象系统中一台机械出现故障或通信线路故障导致整个系统瘫痪的可能性。

我们通常希望这类系统中某些构成要素发生故障时不致影响到整个系统,系统本身能维持最小限度的功能。生物体和人类自身也如此,部分细胞死亡不会导致整体的死亡。因此要从整个系统的观点来研究自律分散系统。自律分散系统以当前规模越来越大、功能越来越复杂的人造系统为研究背景,目的在于找出能更灵活地处理故障的柔性系统的设计方法。

自律分散系统中分离地存在着多个自律要素,自律要素是指能自己判断、做决策的要素,各要素相互协作实现整个系统的功能。生命体、生物、生态或人类社会就是这种自律的个体分离存在但却能形成整体秩序的范例。细胞及生物个体是独立的个体,但它们也是整体系统的要素。

这种自律分散的思想与以前的人造系统,尤其是机械系统中的集中管理的思想正好相反,它是通过部分要素的自律来实现整体的功能。

那么在人造系统领域中有哪些领域需要采用自律分散系统呢?其重点应用领域有计算机网络、通信网络、机器人或生产系统等。例如,在有些计算机网络中,虽然不存在中央管理的计算机,但当作为整个系统起作用的计算机网络或部分计算机出现故障时,其余计算机能接替实现最低限度的功能。

在通信网络中,关键问题不是需要由多个通信线路等构成纯粹的冗余系统,而是在发生假设的通信线路故障时怎样实现整个系统的鲁棒性。其中包括以下几类问题:选取何种网络结构、确定发生故障时哪一部分分担多少接替功能及怎样确保数据的可靠性。在研究多个机器人问题时,如何让它们各自识别环境以决定行动并互相协调,这也是一个课题。另外,在生产系统中,当工厂中的机械群不采用集中控制而是让各机械自律分散地具有智能时,选取何种形式的协调结构才能实现功能灵活的系统呢? 这也是生产系统中的一个课题。

作为典型的自律分散系统的例子,这里考察一下互联网和多智能体。

1. 互联网

互联网是电子邮件、电子消息等全球规模的信息通信的基础,在物理上由多个服务器、通信线路及各个用户终端组成。它与以前通信方式的最大不同在于:不存在中心管理者,也不存在物理上的硬件中心。

互联网是现存的世界上最大的自律分散系统,有几百万台的自律主机分别独立判断,即具有智能性的计算机分散在全球各个地方,并连接在同一个网络上。而且各个自律计算机不仅能进行局部判断,还要作为网络整体实现通信功能。但其中并没有一个集中管理的中心。

通信信息被贴上地址标签,以包交换的形式在网络上的服务器之间传输。通信路由器可根据当时的线路状况做出适当变化。这样即使部分服务器出现故障,通信也能避开那些节点进行。因此,互联网是一个自律主机通过网络连接实现通信功能的自律分散系统。

自律分散系统中即使部分功能发生故障,也能作为整体起作用。互联网作为一个机械系统来看设计得并不完善,但它更像一个生物体,可以看成一个终端、服务器及通信线路不停地变化,并能灵活地适应外部环境和内部变化的系统。

2. 多智能体模型

若进一步研究自律分散系统,可以了解到它反映了一定的社会问题。现在讨论一下具有智能的假想人类(称为智能体),称存在多个智能体的系统为多智能体系统。

例如,当多个搭载着计算机的自律机器人组成机器人群时,每个机器人分别收集、分析自己环境的信息,自己决定行动以完成规定的任务。问题在于能否让它们互不妨碍地完成各自的任务并能互相协调。自律机器人的协调作业要求机器人有判断、互相交换信息,或交涉、妥协、命令的功能,这和人类进行交涉、协调的集团行动很类似。

下面考虑一个在计算机上假设的智能体。互联网上有庞大的站点,每天的新消息都要用 WWW、电子消息、电子新闻的形式发出。每个人如果自己去查找所需的信息将十分麻烦,而若有一个假想的代理人为我们搜集、整理必要的信息将是很方便的。在计算机上用软件实现胜任这一工作的假想的智能体并不难。该智能体的任务就是定期搜集、整理全世界各站点发布的信息,像秘书一样为我们工作。

再考虑一下有多个智能体的情况。例如计算机网络上有多个资源提供方和多个资源需求方的智能体,它们产生资源交易时的情况。这可以想象成在网络上进行的以庞大的计算资源和内存资源为核心,在假想的服务空间上假想的智能体之间的交易。这种情况也可看作是在网络的服务空间中多智能体组成的自律分散系统。

9.2.2   自组织化

自组织化是指多个要素相互关联、相互影响,从而组织成为一个具有某一特性的有秩序的集合。系统自身形成的某种类型、形状、功能等就是自组织化的表现。例如生物体中,细胞集中起来形成组织,组织集中起来形成器官,器官集中起来形成个体。从物理现象、生物现象到社会、人类组织中都可观察到这种个体集中起来或多个个体、要素的相互关系产生的自组织化。

自组织化的独特之处在于组织化不是从上到下或有计划地形成的,而是在要素之间的相互作用下内在形成的。而且,如果该结果有利于组织化,则整体就对要素起正反馈作用,即加强自组织化。例如,模仿神经网络的人工神经网络就是通过反向传播来实现自学习功能的。

用神经网络进行文字识别、模式学习、知识库学习的过程中,就是根据神经网络的输出即答案的正确程度来强化网络要素间的连接强度的。重复这一过程就会逐渐提高准确率。通过神经网络实验可以看到针对某一特定问题形成固有网络结构这一自组织化现象,这也可以看作网络具有自组织化的性质。

人类的学习过程也可这样解释:通过训练大脑的知识和运动神经等使其被组织化。这相当于在运动和学习过程中,通过多次训练,其熟练程度就会提高。

在自组织化的研究中,最吸引人的对象仍然是探求人类的脑神经细胞的机理或知识和经验怎样被系统化的机理。无论给计算机输入多少数据它也不会变聪明,犯错误时也绝不会自己纠正。但是人却能以与环境的相互作用、与他人的相互作用及自己的经验知识为基础,根据从中得到的信息组织成更新的经验知识体系(系统)。人脑不是数据库,不是词典,也不是计算机,但可以认为人脑是具有把庞大数据和程序以某种形式组织起来的结构,它不是按规定的程序动作,而是把时刻变化的环境信息自我组织起来,并作为智能保存下来。

这样看来,全部要素通过某一结构实现自组织化,这在形式上就构成了自律分散系统。如果认识到以前的工程系统中,从效率和管理的角度出发,采用由顶至下的集中控制方式,就不难理解自组织化和自律分散是与人造系统截然不同的系统。

免疫系统的有趣之处

人体中有神经系统、循环系统、消化系统等重要系统,其中免疫系统可以算作具有如下特征的一个特殊系统。

(1) 免疫系统是由在体内循环的免疫细胞群构成的分散系统,它没有中心器官。

(2) 免疫系统可以区别自己和非自己,并排除非自己。(怎样定义自己呢?这是一个很困难的问题。)

(3) 有害的细菌和病毒有各种各样的生物化学性质,免疫系统一开始并没有对付它们的抗体,但它们一旦入侵,免疫系统就能自动产生称为抗体的免疫细胞。

(4) 免疫系统一旦产生抗体就能记忆(称获得免疫)。

从模式的识别、生成、记忆的角度来看,免疫系统是一个极其优秀的信息系统。

9.3 人工智能与人工生命

9.3.1 人工智能

人工智能(artificial intelligence,AI)是研究、开发用于模拟、延伸和扩展人的智能的理论、方法、技术及应用系统的一门新的技术科学。人工智能是计算机科学的一个分支,它企图了解智能的实质,并生产出一种新的能以与人类智能相似的方式做出反应的智能机器,该领域的研究包括机器人、语言识别、图像识别、自然语言处理和专家系统等。

人工智能有着不可测度的深度和广度。自古以来,用人造机械来实现与人相同的功能是人类的一个愿望。在机械技术不成熟的时代,就是魔术的世界。但是计算机的出现产生了信息处理的概念,于是图灵(A. M. Turing)提出的"计算机能像人的大脑一样思考吗?"这一问题就成为我们迫切需要解决的问题。

考虑到人类的智能处理过程与计算机的信息处理过程相似,于是产生了用计算机模拟人类智能的人工智能学科。其理论基础在于把人类的精神活动表现为程序化的一种机械,并认为它在逻辑上是符号化的处理过程。J. Mc Carthy、A. Neweu、H. A. Simon 等是该学科的先驱者。

"人工智能"一词最初是在 1956 年的达特茅斯(Dartmouth)学会上提出的。从那以后,研究者们发展了众多理论和原理,人工智能的概念也随之扩展。人工智能是一门极富挑战性的科学,从事这项工作的人必须懂得计算机知识、心理学和哲学。人工智能是包括内容十分广泛的科学,它由不同的领域组成,如机器学习、计算机视觉等。总的说来,人工智能研究的一个主要目标是使机器能够胜任一些通常需要人类智能才能完成的复杂工作。

人具有的处理信息的能力大致可分为识别能力、加工处理能力和记忆能力。人工智能在这些领域上进行了广泛研究,例如尝试用计算机自动识别文字、图像、声音等,在文字识别、人脸识别、指纹处理等方面已获得部分实用,而且在自然语言处理、机器翻译、问题求解等领域已取得很大发展。

人工智能的研究方法不依赖于研究对象的固有性质,即用符号描述,根据逻辑运算求解。也就是说人类的智能处理是基于逻辑推理的,于是以符号逻辑、陈述逻辑、命题逻辑等逻辑学为基础展开了用计算机实现人类推理过程的研究。其研究对象为定理证明、命题推论和搜索问题等。

人工智能方法要求事先给定所有的逻辑框架,并且依赖于给出的知识推理方法,因此它不能解决考虑范围以外的其他问题,即要求对象问题事先描述成逻辑,并且明确其解法。换言之,它只能推论出已经知道的情况。这显然是人工智能的一个缺陷。例如,即使能推导出所有的计划,却不能认识实时变化的环境以采取行动。在这个意义上,显然人工智能有过分依赖逻辑的限制。

人工智能的研究角度是由顶至下的,即基础是逻辑形式,推理过程及知识库由人事先给定。其中问题的设定及求解也是用由顶至下的形式给定的。

仔细观察生物界特别是生命现象和人的行为,可知它们并不是由顶至下的,而是多个要素集合在一起相互影响,通过与环境的相互作用(即给予环境影响并从环境中学习),获得知识并学习到解决问题的方法的。

这样,我们就能理解在人类的智能中,从与环境的相互作用及自己的智能活动中派生出新的处理方式和结构所具有的重要意义。采用由底至上的形式研究系统行为就是下述的人工生命。值得注意的是,在人工智能和人工生命的研究中,两者的世界观截然不同。

9.3.2 人工智能的发展

在形成和第一个兴旺期,人工智能研究出现了一些较有代表性的工作(这个时期 AI 研究的主要方向是机器翻译、定理证明、博弈等)。1953 年,美国乔治敦大学组织了第一次机器翻译的实际实验。1954 年 7 月,IBM 公司在 701 计算机上做了俄译英的公开表演。1956 年,Newell(艾伦·纽厄尔)和 Simon(西蒙)等人首先取得突破,他们编的程序 Logic Theorist(应用启发式技术)证明了《数学原理》第 2 章中的 38 条定理,又于 1963 年证明了该章中的全部 52 条定理,走上了以计算机程序来模拟人类思维的道路,第一次把求解方法和问题的领域知识分离开。1958 年定理证明方面取得新成就,美籍数理逻辑学家王浩在 IBM704 计算机上用 3～5min 时间证明了《数学原理》有关命题演算的全部 220 条定理,还用了几分钟证明了该书中带等式的谓词演算的 150 条定理中的 85%,1959 年再接再厉,仅用了 8.4min 就证明了以上全部定理。1959 年,IBM 公司的 Gelernter(格伦特尔)研制出平面几何证明程序。1956 年 Samuel 研制了跳棋程序,它在 1959 年击败了 Samuel 本人,又在 1962 年打败了美国一个州的跳棋冠军而荣获州级冠军。也是在 1956 年,Selfridge 研制出第一个字符识别程序,又在 1959 年推出功能更强的模式识别程序。1960 年,McCarthy 建立了人工智能程序设计语言 LISP。从 1957 年开始,Newell、Shaw 和 Simon 等人就开始研究一种不依赖于具体领域的通用解题程序 GPS(持续研究了 10 年,1969 年发表最后版本)。1963 年,Green 公布了 BASEBALL(有关美国棒球赛的问答系统)。Slagle 发表了符号积分程序 SAINT,用 86 道积分题做实验(其中 54 道选自麻省理工学院的大学考题),结果做出了其中的 84 道(1967 年 Mosis 以他的 SIN 程序再创纪录,效率比 SAINT 提高了约 3 倍)。1965 年 Roberts 编制了可以分辨积木构造的程序,开创了计算机视觉的新领域。Robinson 独辟蹊径,提出了与传统的自然演绎法完全不同的消解法,当时被认为是一项重大突破,掀起了研究计算机定理证明的又一高潮。1968 年 J. Weizenbaum 在美国麻省理工学院设计的 ELIEA 系统,或许这是基于"模式匹配"的自然语言系统中最有名的一个。ELIEA 模拟一位心理治疗医生(机器)同一位患者(用户)进行交谈。1970 年斯坦福大学计算机科学系费根鲍姆(E. A. Feigenbaum)和化学家 C. Djerassi 以及 J. Leberberg 等人研制出世界上第一个专家系统,该系统具有非常丰富的化学知识,是根据质谱数据帮助化学家推断分子结构,被广泛地应用于世界各地的大学及工业界的化学实验室。1970 年由英国爱丁堡大学的 R. Kowalski 首先提出以逻辑为基础的程序设计语言 Prolog。1971 年美国麻省理工学院的 C. Engleman、W. Martin 和 J. Moses 研制成基于知识的数学专家系统。它作为数学家的助手,使用启发式方法变换代数表达式,现经过不断扩充,能求解 600 多种数学问题,其中包括微积分、解方程和方程组、矩阵运算等,目前在麻省理工学院的 KL-10 计算机系统上运行并可通过美国国防部高级规划局网络被大家使用。1972 年由法国马赛大学的 A. Colmeraues 及其研究小组实现了第一个 Prolog 系统。Prolog 和 LISP 一样被称为面向 AI 的语言,成为继 LISP 语言之后最主要的一种人工智能语言。1972 年麻省理工学院的 T. Winograd 研制成功了 SHRDLU 系统,SHRDLU 是在"积木世界"中进行英语对话的自然语言理解系统。系统模拟一个能操纵桌子上一些玩具积木的机器人手臂,用户通过英语人机对话方式命令机器人摆弄那些积木块,系统则通过屏幕来给出回答并显示现场相应情景。SHRDLU 具有 200 个单词和场景知识,利用句法、语义、推理来理解语言,是最早尝试把语言知识和人的推理机制结合起来的系统之一。1973 年 R. C. Schamk 提出了概念从属理论。1974 年 Minsky 提出表示知识的另一种方法框架(frame)理论,又称画面理论。框架理论能较好地描述范围较广泛的一类问题,所以一经提出就得到了广泛的应用。

由于智能机器人和第五代计算机研制计划的产生,人工智能研究从萧条期转入第二个兴旺期并进入黄金时代:由于理论研究的成果(例如各种表示方法的研究)和计算机软、硬件的飞速发展,各种专家系统、自然语言处理系统等 AI 实用系统开始商业化进入市场并产生较大的经济效益和社会效益,从而展示了人工智能应用的广阔前景。

斯坦福大学国际研究所的 R. O. Duda 等人 1976 年开始研制的用于地质勘探的专家系统 PROSPECTOR 在 1982 年预测了华盛顿州的一个勘探地段的钼矿位置,其开采价值超过了 1 亿美元。日本 1981 年 10 月向全世界公布了它制造第五代电子计算机的十年计划(1982—1991 年),拨款 4.5 亿美元用于该项目,该计划全面采用人工智能技术,采用 Prolog 作为核心语言,目标是研制出具有智能接口,知识库管理,能够自动学习、联想、做出推论,具有并行处理特征,能理解讲话和看懂照片的智能电子计算机。美国 1983 年制定了 6~10 年的研制规划,投资 6 亿多美元,拟研制能看、听、说和思考的新一代电子计算机,并由 18 家计算机公司联合起来组成了"美国微电子学和计算机技术联合公司"。欧洲共同体也于 1983 年 11 月提出一项"欧洲信息技术研究开发战略计划",准备在机器人学、微电子学、人工智能和软件方面采取联合行动,预计在 10 年内将投资 13 亿美元。

20 世纪 90 年代人工智能研究进入相对稳定阶段,没有那么多的喜讯频频发出,但是也有一些令世人震惊的消息,如美军的沙漠风暴行动。90 年代进行的沙漠风暴行动是人工智能技术在军事中应用的一个成功典范,从最简单的货物空运,到复杂的行动协调,都由面向人工智能技术的专家系统来完成。另外,先进的巡航导弹也采用了人工智能体领域的机器人和机器视觉技术。在这其中的两个计划——Pilot Associate Project(电子领航员)和 Battle Management System Project(军事专家系统),是人工智能技术成功应用的范例。1997 年 IBM 的深蓝系统击败了世界冠军卡斯帕洛夫。深蓝系统由一个大型的基于 IBM RS/6000 的并行计算机组成,应用了人工智能中的博弈理论。深蓝程序用的是人工智能最基本也是最简单的剪枝搜索方法。2006 年,"浪潮杯"首届中国象棋人机大战中,5 位中国象棋特级大师最终败在超级计算机浪潮天梭手下。2011 年，"深蓝"的同门师弟"沃森"在美国老牌智力问答节目《危险边缘》中挑战两位人类冠军。"沃森"最终轻松战胜两位人类冠军，它展示出的自然语言理解能力一直是人工智能界的重点课题。2016 年 3 月，Google DeepMind 研发的 AlphaGo 以 4：1 的比分战胜了世界冠军李世石，标志着一个时代的终结和一个时代的开始，人类在完全信息博弈的竞技中败北，人工智能发展的元年开始。

9.3.3　人工生命

　　用计算机科学研究生命本质就是人工生命研究。人工生命的研究角度是由底至上的。人工生命是一个非常广泛的概念，可以认为人工智能也包含在人工生命领域中。

　　弄清生命现象的本质是对人类最大的挑战。人工生命的研究不是人工地创造生命，而是在计算机上特别是从信息科学角度再现和发现生命的本质。美国 Santa Fe 研究所的 C. G. Langton 被誉为人工生命之父。人工生命包括多个研究领域，较重要的有进化的发展过程、秩序的形成过程、秩序和混沌的特性等。

　　其中 S. Wolfram 和 C. G. Langton 所做的关于单元自动机的研究十分重要。在单元自动机的某个模型中选取不同的参数值，既可以形成有序的模式，也能出现无序的混沌状态，而中间区域则产生了非常奇特的现象。在该区域可以观察到模态的复制、移动、生成和消失。Langton 把它命名为混沌边界，并认为生命的产生及复制实际上是在这个用单纯规则的自动机的混沌边界上发生的，而且信息在其中的作用非常重要。人工生命的目标是在探索实际存在的生命的同时，也要探索那些不存在但可能出现的生命的可能性。

　　程序"Tiera"在计算机中再现了生物界的生态，是研究生物进化方面一个非常有意义的人工生态系统。T. Ray 在有限的计算机存储区内把物种培植成了数字生命，即在计算机上设定、放置了一个假想的生物世界，给它吃计算机命令，让它自己繁殖。于是，出现了某些物种繁殖，某些物种灭绝，或者产生全新物种的虚拟世界。在这个虚拟世界中生物的世代继承基于单纯的遗传算法，从中可以看到由于变异产生的全新物种的情况。有趣的是，寄生物种的出现使得宿主繁殖发生异常，最后导致其灭亡。

　　该研究的重要之处不仅仅是在计算机存储区中给出简单的规则，而是反复复制的数字生命再现了与地球上的物种相同的产生、交叉及繁殖的周期性行为。该程序和生物界都明确这一点：基因所代表的信息及其交换、变异等引起的进化过程都是由信息决定的。

　　另一个重要的研究是 Craig W. Reynolds 编写的程序 boids，这是一个对鸟和鱼的群体行动进行仿真的程序。以前制作群体行动的计算机图像时，是采取事先编程一个一个地确定各个个体的运动轨迹，非常烦琐，而 boids 则通过记录与各个个体运动有关的规则来仿真。该运动规则只用简单的关于该个体与其他个体的距离、运动方向和速度的规则来描述。在实际仿真时，可在计算机画面上看到接近真实的群体的飞行情况，即鸟相互保持一定距离，并沿群体飞行的方向飞行，而且能回避障碍。该现象的本质在于：各个个体独立处理信息，并在考虑与集体中其他个体的关系之后决定自己的行动。即通过自律的个体之间的相互作用找出群体行动的模式。

人工智能假设人类智能可全部用逻辑这一由顶至下的结构来说明,但并没有回答知识的获得、学习这一问题。随着计算机的发展而产生的人工生命,则建立了信息的遗传、进化、单体与整体的反馈,或者与环境相互作用获取知识等这一由底至上的方法。在这一意义上不难理解,人工智能向人工生命研究的转移是科学方法的世界观的大转换。

9.4 复杂系统的系统科学

9.4.1 复杂系统

什么是复杂系统?给它下一个准确定义非常困难,但可以说我们日常生活中见到的几乎都是复杂系统。

复杂系统的设计方法之所以最近才引起注意,是因为以前的科学方法正在发生世界观的转变。以前,科学技术在把复杂现象尽可能分解,并还原成要素后再建立简单明确的模型这一方面取得了许多成果。这种方法在物理学领域获得了成功。而现实生活中存在着许多即使简化仍难以理解的现象,例如科学家可以相当准确地预测宇宙天体的运动,却极难做到准确预测地表的大气运动,即进行天气预报。最近在理论上证明了大气运动为混沌现象,因此很难预测天气的变化。另外,具有智能的人类社会、生物行为或生命体本身等都超出了可简化理解的范围。

作为复杂系统来考虑的对象包括自然现象、生物现象、物理现象乃至社会现象、经济现象等,例如天气变化、力学系统的多体问题、粉流体的冷凝现象、生命的进化和适应、生物群体的行为、生态系统的变化、市场经济、社会组织、流行现象、政治、经济等。如果仔细观察,还会发现许多不能简化考虑的现象。

复杂系统使用系统科学、控制科学、非线性数学、力学、计算机科学等,对物理、生物、社会等许多领域进行研究。复杂系统以如下系统为对象。

(1)不关心系统要素由哪些物质构成,而只关心要素的功能、行为及要素间的相互关系。

(2)尽管要素间发生相互关系的规则比较简单,但通过规则的回归性的重复,使系统整体产生复杂的行为。其中虽然不存在规定整体行为的规则,但会产生整体的行为,并维持整体的功能。

(3)要素与要素间非线性、并行、分散地相互影响着,因此作为整体会产生特殊的行为及现象,然后整体的行为再反馈给各个要素。这种情况称为突现特性。

(4)系统的行为受每个要素及其相互作用的影响,不能独立地描述整个系统,而且系统的行为也是不可预测的。

复杂系统中几个重要的关键词有：非线性、突现特性、混沌、波动、自相关性、自组织、自适应、进化等。

线性是与规模有关的性质，如果某种现象在某一规模下成立，那么它在 N 倍规模时也成立。或者不同系统相互影响时，整体上表现为各个原系统的性质之和，而不会表现出其他性质。这些情况统称为"线性"，即线性是指"部分和＝总体"或"部分的 N 倍＝总体"，在复杂系统中这种线性性质不成立，或者表现出原系统没有的性质，这种性质称为非线性。

并行性、分散性是指各个要素并行、独立地行动或相互影响，同时每个要素都能自律地行动。其中不存在保证一致的整体行为的约束，而是由每个要素的行为及相互关系产生整体现象。在这个意义上即使把复杂系统分解成各个要素也不能解释整体的行为。

9.4.2　复杂系统的分类

在研究复杂系统时，为便于考虑把它分成复杂性、复杂系统、复杂自适应系统等三类。

1. 复杂性

复杂性指物理系统中表现出来的混沌、自组织、自相关等现象，它以简单方程及简单规则引发的复杂现象为典型研究对象。

下面的逻辑函数是人口增长的模型，它表现出了混沌现象：

$$X(t+1)=a(1-X(t))X(t), \quad 0<a<4 \tag{9-1}$$

式(9-1)是典型的产生混沌的模型。其中 X 为变量，t 代表时间。该方程式中，根据参数 a 的取值不同，将表现出稳定的平衡点、发散、准周期振动、倍周期振动等现象。特别是在产生混沌的参数范围内，即使初值发生微小变化都将导致结果发生很大变化。虽然该逻辑函数是不含随机事件的确定性函数，但随参数取值的不同，X 值会产生随机变化的现象。这种现象称为确定性混沌（见图 9-3）。

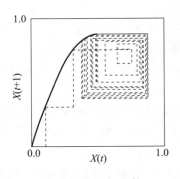

图 9-3　产生混沌的逻辑函数（$a＝3.5$）

该图画出了逻辑图像,斜直线与蜂巢状轨迹的交点即为解,这时解不收敛,而是产生不规则的周期振动。

2. 复杂系统

复杂系统指由多个要素构成、要素之间具有复杂的非线性关系的系统。其研究对象为组织及集团的行为、复杂的物理系统等。

把多个要素集中起来产生出集团的新的性质,称为突现特性。该突现特性会引起集团的层次化,这些要素构成的整体又成为一个新要素,并使上一层也产生突现特性。例如,人体内的细胞—组织—器官—系统及企业组织的层次化处理或动物的群体行动等即如此。特别重要的是,突现了的集团会再次产生规定构成要素行为的反馈。

3. 复杂自适应系统

复杂自适应系统是指针对环境及自身的变化能改造自己,具有自适应性的复杂系统。例如,社会及组织、生物进化、生物结构等的自适应机理等。人工生命可以看作是这种复杂自适应系统,其研究领域包括探索生命的起源,生命怎样产生多样性、怎样适应环境而改变自身。自适应包括内部自适应和外部自适应。在内部结构要素不断地改变从而改变内部环境本身时,以及外部环境改变或外部影响内部时,都要求系统能顺应信息的变化而改变自己以便适应新的环境。

系统变化就是指系统与环境相互作用导致内部系统突变,从而产生新的内部系统。例如,生命体中物质的摄入和内部细胞的死亡与再生,或免疫系统的学习过程等。在神经信息系统中,与环境的相互作用使内部神经回路变发达,从而形成神经网络的过程也属于这类情况。

复杂系统的研究对象有:多体问题、内聚现象、混沌、生命对策、单元自动机、浸透、渗透、传播模型、森林火灾、流行现象、交通流、群体行为、雪崩、波动(朱利亚集合)、L 系统、经营管理、经济(混沌动态均衡论、收获递增法则)、生态对策、进化、共同进化、寄生等。

由此可见,复杂系统的研究对象十分广泛,因此吸引了众多学者的关注。相信不久的将来,它在各个领域都会取得丰硕的成果。图 9-4 示出了从狭义系统到复杂系统的发展情况。

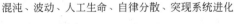

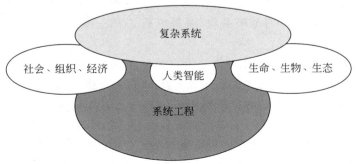

图 9-4　系统概念的新发展

由此可见,以机械工程为基础的系统工程,正在向以复杂系统为主题,以人工生命、突现系统、进化、自适应等生物系统,以及人类智能、社会组织、经济、管理等为研究对象,以信息为突破口的新的系统概念方向发展,它将继承已有工程的基础并继续向前发展。

蝴蝶效应

现在假设在地球上的某个地方,例如停在纽约中央公园鲜花上的蝴蝶轻轻地拍了一下翅膀,那么通过地球大气的运动,几个月后相距甚远的亚马孙河出现了大暴雨,这个比喻就是蝴蝶效应。

确定性混沌指在参数的某个范围内,尽管初值的变化非常非常小(例如像蝴蝶的翅膀引起空气的波动那样微小),结果却产生非常大的变化。它也称为初值敏感性,是确定性混沌的一大特征。

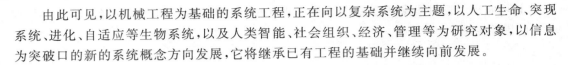

9.5 案 例 分 析

人机对抗技术其实不是什么新技术,早在 1963 年,第一次人机对抗的事件就发生了。当时的国际象棋大师兼教练大卫·布龙斯坦怀疑计算机的创造性能力,于是便同意用自己的智慧与计算机较量。对局进行到一半时,计算机就把布龙斯坦的一半兵力都吃掉了。1997 年 5 月 11 日,在人与计算机之间挑战赛的历史上可以说是历史性的一天,计算机在正常时限的比赛中首次击败了等级分排名世界第一的棋手,加里卡斯帕罗夫以 2.5∶3.5 输给IBM 的计算机程序"深蓝"。机器的胜利标志着国际象棋历史的新时代,也标志着人机对抗技术发展的逐步成熟。电子游戏中的人机对抗本质上和棋类的人机对抗是一样的,即在一定的规则限制下,若干个人与计算机 AI 的、以达成一定成就为目标的对抗。

DOTA 是计算机领域新兴的一个多人对抗项目,全称为 defense of the ancients,即守卫遗迹,是由暴雪公司出品即时战略游戏《魔兽争霸 3》的一款多人即时对战、自定义地图,可支持 10 个人同时连线游戏。

DOTA 地图最早是由作者 Eul 创作的源自星际争霸的一个 RPG 对战地图,后来地图移植到了魔兽争霸 3 上并陆续有不同的作者更新 DOTA 地图,它们各自添加了不同的游戏元素。随后由 Guinsoo 整理了这些地图制作了 DOTA Allstars。在 2005 年,6.01 版发布不久,IceFrog 和 Neichus 对地图进行了多次修正和更新。之后 Neichus 退出,IceFrog 成为主要的地图程序员,负责包括游戏的执行和平衡的测试在内的任何工作。随着 6 系列版本不断被发布、bug 的修正,新的英雄和技能也不断地被引入了 DOTA。

DOTA 是一个重视对抗的 5V5 角色扮演游戏,游戏目标是在队友的合作下,摧毁对方的基地;或是有一方全部退出游戏。游戏中也有由人工智能所控制的单位。这种多人在线竞技模式后来被称为"DOTA 类游戏",为之后的多个竞技类游戏产生了深远的影响,且它的规则在某些方面与象棋类似。

(1)参与对抗的对抗者最多为 10 人,分为两大阵营,每方阵营各 5 人。

(2)每个参与者扮演一名"棋子"。每个棋子拥有生命力、战斗力等属性,可以通过学习不同的技能,购买不同的物品提升自身的实力。

(3)双方所有棋子在一定的地域内活动。同时,双方各有一座遗迹,和数个保卫遗迹的建筑物。

(4)每一方的棋子都必须不计一切代价保护己方的建筑物和遗迹,同时利用一切可行方式去摧毁敌方的建筑物和遗迹。

(5)一旦一方棋子率先突破防御,摧毁了对方的遗迹,该方立即获胜,并宣告对抗终结。

但正因为 DOTA 是多人对抗项目,为了能进行对抗,计算机必须联网,而且还必须有他人参与。如果因为某些原因,比如计算机无法联网,或者参与的人数不足等,便无法正常进行对抗。

为了解决这些问题,一名国外编程高手 Lazyfiend,简称 RGB,编写了一套人工智能系统,可以生成数个计算机控制的角色,来顶替人数的空缺,跟真正的人类竞技。这就是DOTA 上最初的人机对抗项目。这个人机对抗系统极大地缓解了因为计算机无法联网或人数不足等原因,而不能正常进行对抗的问题。使用 DOTA 人工智能系统进行竞技的人不计其数。因此,DOTA 人机对抗项目独立出来,成为与 DOTA 人人对抗项目齐名的新型项目——DOTA 人工智能系统,简称 DOTA AI。人们也分成了两大类,一类与其他人通过DOTA 对抗,一类跟计算机通过 DOTA AI 对抗。

随着时间的推移,RGB 的 DOTA AI 的弊端也就浮现出来。由于 RGB 完全采用了工程学方法编程,计算机角色的一切行为全都固定化,因此计算机角色控制的棋子的行动套路全部是事先编好的,不会随机应变。虽然这种人工智能系统在当时打败了不少人,击溃了不少挑战,但现在,人们已经看破了这种人工智能系统的运作方式,找出了它的致命破绽。

不同于 RGB 的完全工程学方法、完全固定套路的算法,有人采用以模拟法为主导、工程学为辅助的算法,在理论上构建了一个人工智能系统,大体包含如下几部分。

1. 巡查系统

DOTA AI 是建立在 DOTA 的基础上的,所以最重要的一点是必须严格遵守 DOTA 的各项规则,计算机角色的各种行为不能超出 DOTA 规则所允许的范围之外。这些规则将通过一个巡查系统实现。由于规则是完全固定的,不会也不容许有任何更改,因此该系统使用工程学方法编程。

巡查系统是独立于所有计算机角色之外的裁判,应该有如下功能。

(1)信号转化。把进行对抗时所有传递给人类的、人类大脑可以识别的视觉、听觉等信息,转化为计算机角色可以识别的数字信号。这个功能为计算机角色提供知觉能力。

(2)行为限制。因为人类角色在进行对抗前已经熟知了对抗规则,所以会自觉地避免让所控制棋子做出违规行为的情形。而巡查系统就起着实时监控计算机角色行为的作用,如果某个计算机角色的数据有可能指引它控制的棋子做出违规的行为,则巡查系统就对该计算机角色发出警告,以使其修正数据。

2. 控制系统

为了使计算机角色有效地控制它的棋子,必须有一个系统能够接收计算机角色发出的指令,并使棋子执行该指令。由于棋子应对计算机角色发出的指令绝对服从,因此控制系统也使用工程学方法编程。控制系统应该有如下功能。

(1) 发布指令。计算机角色可以通过这一功能,对它控制的棋子下达各种指令,比如移动、攻击、撤退、防守等。

(2) 响应指令。计算机角色发布一个指令后,棋子就必须立刻响应该指令,并严格执行。

(3) 执行结果反馈。棋子执行指令后,要对计算机角色汇报指令的执行情况。如果由于一些不可抗拒因素使得指令未被执行,或者指令执行不到位,计算机角色就要迅速做出其他决策。

3. 指令中心

指令中心是整个人工智能系统的核心,它起着人类大脑的思维的作用。没有指令中心,所有计算机角色也只不过是一堆堆数据;有了指令中心,计算机角色就是真人一样的存在,才有类似真人的思维和行为。指令中心应该有如下功能。

(1) 知己知彼。所谓"知己知彼,百战不殆",计算机角色想要正确做出决策,必须全面掌握己方和对手的详细数据。虽然计算机角色可以控制的棋子种类很多,每个棋子的实力也不同,但由于棋子所有的能力(生命力、战斗力等)都可以用具体的数据来表示,因此无论什么时候,一个由计算机角色控制的棋子,它的整体实力都可以靠一系列实数完整地描述。所以这个功能用完全工程学方法实现。

(2) 探索活动区域。DOTA 的活动区域很大,而棋子的视野很小,所以计算机角色需要通过让棋子探索活动区域来掌握战场状况。因为存在少数几处固定的"兵家必争之地",但由于其他(不论人类还是计算机)角色控制的棋子是活动的,懂得转移阵地或建立临时阵地,所以这个功能可以由半工程学法、半模拟法共同实现。

(3) 提升棋子实力。为了战胜对手,需要使自己控制的棋子变得更强。增强棋子实力的方式是获得经验值、提升等级、学习技能、购买物品。DOTA 中每个棋子都有经验值的设定,通过与对手对抗,每次对抗的胜利者都会获得经验值。每当经验值累积到一定程度,棋子的等级就会提升。棋子每提升一次等级,就可以学习一个技能。一个棋子可以从它的技能库中选择一个技能进行学习。

DOTA 中有数量众多的物品可供计算机角色购买,并装备给它控制的棋子。通过与对手对抗,每次对抗的胜利者都会获得金钱奖励,当金钱奖励累积到一定程度,就可以从物品库中购买一个物品(多选一),装备给它的棋子。

每个计算机的棋子实力都不相同,因此不同技能和不同物品对棋子起到的能力提升作用也不同,组合数量非常巨大。虽然在技能学习和物品购买方面存在一些已有的常识性规则,但更多时候还要靠模拟法实现。

(4) 实时评估。就算计算机角色知己知彼,也知道如何提升自己棋子的实力,但真正面对对手时,也需要有快速反应能力,来评估战场局势,是攻是退、是坚守阵地还是呼叫支援。

RGB的人工智能系统最大的弊端就在于,这一战场评估功能也采用了完全工程学编程,使得计算机角色没有主动的、实时的评估能力,只有被动的、反应速度慢的评估能力,从而可以被人类角色用计谋轻易击败。而新版人工智能系统采用模拟法编程,能使计算机角色拥有较强的分析能力和计谋使用能力,让其更不易被击败。另外,计算机角色的实施评估能力要受到巡查系统的制约,即计算机角色不能以违规的方式对付对手角色,对手角色也不能以违规的方式对付己方角色。

思 考 题

9-1 遗传算法有哪些应用?

9-2 畅想一下人工智能对人类未来的影响。

附　录

附表 1　相关系数检验表

自由度 $n-m-1$	自变量个数 m				自由度 $n-m-1$	自变量个数 m			
	1	2	3	4		1	2	3	4
	$\alpha=0.05$					$\alpha=0.01$			
1	0.997	0.999	0.999	0.999	1	1.000	1.000	1.000	1.000
2	0.950	0.975	0.983	0.987	2	0.990	0.995	0.997	0.998
3	0.878	0.930	0.950	0.961	3	0.959	0.976	0.983	0.987
4	0.811	0.881	0.912	0.930	4	0.917	0.949	0.963	0.970
5	0.754	0.836	0.874	0.898	5	0.874	0.917	0.937	0.949
6	0.707	0.795	0.839	0.867	6	0.834	0.886	0.911	0.927
7	0.666	0.758	0.807	0.838	7	0.798	0.855	0.885	0.904
8	0.632	0.726	0.777	0.811	8	0.765	0.827	0.860	0.882
9	0.602	0.697	0.750	0.766	9	0.735	0.800	0.835	0.861
10	0.576	0.671	0.726	0.763	10	0.708	0.776	0.814	0.840
11	0.553	0.648	0.703	0.741	11	0.684	0.753	0.793	0.821
12	0.532	0.627	0.683	0.722	12	0.661	0.732	0.773	0.802
13	0.514	0.608	0.664	0.703	13	0.641	0.712	0.755	0.785
14	0.497	0.590	0.646	0.686	14	0.623	0.694	0.737	0.768
15	0.482	0.574	0.630	0.670	15	0.606	0.677	0.721	0.752
16	0.468	0.559	0.615	0.655	16	0.590	0.662	0.706	0.738
17	0.456	0.545	0.601	0.641	17	0.575	0.647	0.691	0.724
18	0.444	0.532	0.587	0.628	18	0.561	0.633	0.678	0.710
19	0.433	0.520	0.575	0.615	19	0.549	0.620	0.665	0.698
20	0.423	0.509	0.563	0.604	20	0.537	0.608	0.652	0.585
25	0.381	0.462	0.514	0.553	25	0.487	0.555	0.600	0.633
30	0.349	0.426	0.476	0.514	30	0.449	0.514	0.558	0.691
35	0.325	0.397	0.445	0.482	35	0.418	0.481	0.523	0.556
40	0.304	0.373	0.419	0.445	40	0.393	0.454	0.494	0.526
50	0.273	0.336	0.379	0.412	50	0.354	0.410	0.449	0.479
60	0.250	0.308	0.348	0.380	60	0.325	0.377	0.414	0.442
70	0.232	0.286	0.324	0.354	70	0.302	0.351	0.386	0.413
80	0.217	0.269	0.304	0.332	80	0.283	0.333	0.362	0.389
100	0.195	0.241	0.274	0.300	100	0.254	0.297	0.327	0.351

附表 2 T 分布表

$P\{t(n)>t_\alpha(n)\}=\alpha$

自由度 $n-m-1$	显著水平 α					
	0.10	0.05	0.02	0.01	0.002	0.001
1	6.31	12.7	31.82	63.7	318.3	637.0
2	2.92	4.30	6.97	9.92	22.33	31.6
3	2.35	3.18	4.54	5.84	10.22	12.9
4	2.13	2.78	3.75	4.60	7.17	8.61
5	2.01	2.57	3.37	4.03	5.89	6.86
6	1.94	2.45	3.14	3.71	5.21	5.96
7	1.89	2.36	3.00	3.50	4.79	5.40
8	1.86	2.31	2.90	3.36	4.50	5.04
9	1.83	2.26	2.82	3.25	4.30	4.78
10	1.81	2.23	2.76	3.17	4.14	4.59
11	1.80	2.20	2.72	3.11	4.03	4.44
12	1.78	2.18	2.68	3.05	3.93	4.32
13	1.77	2.16	2.65	3.01	3.85	4.22
14	1.76	2.14	2.62	2.98	3.79	4.14
15	1.75	2.13	2.60	2.95	3.73	4.07
16	1.75	2.12	2.58	2.92	3.69	4.01
17	1.74	2.11	2.57	2.90	3.65	3.96
18	1.73	2.10	2.55	2.88	3.61	3.92
19	1.73	2.09	2.54	2,86	3.58	3.88
20	1.73	2.09	2.53	2.85	3.55	3.85
21	1.72	2.08	2.52	2.83	3.53	3.82
22	1.72	2.07	2.51	2.82	3.51	3.79
23	1.71	2.07	2.50	2.81	3.49	3.77
24	1.71	2.06	2.49	2.80	3.47	3.74
25	1.71	2.06	2.49	2.79	3.45	3.72
26	1.71	2.06	2.48	2.78	3.44	3.71
27	1.71	2.05	2.47	2.77	3.42	3.69
28	1.70	2.05	2.46	2.76	3.40	3.66
29	1.70	2.05	2.46	2.76	3.40	3.66
30	1.70	2.04	2.46	2.75	3.39	3.65
40	1.68	2.02	2.42	2.70	3.31	3.55
60	1.67	2.00	2.39	2.66	3.23	3.46
120	1.66	1.98	2.36	2.62	3.17	3.37
∞	1.64	1.98	2.33	2.58	3.09	3.29

附表 3　F 分布表

F 分布的临界点（$\alpha=0.01$）

$n-m-1$	\multicolumn{19}{c}{m}
	1	2	3	4	5	6	7	8	9	10	12	15	20	24	30	40	60	120	∞
1	4052	4999	5403	5625	5764	5859	5928	5982	6022	6056	6106	6157	6209	6235	6261	6287	6313	6339	6366
2	98.50	99.00	99.17	99.25	99.30	99.33	99.36	99.37	99.39	99.40	99.42	99.43	99.45	99.46	99.47	99.47	99.48	99.49	99.50
3	34.12	30.82	29.46	28.71	28.24	27.91	27.67	27.49	27.35	27.23	27.05	26.87	26.69	26.60	26.50	26.41	26.32	26.22	26.13
4	21.20	18.00	16.69	15.98	15.52	15.21	14.98	14.80	14.66	14.55	14.37	14.20	14.02	13.93	13.84	13.75	13.65	13.56	13.46
5	16.26	13.27	12.06	11.39	10.97	10.67	10.46	10.29	10.16	10.05	9.89	9.72	9.55	9.47	9.38	9.29	9.20	9.11	9.02
6	13.75	10.92	9.78	9.15	8.75	8.47	8.26	8.10	7.98	7.87	7.72	7.56	7.40	7.31	7.23	7.14	7.06	6.97	6.88
7	12.25	9.55	8.45	7.85	7.46	7.19	6.99	6.84	6.72	6.62	6.47	6.31	6.16	6.07	5.99	5.91	5.82	5.74	5.65
8	11.26	8.65	7.59	7.01	6.63	6.37	6.18	6.03	5.91	5.81	5.67	5.52	5.36	5.28	5.20	5.12	5.03	4.95	4.86
9	10.56	8.02	6.99	6.42	6.06	5.80	5.61	5.47	5.35	5.26	5.11	4.96	4.81	4.73	4.65	4.57	4.48	4.40	4.31
10	10.04	7.56	6.55	5.99	5.64	5.39	5.20	5.06	4.94	4.85	4.71	4.56	4.41	4.33	4.25	4.17	4.08	4.00	3.91
11	9.65	7.21	6.22	5.67	5.32	5.07	4.89	4.74	4.63	4.54	4.40	4.25	4.10	4.02	3.94	3.86	3.78	3.69	3.60
12	9.33	6.93	5.95	5.41	5.06	4.82	4.64	4.50	4.39	4.30	4.16	4.01	3.86	3.78	3.70	3.62	3.54	3.45	3.36
13	9.07	6.70	5.74	5.21	4.86	4.62	4.44	4.30	4.19	4.10	3.96	3.82	3.66	3.59	3.51	3.43	3.34	3.25	3.17
14	8.86	6.51	5.56	5.04	4.69	4.46	4.28	4.14	4.03	3.94	3.80	3.66	3.51	3.43	3.35	3.27	3.18	3.09	3.00
15	8.68	6.36	5.42	4.89	4.56	4.32	4.14	4.00	3.89	3.80	3.67	3.52	3.37	3.29	3.21	3.13	3.05	2.96	2.87
16	8.53	6.23	5.29	4.77	4.44	4.20	4.03	3.89	3.78	3.69	3.55	3.41	3.26	3.18	3.10	3.02	2.93	2.84	2.75
17	8.40	6.11	5.18	4.67	4.34	4.10	3.93	3.79	3.68	3.59	3.46	3.31	3.16	3.08	3.00	2.92	2.83	2.75	2.65

续表

$n-m-1$	1	2	3	4	5	6	7	8	9	10	12	15	20	24	30	40	60	120	∞
18	8.29	6.01	5.09	4.58	4.25	4.01	3.84	3.71	3.60	3.51	3.37	3.23	3.08	3.00	2.92	2.84	2.75	2.66	2.57
19	8.18	5.93	5.01	4.50	4.17	3.94	3.77	3.63	3.52	3.43	3.30	3.15	3.00	2.92	2.84	2.76	2.67	2.58	2.49
20	8.10	5.85	4.94	4.43	4.10	3.87	3.70	3.56	3.46	3.37	3.23	3.09	2.94	2.86	2.78	2.69	2.61	2.52	2.42
21	8.02	5.78	4.87	4.37	4.04	3.81	3.64	3.51	3.40	3.31	3.17	3.03	2.88	2.80	2.72	2.64	2.55	2.46	2.36
22	7.95	5.72	4.82	4.31	3.99	3.76	3.59	3.45	3.35	3.26	3.12	2.98	2.83	2.75	2.67	2.58	2.50	2.40	2.31
23	7.88	5.66	4.76	4.26	3.94	3.71	3.54	3.41	3.30	3.21	3.07	2.93	2.78	2.70	2.62	2.54	2.45	2.35	2.26
24	7.82	5.61	4.72	4.22	3.90	3.67	3.50	3.36	3.26	3.17	3.03	2.89	2.74	2.66	2.58	2.49	2.40	2.31	2.21
25	7.77	5.57	4.68	4.18	3.85	3.63	3.46	3.32	3.22	3.13	2.99	2.85	2.70	2.62	2.54	2.45	2.36	2.27	2.17
26	7.72	5.53	4.64	4.14	3.82	3.59	3.42	3.29	3.18	3.09	2.96	2.81	2.66	2.58	2.50	2.42	2.33	2.23	2.13
27	7.64	5.49	4.60	4.11	3.78	3.56	3.39	3.26	3.15	3.06	2.93	2.78	2.63	2.55	2.47	2.38	2.29	2.20	2.10
28	7.68	5.45	4.57	4.07	3.75	3.53	3.36	3.23	3.12	3.03	2.90	2.75	2.60	2.52	2.44	2.35	2.26	2.17	2.06
29	7.60	5.42	4.54	4.04	3.73	3.50	3.33	3.20	3.09	3.00	2.87	2.73	2.57	2.49	2.41	2.33	2.23	2.14	2.03
30	7.56	5.39	4.51	4.02	3.70	3.47	3.30	3.17	3.07	2.98	2.84	2.70	2.55	2.47	2.39	2.30	2.21	2.11	2.01
40	7.31	5.18	4.31	3.83	3.51	3.29	3.12	2.99	2.89	2.80	2.66	2.52	2.37	2.29	2.20	2.11	2.02	1.92	1.80
60	7.08	4.98	4.13	3.65	3.34	3.12	2.95	2.82	2.72	2.63	2.50	2.35	2.20	2.12	2.03	1.94	1.84	1.73	1.60
120	6.85	4.79	3.95	3.48	3.17	2.96	2.79	2.66	2.56	2.47	2.34	2.19	2.00	1.95	1.86	1.76	1.66	1.53	1.38
∞	6.63	4.01	3.78	3.32	3.02	2.80	2.64	2.51	2.41	2.32	2.18	2.04	1.88	1.79	1.70	1.59	1.47	1.32	1.00

m

F 分布的临界点（α=0.025）

$n-m-1$	1	2	3	4	5	6	7	8	9	10	12	15	20	24	30	40	60	120	∞
1	647.8	799.5	864.2	899.6	921.8	937.1	948.2	956.7	963.3	968.6	976.7	984.9	993.1	997.2	1001	1006	1010	1014	1018
2	38.51	39.00	39.17	39.25	39.30	39.33	39.36	39.37	39.39	39.40	39.41	39.43	39.45	59.46	39.46	39.47	39.48	39.49	39.50
3	17.44	16.04	15.44	15.10	14.88	14.73	14.62	14.54	14.47	14.42	14.34	14.25	14.17	14.12	14.08	14.04	13.99	13.95	13.90
4	12.22	10.65	9.98	9.60	9.36	9.20	9.07	8.98	8.90	8.84	8.75	8.66	8.56	8.51	8.46	8.41	8.36	8.31	8.26
5	10.01	8.43	7.76	7.36	7.15	6.98	6.85	6.76	6.68	6.62	6.52	6.43	6.33	6.28	6.23	6.18	6.12	6.07	6.02
6	8.81	7.26	6.60	6.23	5.99	5.82	5.70	5.60	5.52	5.46	5.37	5.27	5.17	5.12	5.07	5.01	4.96	4.90	4.85
7	8.07	6.54	5.89	5.52	5.29	5.12	4.99	4.90	4.82	4.76	4.67	4.57	4.47	4.42	4.36	4.31	4.25	4.20	4.14
8	7.57	6.06	5.42	5.05	4.82	4.65	4.53	4.43	4.36	4.30	4.20	4.10	4.00	3.95	3.89	3.84	3.78	3.73	3.67
9	7.21	5.71	5.08	4.72	4.48	4.32	4.20	4.10	4.03	3.96	3.87	3.77	3.67	3.61	3.56	3.51	3.45	3.39	3.33
10	6.94	5.46	4.83	4.47	4.24	4.07	3.95	3.85	3.78	3.72	3.62	3.52	3.42	3.37	3.31	3.26	3.20	3.14	3.08
11	6.72	5.26	4.63	4.28	4.04	3.88	3.76	3.66	3.59	3.53	3.43	3.33	3.23	3.17	3.12	3.06	3.00	2.94	2.88
12	6.55	5.10	4.47	4.12	3.89	3.73	3.61	3.51	3.44	3.37	3.28	3.18	3.07	3.02	2.96	2.91	2.85	2.79	2.72
13	6.41	4.97	4.35	4.00	3.77	3.60	3.48	3.39	3.31	3.25	3.15	3.05	2.95	2.89	2.84	2.78	2.72	2.66	2.60
14	6.30	4.86	4.24	3.89	3.66	3.50	3.38	3.29	3.21	3.15	3.05	2.95	2.84	2.79	2.73	2.67	2.61	2.55	2.49
15	6.20	4.77	4.15	3.80	3.58	3.41	3.29	3.20	3.12	3.06	2.96	2.86	2.76	2.70	2.64	2.59	2.52	2.46	2.40
16	6.12	4.69	4.08	3.73	3.50	3.34	3.22	3.12	3.05	2.99	2.89	2.79	2.68	2.63	2.57	2.51	2.45	2.38	2.32
17	6.04	4.62	4.01	3.66	3.44	3.28	3.16	3.06	2.98	2.92	2.82	2.72	2.62	2.56	2.50	2.44	2.38	2.32	2.25
18	5.98	4.56	3.95	3.61	3.38	3.22	3.10	3.01	2.93	2.87	2.77	2.67	2.56	2.50	2.44	2.38	2.32	2.26	2.19

m

续表

$n-m-1$	1	2	3	4	5	6	7	8	9	10	12	15	20	24	30	40	60	120	∞
													m						
19	5.92	4.51	3.90	3.56	3.33	3.17	3.05	2.96	2.88	2.82	2.72	2.62	2.51	2.45	2.39	2.33	2.27	2.20	2.13
20	5.87	4.46	3.86	3.51	3.29	3.13	3.01	2.91	2.84	2.77	2.68	2.57	2.46	2.41	2.35	2.29	2.22	2.16	2.09
21	5.83	4.42	3.82	3.48	3.25	3.09	2.97	2.87	2.80	2.73	2.64	2.56	2.42	2.37	2.31	2.25	2.18	2.11	2.04
22	5.79	4.38	3.78	3.44	3.22	3.05	2.93	2.84	2.76	2.70	2.60	2.50	2.39	2.33	2.27	2.21	2.14	2.08	2.00
23	5.75	4.35	3.75	3.41	3.18	3.02	2.90	2.81	2.73	2.67	2.57	2.47	2.36	2.30	2.24	2.18	2.11	2.04	1.97
24	5.72	4.32	3.72	3.38	3.15	2.99	2.87	2.78	2.70	2.64	2.54	2.44	2.33	2.27	2.21	2.15	2.08	2.01	1.94
25	5.69	4.29	3.69	3.35	3.13	2.97	2.85	2.75	2.68	2.61	2.51	2.41	2.30	2.24	2.18	2.12	2.05	1.98	1.91
26	5.66	4.27	3.67	3.33	3.10	2.94	2.82	2.73	2.65	2.59	2.49	2.39	2.28	2.22	2.16	2.09	2.03	1.95	1.88
27	5.63	4.24	3.65	3.31	3.08	2.92	2.80	2.71	2.63	2.57	2.47	2.36	2.25	2.19	2.13	2.07	2.00	1.93	1.85
28	5.61	4.22	3.63	3.29	3.06	2.90	2.78	2.69	2.61	2.55	2.45	2.34	2.23	2.17	2.11	2.05	1.98	1.91	1.83
29	5.59	4.20	3.61	3.27	3.04	2.88	2.76	2.67	2.59	2.53	2.43	2.32	2.21	2.15	2.09	2.03	1.96	1.89	1.81
30	5.57	4.18	3.59	3.25	3.03	2.87	2.75	2.65	2.57	2.51	2.41	2.31	2.20	2.14	2.07	2.01	1.94	1.87	1.79
40	5.42	4.05	3.46	3.13	2.90	2.74	2.62	2.53	2.45	2.39	2.29	2.18	2.07	2.01	1.94	1.88	1.80	1.72	1.64
60	5.29	3.93	3.34	3.01	2.79	2.63	2.51	2.41	2.33	2.27	2.17	2.06	1.94	1.88	1.82	1.74	1.67	1.58	1.48
120	5.15	3.80	3.23	2.89	2.67	2.52	2.39	2.30	2.2	2.16	2.05	1.94	1.82	1.76	1.69	1.61	1.53	1.43	1.31
∞	5.02	3.69	3.12	2.79	2.57	2.41	2.29	2.19	2.11	2.05	1.94	1.83	1.71	1.64	1.57	1.48	1.39	1.27	1.00

F 分布的临界点（α=0.05）

$n-m-1$	1	2	3	4	5	6	7	8	9	10	12	15	20	24	30	40	60	120	∞
1	161.4	199.5	215.7	224.6	230.2	234.0	236.8	238.9	240.5	241.9	243.9	245.9	248.0	249.1	250.1	251.1	252.2	253.3	254.3
2	18.54	19.00	19.16	19.25	19.30	19.33	19.35	19.37	19.38	19.40	19.41	19.43	19.45	19.45	19.40	19.47	19.48	19.49	19.50
3	10.13	9.55	9.28	9.12	9.01	8.94	8.89	8.85	8.81	8.79	8.74	8.70	8.66	8.64	8.62	8.69	8.57	8.55	8.53
4	7.71	6.94	6.59	6.39	6.26	6.16	6.09	6.04	6.00	5.96	5.91	5.86	5.80	5.77	5.75	5.72	5.69	5.66	5.63
5	6.61	5.79	5.41	5.19	5.05	4.95	4.88	4.82	4.77	4.74	4.68	4.62	4.56	4.53	4.50	4.46	4.43	4.40	4.36
6	5.99	5.14	4.76	4.53	4.39	4.28	4.21	4.15	4.10	4.06	4.00	3.94	3.87	3.84	3.81	3.77	3.74	3.70	3.67
7	5.59	4.74	4.35	4.12	3.97	3.87	3.79	3.73	3.68	3.64	3.57	3.51	3.44	3.41	3.38	3.34	3.30	3.27	3.23
8	5.32	4.46	4.07	3.84	3.69	3.58	3.50	3.44	3.39	3.35	3.28	3.22	3.15	3.12	3.08	3.04	3.01	2.97	2.93
9	5.12	4.20	3.86	3.63	3.48	3.37	3.29	3.23	3.18	3.14	3.07	3.01	2.94	2.90	2.86	2.83	2.79	2.75	2.71
10	4.96	4.10	3.71	3.48	3.33	3.22	3.14	3.07	3.02	2.98	2.91	2.85	2.77	2.74	2.70	2.66	2.62	2.58	2.54
11	4.84	3.98	3.59	3.36	3.20	3.09	3.01	2.95	2.90	2.85	2.79	2.72	2.65	2.61	2.57	2.53	2.49	2.45	2.40
12	4.75	3.89	3.49	3.26	3.11	3.00	2.91	2.85	2.80	2.75	2.69	2.62	2.54	2.51	2.47	2.43	2.38	2.34	2.30
13	4.67	3.81	3.41	3.18	3.03	2.92	2.83	2.77	2.71	2.67	2.60	2.53	2.46	2.42	2.38	2.34	2.30	2.25	2.21
14	4.60	3.74	3.34	3.11	2.96	2.85	2.76	2.70	2.65	2.60	2.53	2.46	2.39	2.35	2.31	2.27	2.22	2.18	2.13
15	4.54	3.68	3.29	3.06	2.90	2.79	2.71	2.64	2.59	2.54	2.48	2.40	2.33	2.29	2.25	2.20	2.16	2.11	2.07
16	4.49	3.63	3.24	3.01	2.85	2.74	2.66	2.59	2.54	2.49	2.42	2.35	2.28	2.24	2.19	2.15	2.11	2.06	2.01
17	4.45	3.59	3.20	2.96	2.81	2.70	2.61	2.55	2.49	2.45	2.38	2.31	2.23	2.19	2.15	2.10	2.06	2.01	1.96
18	4.41	3.55	3.16	2.93	2.77	2.66	2.58	2.51	2.46	2.41	2.34	2.27	2.19	2.15	2.11	2.06	2.02	1.97	1.92

续表

$n-m-1$	\ m	1	2	3	4	5	6	7	8	9	10	12	15	20	24	30	40	60	120	∞
19		4.38	3.52	3.13	2.90	2.74	2.63	2.54	2.48	2.42	2.38	2.31	2.23	2.16	2.11	2.07	2.03	1.98	1.93	1.88
20		4.35	3.49	3.10	2.87	2.71	2.60	2.51	2.45	2.39	2.35	2.28	2.20	2.12	2.08	2.04	1.99	1.95	1.90	1.84
21		4.32	3.47	3.07	2.84	2.68	2.57	2.49	2.42	2.37	2.32	2.25	2.18	2.10	2.05	2.01	1.96	1.92	1.87	1.81
22		4.30	3.44	3.05	2.82	2.66	2.55	2.46	2.40	2.34	2.30	2.23	2.15	2.07	2.03	1.98	1.94	1.89	1.84	1.78
23		4.28	3.42	3.03	2.80	2.64	2.53	2.44	2.37	2.32	2.27	2.20	2.13	2.05	2.01	1.96	1.91	1.86	1.81	1.76
24		4.26	3.40	3.01	2.78	2.62	2.51	2.42	2.36	2.30	2.25	2.18	2.11	2.03	1.98	1.94	1.89	1.84	1.79	1.73
25		4.24	3.39	2.99	2.76	2.60	2.49	2.40	2.34	2.28	2.24	2.16	2.09	2.01	1.96	1.92	1.87	1.82	1.77	1.71
26		4.23	3.37	2.98	2.74	2.59	2.47	2.39	2.32	2.27	2.22	2.15	2.07	1.99	1.95	1.90	1.85	1.80	1.75	1.69
27		4.21	3.35	2.96	2.73	2.57	2.46	2.37	2.31	2.25	2.20	2.13	2.06	1.97	1.93	1.88	1.84	1.79	1.73	1.67
28		4.20	3.34	2.95	2.71	2.56	2.45	2.36	2.29	2.24	2.19	2.12	2.04	1.96	1.91	1.87	1.82	1.77	1.71	1.65
29		4.18	3.33	2.93	2.70	2.55	2.43	2.35	2.28	2.22	2.18	2.10	2.03	1.94	1.90	1.85	1.81	1.75	1.70	1.64
30		4.17	3.32	2.92	2.69	2.53	2.42	2.33	2.27	2.21	2.16	2.09	2.01	1.93	1.89	1.84	1.79	1.74	1.68	1.62
40		4.08	3.23	2.84	2.61	2.45	2.34	2.25	2.18	2.12	2.08	2.00	1.92	1.84	1.79	1.74	1.69	1.64	1.58	1.51
60		4.00	3.15	2.76	2.53	2.37	2.25	2.17	2.10	2.04	1.99	1.92	1.84	1.75	1.70	1.65	1.59	1.53	1.47	1.39
120		3.92	3.07	2.68	2.45	2.29	2.17	2.09	2.02	1.96	1.91	1.83	1.75	1.66	1.61	1.55	1.50	1.43	1.35	1.25
∞		3.84	3.00	2.60	2.37	2.21	2.10	2.01	1.94	1.88	1.83	1.75	1.67	1.57	1.52	1.46	1.39	1.32	1.21	1.00

F 分布的临界点（$\alpha=0.10$）

$n-m-1$	\ m	1	2	3	4	5	6	7	8	9	10	12	15	20	24	30	40	60	120	∞
1		39.86	49.50	53.59	55.83	57.24	58.20	58.91	59.44	59.86	60.19	60.71	61.22	61.74	62.00	62.26	62.53	62.79	63.06	63.33
2		8.53	9.00	9.16	9.24	9.29	9.33	9.35	9.37	9.38	9.39	9.41	9.42	9.44	9.45	9.46	9.47	9.47	9.48	9.49
3		5.54	5.46	5.39	5.34	5.31	5.28	5.27	5.25	5.24	5.23	5.22	5.20	5.18	5.18	5.17	5.16	5.15	5.14	5.13
4		4.54	4.32	4.19	4.11	4.05	4.01	3.98	3.95	3.94	3.92	3.90	3.87	3.84	3.83	3.82	3.80	3.79	3.78	3.76
5		4.06	3.78	3.62	3.52	3.45	3.40	3.37	3.34	3.32	3.30	3.27	3.24	3.21	3.19	3.17	3.16	3.14	3.12	3.10
6		3.78	3.46	3.29	3.18	3.11	3.05	3.01	2.98	2.96	2.94	2.90	2.87	2.84	2.82	2.80	2.78	2.76	2.74	2.72
7		3.59	3.26	3.07	2.96	2.88	2.83	2.78	2.75	2.72	2.70	2.67	2.63	2.59	2.58	2.56	2.54	2.51	2.49	2.47
8		3.46	3.11	2.92	2.81	2.73	2.67	2.62	2.59	2.56	2.54	2.50	2.46	2.42	2.40	2.38	2.36	2.34	2.32	2.20
9		3.36	3.01	2.81	2.69	2.61	2.55	2.51	2.47	2.44	2.42	2.38	2.34	2.30	2.28	2.25	2.23	2.21	2.18	2.16
10		3.29	2.92	2.73	2.61	2.52	2.46	2.41	2.38	2.35	2.32	2.28	2.24	2.20	2.18	2.16	2.13	2.11	2.08	2.06
11		3.23	2.86	2.66	2.54	2.45	2.39	2.34	2.30	2.27	2.25	2.21	2.17	2.12	2.12	2.08	2.05	2.03	2.00	1.97
12		3.18	2.81	2.61	2.48	2.39	2.33	2.28	2.24	2.21	2.19	2.15	2.10	2.04	2.06	2.01	1.99	1.96	1.93	1.90
13		3.14	2.76	2.56	2.43	2.35	2.28	2.23	2.20	2.16	2.14	2.10	2.05	2.01	1.98	1.96	1.93	1.90	1.88	1.85
14		3.10	2.73	2.52	2.39	2.31	2.24	2.19	2.15	2.12	2.10	2.05	2.01	1.96	1.94	1.91	1.89	1.86	1.83	1.80
15		3.07	2.70	2.49	2.36	2.27	2.21	2.16	2.12	2.09	2.06	2.02	1.97	1.92	1.90	1.87	1.85	1.82	1.79	1.76
16		3.05	2.67	2.46	2.33	2.24	2.18	2.13	2.09	2.06	2.03	1.99	1.94	1.89	1.87	1.84	1.81	1.78	1.75	1.72
17		3.03	2.64	2.44	2.31	2.22	2.16	2.10	2.06	2.03	2.00	1.96	1.91	1.84	1.84	1.81	1.78	1.75	1.73	1.69
18		3.01	2.62	2.42	2.29	2.20	2.13	2.08	2.04	2.00	1.98	1.93	1.89	1.81	1.81	1.78	1.75	1.72	1.69	1.66

续表

$n-m-1$											m								
	1	2	3	4	5	6	7	8	9	10	12	15	20	24	30	40	60	120	∞
19	2.99	2.61	2.40	2.27	2.18	2.11	2.06	2.02	1.98	1.96	1.91	1.86	1.81	1.79	1.76	1.73	1.70	1.69	1.63
20	2.97	2.59	2.38	2.25	2.16	2.09	2.04	2.00	1.96	1.94	1.89	1.84	1.79	1.77	1.74	1.71	1.68	1.64	1.61
21	2.96	2.57	2.36	2.23	2.14	2.08	2.02	1.98	1.96	1.92	1.87	1.83	1.78	1.75	1.72	1.69	1.66	1.62	1.59
22	2.95	2.56	2.35	2.22	2.13	2.06	2.01	1.97	1.93	1.90	1.86	1.81	1.76	1.73	1.70	1.67	1.64	1.60	1.57
23	2.94	2.55	2.34	2.21	2.11	2.05	1.99	1.95	1.92	1.89	1.84	1.80	1.74	1.72	1.69	1.66	1.62	1.59	1.55
24	2.93	2.54	2.33	2.19	2.10	2.04	1.98	1.94	1.91	1.88	1.83	1.78	1.73	1.70	1.67	1.64	1.61	1.57	1.53
25	2.92	2.53	2.32	2.18	2.09	2.02	1.97	1.93	1.89	1.87	1.82	1.77	1.72	1.69	1.66	1.63	1.59	1.56	1.52
26	2.91	2.52	2.31	2.17	2.08	2.01	1.96	1.92	1.88	1.86	1.81	1.76	1.71	1.68	1.65	1.61	1.58	1.54	1.50
27	2.90	2.51	2.30	2.17	2.07	2.00	1.95	1.91	1.87	1.85	1.80	1.75	1.70	1.67	1.64	1.60	1.57	1.53	1.49
28	2.89	2.50	2.29	2.16	2.06	2.00	1.94	1.90	1.87	1.84	1.79	1.74	1.69	1.66	1.63	1.59	1.56	1.52	1.48
29	2.89	2.50	2.28	2.15	2.06	1.99	1.93	1.89	1.86	1.83	1.78	1.73	1.68	1.65	1.62	1.58	1.55	1.51	1.47
30	2.88	2.49	2.28	2.14	2.05	1.98	1.93	1.88	1.85	1.82	1.77	1.72	1.67	1.64	1.61	1.57	1.54	1.50	1.46
40	2.84	2.44	2.23	2.09	2.00	1.93	1.87	1.83	1.79	1.76	1.71	1.66	1.61	1.57	1.54	1.51	1.47	1.42	1.38
60	2.79	2.39	2.18	2.04	1.95	1.87	1.82	1.77	1.74	1.71	1.66	1.60	1.54	1.51	1.48	1.44	1.40	1.35	1.29
120	2.75	2.35	2.13	1.99	1.90	1.82	1.77	1.72	1.68	1.65	1.60	1.55	1.48	1.45	1.41	1.37	1.32	1.26	1.19
∞	2.71	2.30	2.08	1.94	1.85	1.77	1.72	1.67	1.63	1.60	1.55	1.49	1.42	1.38	1.34	1.30	1.24	1.17	1.00

思考题答案

第1章 系统工程概述

1-1 阐述系统的基本概念、特性和类型。

答：系统是由两个以上有机联系、相互作用的要素组成的，具有特定功能、结构和环境的整体。

特性：（1）整体性；（2）层次性；（3）相关性；（4）目的性；（5）环境适应性。

类型：

（1）自然系统和人造系统；

（2）实体系统与概念系统；

（3）物理系统和非物理系统；

（4）静态系统与动态系统；

（5）封闭系统与开放系统；

（6）确定性系统和不确定性系统；

（7）简单系统和复杂系统。

1-2 什么是系统工程？它有哪些特点？

答：系统工程是以大型复杂系统为研究对象，按一定目的进行设计、开发、管理与控制，以期达到总体效果最优的理论与方法。

系统工程的特点：（1）系统工程的技术性本质；（2）系统工程强调系统观点；（3）系统工程的综合性；（4）系统工程的创造性；（5）系统工程的广泛适用性。

1-3 简述系统工程的理论基础。

答：系统工程是实现系统最优化的科学，是一门高度综合性的管理工程技术，涉及应用数学（如最优化方法、概率论、网络理论等）、基础理论（如信息论、控制论、可靠性理论等）、系统技术（如系统模拟、通信系统等）以及经济学、管理学、社会学、心理学等学科。但其理论主体则是由一般系统论、控制论、信息论、新三论、运筹学、复杂适应系统理论等理论体系构成的。

第2章 系统工程方法论

2-1 系统工程的方法体系的四个层次是什么？

答：（1）工具；（2）技术；（3）方法；（4）方法论。

2-2 系统工程方法论的原则是什么？

答：（1）整体性原则；（2）有序相关性原则；（3）动态性原则；（4）目标优化原则；（5）可行性原则。

2-3 什么是霍尔三维结构？它有何特点？

答：霍尔三维结构是将系统工程整个活动过程分为前后紧密衔接的七个阶段和七个步骤，同时还考虑了为完成这些阶段和步骤所需要的各种专业知识和技能。

霍尔三维结构系统是工程化理论的重要基础，体现了系统工程方法的系统化、最优化、综合化、程序化、标准化的特点。

2-4 切克兰德方法论的分析步骤是什么？

答：(1) 问题现状说明；(2) 弄清关联因素；(3) 建立概念模型；(4) 改善概念模型；(5) 选择；(6) 设计与实施；(7) 评估与反馈。

第 3 章　系 统 分 析

3-1 系统分析有何特点？

答：(1) 以整体为目标；(2) 以特定问题为对象；(3) 运用定量方法；(4) 凭借价值判断。

3-2 系统分析的步骤是什么？

答：(1) 明确问题；(2) 确定目标；(3) 收集数据和资料，提出备选方案；(4) 建立分析模型；(5) 预测未来环境的变化，分析备选方案的效果；(6) 综合分析与评价。

第 4 章　系统的建模

4-1 什么是系统模型？一个适用的系统模型有哪些主要特征？

答：系统模型是对现实系统某一方面抽象表达的结果。它反映了系统的结构、各部分之间的相互作用，描述了实际系统的物理本质与主要特征。系统模型一般不是系统对象本身，而是现实系统的描述、模仿或抽象。

系统模型的特征：

(1) 它是现实系统的抽象或模仿；(2) 它是由反映系统本质或特征的主要因素构成的；(3) 它集中体现了这些主要因素之间的关系。

4-2 系统建模大体可遵循哪些步骤？

答：(1) 明确目的；(2) 收集相关信息；(3) 确定组成要素；(4) 找出系统的变量并对变量进行分类；(5) 确定变量之间的关系；(6) 确定模型结构；(7) 检验模型效果；(8) 改进和修正模型；(9) 将模型应用于实际。

第 5 章　系 统 预 测

5-1 德尔菲法的调查步骤是怎样的？

答：第一步：明确预测目标，挑选有关专家，发放调查提纲。第二步：收集整理专家们的意见；第三步：将初步整理的预测意见再发给有关专家，进一步征求专家们的意见。第四步：再次收集整理专家们的意见，如果专家们的意见差别较大，再经过若干次反复的调查，直到得出令人满意或意见较为一致的预测结果为止。

5-2 按预测的角度不同,预测都分为哪几大类?

答:(1)按预测领域分类:可分为社会预测、经济预测、科学预测、技术预测和军事预测等。

(2)按预测范围分类:可分为宏观和微观预测。

(3)按预测期限分类:①近期预测;②短期预测;③中期预测;④长期预测。

(4)按预测方法特征分类:可分为定性预测和定量预测。

5-3 2010—2015 年我国原油产量如表 5-14 所示。

表 5-14 原油产量统计表

年度	2010	2011	2012	2013	2014	2015
时间 x/年	1	2	3	4	5	6
原油产量 $y/10^7$ t	3	4	4.5	5	6.5	7.5

求一元线性回归模型,预测 2019 年原油产量。

解:

$$\sum x^2 = 91, \quad \sum xy = 122, \quad \bar{x} = 3.5, \quad \bar{y} = 5.08$$

$$b = \frac{\sum xy - n\bar{x}\,\bar{y}}{\sum x^2 - n\,(\bar{x})^2} = 0.87, \quad a = \bar{y} - b\bar{x} = 2.035$$

$$y = a + bx = 2.035 + 0.87x$$

$$\sum x_i = 21, \quad \sum y = 30.5$$

$$y = 2.03 + 0.87 \times 10 = 10.73$$

即 2019 年原油产量为 10.73×10^7 t。

5-4 某厂产品销售情况如表 5-15 所示。

表 5-15 某厂产品的销售额统计表

月份	1	2	3	4	5	6
实际销售/万元	50	52	47	51	49	48

(1)用一次移动平均法预测 4—6 月销售额($N=3$)。

(2)用一次指数平滑法预测 7 月份销售额($\alpha=0.3$)。

解:

$$y_4 = M_3 = \frac{1}{N}(x_3 + x_2 + x_1) = \frac{1}{3}(47 + 52 + 50) \approx 49.67$$

$$y_5 = M_4 = \frac{1}{N}(x_4 + x_3 + x_2) = \frac{1}{3}(51 + 47 + 52) = 50$$

$$y_6 = M_5 = \frac{1}{N}(x_5 + x_4 + x_3) = \frac{1}{3}(49 + 51 + 47) = 49$$

$$y_7 = s_6 = \alpha x_6 + \alpha(1-\alpha)x_5 + \alpha(1-\alpha)^2 x_4 + \alpha(1-\alpha)^3 x_3 + \alpha(1-\alpha)^4 x_2 + \alpha(1-\alpha)^5 x_1 + (1-\alpha)^6 s_0$$

$$y_7 = 0.3 \times 48 + 0.3 \times 0.7 \times 49 + 0.3 \times 0.7^2 \times 51 + 0.3 \times 0.7^3 \times 47 +$$

$$0.3 \times 0.7^4 \times 52 + 0.3 \times 0.7^5 \times 50 + 0.7^6 \times 50 \approx 49.17$$

5-5 设任意相继两天中,雨天转晴天的概率为 1/3,晴天转雨天的概率为 1/2,任一天晴或雨互为逆事件,以 0 表示晴天状态,以 1 表示雨天状态,x_n 表示第 n 天的状态(0 或 1);试写出马尔可夫链的一步转移概率矩阵;又已知 5 月 1 日为晴天,问 5 月 3 日为晴天、5 月 5 日为雨天的概率各等于多少?

答:由于任一天晴或雨是互为逆事件且雨天转晴天的概率为 1/3,晴天转雨天的概率为 1/2,故一步转移概率和一步转移概率矩阵分别为

$$P{x_n = j \mid x_{n-1} = i} = \begin{cases} \dfrac{1}{3}, & i=1, j=0 \\[2mm] \dfrac{2}{3}, & i=1, j=1 \\[2mm] \dfrac{1}{2}, & i=0, j=0 \\[2mm] \dfrac{1}{2}, & i=0, j=1 \end{cases}$$

$$\boldsymbol{P} = \begin{array}{c} \\ 0 \\ 1 \end{array} \begin{array}{cc} 0 \qquad\quad 1 \\ \begin{bmatrix} 1/2 & 1/2 \\ 1/3 & 2/3 \end{bmatrix} \end{array}$$

$$\boldsymbol{P}^2 = \begin{array}{c} \\ 0 \\ 1 \end{array} \begin{array}{cc} 0 \qquad\quad 1 \\ \begin{bmatrix} 5/12 & 7/12 \\ 7/18 & 11/18 \end{bmatrix} \end{array}$$

故 5 月 1 日为晴天,5 月 3 日为晴天的概率为

$$P_{00}(2) = \frac{5}{12} = 0.4167$$

又由于

$$\boldsymbol{P}^4 = \begin{array}{c} \\ 0 \\ 1 \end{array} \begin{array}{cc} 0 \qquad\qquad 1 \\ \begin{bmatrix} 0.4005 & 0.5995 \\ 0.3997 & 0.6003 \end{bmatrix} \end{array}$$

故 5 月 1 日为晴天、5 月 5 日为雨天的概率为

$$P_{01}(4) = 0.5995$$

第 6 章　系　统　评　价

6-1 什么是系统评价?

答:系统评价是对系统分析过程和结果的鉴定,是根据确定的目的,利用最优化的结果

和各种资料,用技术经济的观点对比各种替代方案,考虑成本与效果之间的关系,权衡各个方案的利弊得失,选择出技术上先进、经济上合理、现实中可行的或满意的方案。

6-2 简要说明系统评价的一般步骤。

答:(1)评价系统分析;(2)评价资料收集;(3)确定评价指标体系;(4)评价函数的选取;(5)评价值的计算;(6)综合评价。

6-3 某工程有 4 个备选方案,5 个评价指标。已经专家组确定的各评价指标 x_j 的权重 w_j 和各方案关于各项指标的评价值 v_{ij} 如表 6-18 所示。要求通过求加权和进行综合评价,选出最佳方案。试用其他规则或方法进行评价,并比较它们的不同。

解:

A_1:$7\times0.4+8\times0.2+6\times0.2+10\times0.1+1\times0.1=6.7$

A_2:$4\times0.4+6\times0.2+4\times0.2+4\times0.1+8\times0.1=4.8$

A_3:$4\times0.4+9\times0.2+5\times0.2+10\times0.1+3\times0.1=5.7$

A_4:$9\times0.4+2\times0.2+1\times0.2+4\times0.1+8\times0.1=5.4$

最佳方案是 A_1。

6-4 今有一项目建设决策评价问题,已经建立起如图 6-13 所示的层次结构和判断矩阵(见表 6-19),试用层次分析法确定五个方案的优先顺序。

解 (1)判断矩阵:综合效益 U(相对于总目标而言,着眼各准则之间的相对重要性比较)

U	C_1	C_2	C_3	W_i	W_i^0	λ_{mi}
C_1	1	3	5	2.466	0.637	3.039
C_2	1/3	1	3	1	0.258	3.043
C_3	1/5	1/3	1	0.405	0.105	3.029
				3.871		

$$\lambda_{\max}=\frac{1}{3}\times(3.039+3.043+3.029)=3.037$$

$$CI=\frac{\lambda_{\max}-n}{n-1}=0.0185$$

$$RI=0.52$$

$$CR=\frac{CI}{RI}=0.036<0.1$$

(2)判断矩阵:C_1(相对于经济效益而言,各方案之间的重要性比较)

C_1	m_1	m_2	m_3	m_4	m_5	W_i	W_i^0	λ_{mi}
m_1	1	1/5	1/7	2	5	0.778	0.097	5.278
m_2	5	1	1/2	6	8	2.605	0.323	5.232
m_3	7	2	1	7	9	3.882	0.483	5.269
m_4	1/2	1/6	1/7	1	4	0.544	0.068	5.221
m_5	1/5	1/8	1/9	1/4	1	0.234	0.029	5.483
						8.043		

$$\lambda_{\max} = \frac{1}{5} \times (5.278 + 5.232 + 5.269 + 5.221 + 5.483) = 5.297$$

$$CI = \frac{\lambda_{\max} - n}{n - 1} = 0.0743$$

$$RI = 1.12$$

$$CR = \frac{CI}{RI} = 0.0663 < 0.1$$

（3）判断矩阵：C_2（相对于环境效益而言，各方案之间的重要性比较）

C_2	m_1	m_2	m_3	m_4	m_5	W_i	W_i^0	λ_{mi}
m_1	1	1/3	2	1/5	3	0.833	0.102	5.098
m_2	3	1	4	1/7	7	1.644	0.201	5.433
m_3	1/2	1/4	1	1/9	2	0.488	0.060	5.033
m_4	5	7	9	1	9	4.904	0.600	5.650
m_5	1/3	1/7	1/2	1/9	1	0.305	0.037	5.297
						8.174		

$$\lambda_{\max} = \frac{1}{5} \times (5.098 + 5.433 + 5.033 + 5.650 + 5.297) = 5.3022$$

$$CI = \frac{\lambda_{\max} - n}{n - 1} = 0.07555$$

$$RI = 1.12$$

$$CR = \frac{CI}{RI} = 0.0675 < 0.1$$

（4）判断矩阵：C_3（相对于社会效益而言，各方案之间的重要性比较）

C_3	m_1	m_2	m_3	m_4	m_5	W_i	W_i^0	λ_{mi}
m_1	1	2	4	1/9	1/2	0.850	0.110	5.236
m_2	1/2	1	3	1/6	1/3	0.608	0.079	5.089
m_3	1/4	1/3	1	1/9	1/7	0.266	0.034	5.324
m_4	9	6	9	1	3	4.293	0.557	5.363
m_5	2	3	7	1/3	1	1.695	0.220	5.005
						7.712		

$$\lambda_{\max} = \frac{1}{5} \times (5.236 + 5.089 + 5.324 + 5.363 + 5.005) = 5.2034$$

$$CI = \frac{\lambda_{\max} - n}{n - 1} = 0.05085$$

$$RI = 1.12$$

$$CR = \frac{CI}{RI} \approx 0.0454 < 0.1$$

（5）m 层总排序

C m	C_1	C_2	C_3	$m_j = \sum_{i=1}^{5} C_i m_j, j = 1,2,3$
	0.637	0.258	0.105	
m_1	0.097	0.102	0.110	0.100
m_2	0.323	0.201	0.079	0.266
m_3	0.483	0.060	0.034	0.327
m_4	0.068	0.600	0.557	0.257
m_5	0.029	0.037	0.220	0.051

结果表明，五个方案的优先顺序为：m_3, m_2, m_4, m_1, m_5。

第 7 章　系 统 决 策

7-1　试述决策的类型。

答：（1）按决策性质（重要性）分类，可分为战略决策、战术决策和执行决策。

（2）按决策的结构化程度分类，可分为结构化决策、非结构化决策和半结构化决策。

（3）按决策方法分类，可以分为定性决策和定量决策。

（4）按决策环境（状态信息、方案结局）分类，可分为确定型决策、不确定型决策和风险型决策。

（5）按决策目标分类，可分为单目标决策和多目标决策。

（6）按决策者分类，可分为单人决策、多人决策和群决策。

（7）按决策过程分类，可分为单项决策和序列决策。

7-2　决策分析过程包括哪些活动？决策分析程序由哪几个环节组成？

答：决策分析过程包括：（1）确定决策模型结构；（2）评定后果；（3）评定不确定因素；（4）评价方案；（5）灵敏度分析；（6）收集信息；（7）选择方案。

决策分析程序包括：（1）调查研究，发现问题；（2）科学预测，确定目标；（3）科学设计，拟订方案；（4）综合评价，选择方案；（5）实施检验，调整完善。

7-3　为生产某种产品而设计了两个基本建设方案，一是建大工厂，二是建小工厂。建大工厂需投资 300 万元，建小工厂需投资 160 万元，大工厂和小工厂的使用期限都是 10 年，分前 3 年和后 7 年两期考虑，前 3 年销路好的概率为 0.7，销路差的概率为 0.3。如果先建小厂，在销路好的情况下，3 年后可以扩建为大厂，扩建投资为 180 万元，扩建前连同扩建后的使用期限也为 10 年，如果前 3 年销路好，则后 7 年销路好的概率为 0.9，如果前 3 年销路差，则后 7 年肯定销路差。大小工厂的年度益损值见表 7-14。试对这个问题进行决策。

解：节点 9：（40×7×0.9＋10×7×0.1）万元＝259 万元

节点 8：[100×7×0.9＋（−20）×7×0.1]万元＝616 万元

节点 4：$[100×7×0.9+(-20)×7×0.1]$万元$=616$ 万元

节点 5：$[(-20)×7]$万元$=-140$ 万元

节点 6：$[100×7×0.9-20×0.1×7-180]$万元$=436$ 万元

节点 7：$[10×7]$万元$=70$ 万元

节点 2：$E(A_1)=(100×0.7×3+616×0.7-140×0.3-20×0.3×3-300)$万元$=281.2$ 万元

节点 3：$E(A_2)=(40×0.7×3+436×0.7+10×3×0.3+70×0.3-160)$万元$=259.2$ 万元

因为 $E(A_1)>E(A_2)$，所以决策为建大厂方案。

决策树如下：

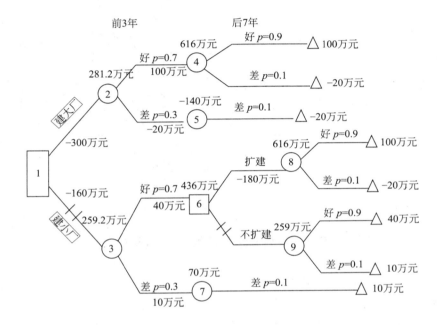

7-4　某化妆品公司生产面膜。由于现有生产工艺比较落后，产品质量不易保证且成本较高，销路受到影响。为此工厂决定对该产品生产工艺进行改进，提出两种方案以供选择：一是从国外引进一条自动化程度较高的生产线；二是自行设计一条生产线。根据工厂以往引进和自行设计的工作经验显示，引进生产线投资较大，但产品质量好且成本较低，年产量大；引进技术的成功率为 80%。而自行设计生产线，投资相对较小，产品质量也有保证，成本也较低，年产量也大，自行设计的成功率只有 60%。同时，工厂又制订了两个生产方案：一是产量与过去相同，保持不变，二是产量增加。若引进或自行设计均不成功，工厂只得仍采用原有生产工艺继续生产，产量自然保持不变。工厂计划该面膜生产 5 年，根据以往的价格统计资料和市场预测信息，该类产品在今后 5 年内价格下跌的概率为 0.1，保持原价的概率为 0.5，而涨价的概率为 0.4。通过估算，可得各种方案在不同价格状态下的益损值如表 7-15 所示。试对该问题进行决策。

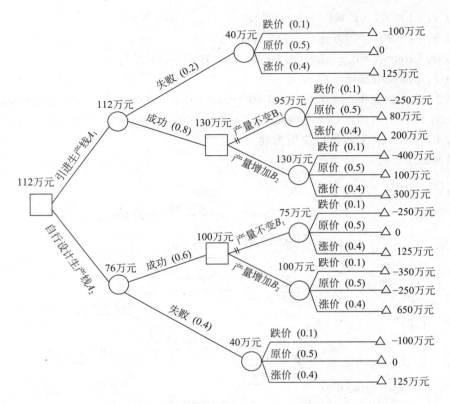

第8章 动态环境下的企业战略柔性

8-1 高成长企业的关键因素是什么？

答：变革的内容，速度和新奇程度，产品生命周期的缩短，原材料价格的波动，汇率的变化，权力关系的转移，管制的放松，战略集中度的提高，组织系统的更新，合资企业与联盟的构建，新的营销渠道，新的组织结构，环境的复杂性，组织边界和产业界线的模糊化，工业与服务业之间界线的模糊化，技术的突破性发展（如电子数据交换、计算机辅助设计、电子商务），后勤方面的重大进步，计算机辅助设计与通信的应用，全球市场的开放等因素，正在改变着整个企业经营活动的方方面面，改变着影响企业成长的关键决定因素。

8-2 什么是柔性？它有哪些基本类型？

答：柔性是组织为了达到控制自己命运的目标而与内部和外部环境互动，进而持续地塑造环境或及时进行调整并做出快速反应的能力。

柔性的基本类型：（1）公司层面、职能层面和单个资源层面的柔性；（2）范围柔性与反应柔性；（3）三个阶段的柔性；（4）意图层面的柔性；（5）关注焦点层面的柔性；（6）时间层面的柔性。

8-3 增强战略柔性的途径有哪些？

答：（1）基本指导思路；（2）内部柔性的增强途径；（3）外部柔性的强化途径。

第 9 章　新的系统概念

9-1　遗传算法有哪些应用?

答：(1) 函数优化；(2) 组合优化；(3) 车间调度；(4) 自动控制；(5) 图像处理；(6) 机器学习领域；(7) 数据挖掘；(8) 生产调度问题；(9) 人工生命；(10) 遗传编码。

9-2　畅想一下人工智能对人类未来的影响。

此题可以发挥想象,畅所欲言。

系统工程专业术语英汉对照

并行工程，concurrent/simultaneous engineering

不确定型决策，uncertainty decision

层次分析，analytic hierarchy process

成本，cost

次生效益，secondary benefit

单目标决策，single-attributed alternatives

动态规划，dynamic programming

动态系统，dynamic system

多目标决策，multi-attributed alternatives

反垂直一体化，de-verticalization

反馈，feedback

费用/效益分析法，cost-benefit analysis

风险决策，risk decision

封闭系统，closed system

概率论，probability theory

概念系统，conceptual system

顾客份额，customer share

关键路线法（CPM），critical path method

关联矩阵，relevance matrix

耗散结构，dissipative structure

回归分析，regression analysis

活动份额，activities share

霍尔三维结构，Hall three dimensions structure

机会费用，opportunity cost

计划评审技术（PERT），program evaluation and review technique

计算机辅助系统，computer-aided system

静态系统，static system

决策分析，decision analysis

决策实验室法（DEMATEL 法），decision-making and trial evaluation laboratory

决策树，decision trees

决策支持系统，decision support systems

开放系统，open system

控制论，cybernetics

利润，benefit

灵敏度分析，sensitivity analysis

马尔可夫模型，Markov model

蒙特卡洛模拟，Monte Carlo simulation

模糊集，fuzzy set

模糊评判，fuzzy evaluation

排队论，queuing theory

期望货币值准则，the expected monetary value

权衡，trade-off

权重，weight

确定型决策，certainty decision

人造系统，human-made system

社会关心项目，social concern project

社会指标体系，social indicator system

实际费用，actual cost

实体系统，physical system

适应性，adaptability 头脑风暴法，brain storming

物流工程，logistics engineering

系统，system

系统测试，system test

系统动力学（SD），system dynamics

系统仿真，system simulation

系统分析，system analysis

系统工程，systems engineering

系统决策，system decision-making

系统论，system theory

系统模拟，system simulation

系统模型，system model

系统评价，system evaluation

系统思考，system thinking

线性规划，linear programming

效用函数，utility function

效用理论，utility theory

协同论，synergetics

心理因素，psychological factor

信息论，informatics

一般系统论，general system theory

遗传算法，genetic algorithm

优化理论，optimization theory

有效度, effectiveness

浴盆曲线, bathtub curve

运筹学, operation research

整数规划, integer programming

质量工程, quality engineering

主要效益, primary benefit

状态转移矩阵, state transition matrix

自然系统, natural system

参 考 文 献

[1] 梁迪,董海.系统工程[M].北京:机械工业出版社,2005.

[2] 王众托.系统工程[M].2版.北京:北京大学出版社,2015.

[3] 汪应洛.系统工程[M].5版.北京:机械工业出版社,2017.

[4] HITCHINS D K.系统工程:21世纪的系统方法论[M].朱一凡,译.北京:电子工业出版社,2017.

[5] BLANCHARD B S,FABRYCKY W J.系统工程与分析[M].康锐,李瑞莹,潘星,译.北京:国防工业出版社,2014.

[6] TURNER W C,MIZE J H,CASE K E.工业与系统工程概论[M].3版.北京:清华大学出版社,2002.

[7] 梁军,赵勇.系统工程导论[M].北京:化学工业出版社,2013.

[8] 张青山,徐剑,乔芳丽,等.企业系统:柔性、敏捷性、自适应[M].北京:中国经济出版社,2004.

[9] 玄光南.遗传算法与工程优化[M].北京:清华大学出版社,2004.

[10] 张英.汽车逆向物流障碍因素的ISM分析[J].东南大学学报,2008,37(9):445-449.